中华人民共和国住房和城乡建设部

通用安装工程消耗量定额

TY 02-31-2015

第一册　机械设备安装工程

中 国 计 划 出 版 社

2015　北　　京

图书在版编目(CIP)数据

通用安装工程消耗量定额:TY 02-31-2015. 第1册,
机械设备安装工程/住房和城乡建设部标准定额研究所
主编.—北京:中国计划出版社,2015.7
ISBN 978-7-5182-0179-2

Ⅰ.①通… Ⅱ.①住… Ⅲ.①建筑安装-消耗定额-
中国②房屋建筑设备-机械设备-设备安装-消耗定额-
中国 Ⅳ.①TU723.3

中国版本图书馆CIP数据核字(2015)第130306号

通用安装工程消耗量定额
TY 02-31-2015
第一册 机械设备安装工程
住房和城乡建设部标准定额研究所 主编

中国计划出版社出版
网址:www.jhpress.com
地址:北京市西城区木樨地北里甲11号国宏大厦C座3层
邮政编码:100038 电话:(010)63906433(发行部)
新华书店北京发行所发行
北京市科星印刷有限责任公司印刷

880mm×1230mm 1/16 19.5印张 572千字
2015年7月第1版 2015年7月第1次印刷
印数 1—5000册

ISBN 978-7-5182-0179-2
定价:108.00元

主编部门：中华人民共和国住房和城乡建设部

批准部门：中华人民共和国住房和城乡建设部

施行日期：2015年9月1日

住房城乡建设部关于印发《房屋建筑与装饰工程消耗量定额》、《通用安装工程消耗量定额》、《市政工程消耗量定额》、《建设工程施工机械台班费用编制规则》、《建设工程施工仪器仪表台班费用编制规则》的通知

建标〔2015〕34 号

各省、自治区住房城乡建设厅,直辖市建委,国务院有关部门:

为贯彻落实《住房城乡建设部关于进一步推进工程造价管理改革的指导意见》(建标〔2014〕142号),我部组织修订了《房屋建筑与装饰工程消耗量定额》(编号为 TY 01—31—2015)、《通用安装工程消耗量定额》(编号为 TY 02—31—2015)、《市政工程消耗量定额》(编号为 ZYA 1—31—2015)、《建设工程施工机械台班费用编制规则》以及《建设工程施工仪器仪表台班费用编制规则》,现印发给你们,自2015 年 9 月 1 日起施行。执行中遇到的问题和有关建议请及时反馈我部标准定额司。

我部 1995 年发布的《全国统一建筑工程基础定额》,2002 年发布的《全国统一建筑装饰工程消耗量定额》,2000 年发布的《全国统一安装工程预算定额》,1999 年发布的《全国统一市政工程预算定额》,2001 年发布的《全国统一施工机械台班费用编制规则》,1999 年发布的《全国统一安装工程施工仪器仪表台班费用定额》同时废止。

以上定额及规则由我部标准定额研究所组织中国计划出版社出版发行。

中华人民共和国住房和城乡建设部

2015 年 3 月 4 日

总 说 明

一、《通用安装工程消耗量定额》共分十二册,包括:

第一册　机械设备安装工程

第二册　热力设备安装工程

第三册　静置设备与工艺金属结构制作安装工程

第四册　电气设备安装工程

第五册　建筑智能化工程

第六册　自动化控制仪表安装工程

第七册　通风空调工程

第八册　工业管道工程

第九册　消防工程

第十册　给排水、采暖、燃气工程

第十一册　通信设备及线路工程

第十二册　刷油、防腐蚀、绝热工程

二、《通用安装工程消耗量定额》(以下简称本定额)是完成规定计量单位分部分项工程所需的人工、材料、施工机械台班的消耗量标准;是各地区、部门工程造价管理机构编制建设工程定额确定消耗量、编制国有投资工程投资估算、设计概算、最高投标限价的依据。

三、本定额适用于工业与民用建筑的新建、扩建通用安装工程。

四、本定额以国家和有关部门发布的国家现行设计规范、施工及验收规范、技术操作规程、质量评定标准、产品标准和安全操作规程,现行工程量清单计价规范、计算规范和有关定额为依据编制,并参考了有关地区和行业标准、定额,以及典型工程设计、施工和其他资料。

五、本定额按正常施工条件,国内大多数施工企业采用的施工方法,机械化程度和合理的劳动组织及工期进行编制。

1. 设备、材料、成品、半成品、构配件完整无损,符合质量标准和设计要求,附有合格证书和实验记录。

2. 安装工程和土建工程之间的交叉作业正常。

3. 正常的气候、地理条件和施工环境。

4. 安装地点、建筑物、设备基础、预留孔洞等均符合安装要求。

六、关于人工:

1. 本定额的人工以合计工日表示,并分别列出普工、一般技工和高级技工的工日消耗量。

2. 本定额的人工包括基本用工、超运距用工、辅助用工和人工幅度差。

3. 本定额的人工每工日按 8 小时工作制计算。

七、关于材料:

1. 本定额中的材料包括施工中消耗的主要材料、辅助材料、周转材料和其他材料。

2. 本定额中材料消耗量包括净用量和损耗量。损耗量包括:从工地仓库、现场集中堆放地点(或现场加工地点)至操作(或安装)地点的施工场内运输损耗、施工操作损耗、施工现场堆放损耗等,规范(设计文件)规定的预留量、搭接量不在损耗率中考虑。

3. 本定额中的周转性材料按不同施工方法,不同类别、材质,计算出一次摊销量进入消耗量定额。

4. 对于用量少、低值易耗的零星材料,列为其他材料。

八、关于机械:

1. 本定额中的机械按常用机械、合理机械配备和施工企业的机械化装备程度,并结合工程实际综合确定。

2. 本定额的机械台班消耗量是按正常机械施工工效并考虑机械幅度差综合取定。

3. 凡单位价值2000元以内、使用年限在一年以内的不构成固定资产的施工机械，不列入机械台班消耗量，作为工具用具在建筑安装工程费中的企业管理费考虑，其消耗的燃料动力等列入材料。

九、关于仪器仪表：

1. 本定额的仪器仪表台班消耗量是按正常施工工效综合取定。

2. 凡单位价值2000元以内、使用年限在一年以内的不构成固定资产的仪器仪表，不列入仪器仪表台班消耗量。

十、关于水平和垂直运输：

1. 设备：包括自安装现场指定堆放地点运至安装地点的水平和垂直运输。

2. 材料、成品、半成品：包括自施工单位现场仓库或现场指定堆放地点运至安装地点的水平和垂直运输。

3. 垂直运输基准面：室内以室内地平面为基准面，室外以设计标高正负零平面为基准面。

十一、本定额未考虑施工与生产同时进行、有害身体健康的环境中施工时降效增加费，发生时另行计算。

十二、本定额适用于海拔2000m以下地区，超过上述情况时，由各地区、部门结合高原地区的特殊情况，自行制定调整办法。

十三、本定额注有"××以内"或"××以下"者，均包括××本身；"××以外"或"××以上"者，则不包括××本身。

十四、凡本说明未尽事宜，详见各册、章说明和附录。

册 说 明

一、第一册《机械设备安装工程》(以下简称本册定额)适用于通用机械设备的安装工程。

二、本册定额编制的主要技术依据有:

1.《通用安装工程工程量计算规范》GB 50856—2013;

2.《输送设备安装工程施工及验收规范》GB 50270—2010;

3.《金属切削机床安装工程施工及验收规范》GB 50271—2009;

4.《锻压设备安装工程施工及验收规范》GB 50272—2009;

5.《制冷设备、空气分离设备安装工程施工及验收规范》GB 50274—2010;

6.《压缩机、风机、泵安装工程施工及验收规范》GB 50275—2010;

7.《铸造设备安装工程施工及验收规范》GB 50277—2010;

8.《起重设备安装工程施工及验收规范》GB 50278—2010;

9.《机械设备安装工程施工及验收通用规范》GB 50231—2009;

10.《全国统一安装工程预算定额》第一册《机械设备安装工程》GYD—2000;

11.《全国统一安装工程基础定额》GJD—2006;

12.《建设工程劳动定额》LD/T—2008;

13.《建设工程施工机械台班费用编制规则》(2015 年);

14. 相关标准图集和技术手册。

三、本册定额除各章另有说明外,均包括下列工作内容:

1. 安装主要工序。

整体安装:施工准备,设备、材料及工、机具水平搬运,设备开箱检验、配合基础验收、垫铁设置,地脚螺栓安放,设备吊装就位安装、连接,设备调平找正,垫铁点焊,配合基础灌浆,设备精平对中找正,与机械本体联接的附属设备、冷却系统、润滑系统及支架防护罩等附件部件的安装,机组油、水系统管线的清洗,配合检查验收。

解体安装:施工准备,设备、材料及工、机具水平搬运,设备开箱检验、配合基础验收、垫铁设置,地脚螺栓安放,设备吊装就位、组对安装,各部间隙的测量、检查、刮研和调整,设备调平找正,垫铁点焊,配合基础灌浆,设备精平对中找正,与机械本体联接的附属设备、冷却系统、润滑系统及支架防护罩等附件部件的安装,机组油、水系统管线的清洗,配合检查验收。

解体检查:施工准备,设备本体、部件及第一个阀门以内管道的拆卸,清洗检查,换油,组装复原,间隙调整,找平找正,记录,配合检查验收。

2. 施工及验收规范中规定的调整、试验及空负荷试运转。

3. 与设备本体联体的平台、梯子、栏杆、支架、屏盘、电机、安全罩以及设备本体第一个法兰以内的成品管道等安装。

4. 工种间交叉配合的停歇时间,临时移动水、电源时间,以及配合质量检查、交工验收等工作。

5. 配合检查验收。

四、本册定额不包括下列内容:

1. 设备场外运输。

2. 因场地狭小,有障碍物等造成设备不能一次就位所引起设备、材料增加的二次搬运、装拆工作。

3. 设备基础的铲磨,地脚螺栓孔的修整、预压,以及在木砖地层上安装设备所需增加的费用。

4. 地脚螺栓孔和基础灌浆。

5. 设备、构件、零部件、附件、管道、阀门、基础、基础盖板等的制作、加工、修理、保温、刷漆及测量、检测、试验等工作。

6. 设备试运转所用的水、电、气、油、燃料等。

7. 联合试运转、生产准备试运转。

8. 专用垫铁、特殊垫铁(如螺栓调整垫铁、球型垫铁、钩头垫铁等)、地脚螺栓和设备基础的灌浆。

9. 脚手架搭设与拆除。

10. 电气系统、仪表系统、通风系统、设备本体第一个法兰以外的管道系统等的安装、调试工作;非与设备本体联体的附属设备或附件(如平台、梯子、栏杆、支架、容器、屏盘等)的制作、安装、刷油、防腐、保温等工作。

五、下列费用可按系数分别计取:

1. 本册定额第四章"起重设备安装"、第五章"起重机轨道安装"脚手架搭拆费按定额人工费的8%计算,其费用中人工费占35%。

2. 操作高度增加费,设备底座的安装标高,如超过地平面±10m时,超过部分工程量按定额人工、机械费乘以下列系数。

设备底座正或负标高(m)	≤20	≤30	≤40	≤50
系　　数	1.15	1.20	1.30	1.50

六、定额中设备地脚螺栓和连接设备各部件的螺栓、销钉、垫片及传动部分的润滑油料等按随设备配套供货考虑。

七、制冷站(库)、空气压缩站、乙炔发生站、水压机蓄势站、制氧站、煤气站等工程的系统调整费,按各站工艺系统内全部安装工程人工费的15%计算,其费用中人工费占35%。在计算系统调整费时,必须遵守下列规定。

1. 上述系统调整费仅限于全部采用《通用安装工程消耗量定额》中第一册《机械设备安装工程》、第三册《静置设备与工艺金属结构制作安装工程》、第八册《工业管道工程》、第十二册《刷油、防腐蚀、绝热工程》等四册内有关定额的站内工艺系统安装工程。

2. 各站内工艺系统安装工程的人工费,必须全部由上述四册中有关定额的人工费组成,如上述四册定额有缺项时,则缺项部分的人工费在计算系统调整费时应予扣除,不参加系统工程调整费的计算。

3. 系统调试费必须是由施工单位为主来实施时,方可计取系统调试费。若施工单位仅配合建设单位(或制造厂)进行系统调试时,则应按实际发生的配合人工费计算。

目　　录

第一章　切削设备安装

第二章　锻压设备安装

第三章　铸造设备安装

第四章　起重设备安装

第五章　起重机轨道安装

第六章　输送设备安装

第七章　风 机 安 装

第八章　泵　安　装

第九章　压缩机安装

第十章　工业炉设备安装

第十一章　煤气发生设备安装

第十二章　制冷设备安装

第十三章　其他机械安装及设备灌浆

第一章　切削设备安装
(030101)

说　　明

一、本章内容包括台式及仪表机床,车床,磨床,镗床,钻床,铣床、齿轮及螺纹加工机床,其他机床,超声波及电加工机床,刨、插、拉床等安装。

1. 台式及仪表机床包括:台式车床、台式刨床、台式铣床、台式磨床、台式砂轮机、台式抛光机、台式钻床、台式排钻、多轴可调台式钻床、钻孔攻丝两用台钻、钻铣机床、钻铣磨床、台式冲床、台式压力机、台式剪切机、台式攻丝机、台式刻线机、仪表车床、精密盘类半自动车床、仪表磨床、仪表抛光机、硬质合金轮修磨床、单轴纵切自动车床、仪表铣床、仪表齿轮加工机床、刨模机、宝石轴承加工机床、凸轮轴加工机床、透镜磨床、电表轴类加工机床。

2. 车床包括:单轴自动车床、多轴自动和半自动车床、六角车床、曲轴及凸轮轴车床、落地车床、普通车床、精密普通机床、仿型普通车床、马鞍车床、重型普通车床、仿型及多刀车床、联合车床、无心粗车床、轮齿、轴齿、锭齿、辊齿及铲齿车床。

3. 立式车床包括:单柱和双柱立式车床。

4. 钻床包括:深孔钻床、摇臂钻床、立式钻床、中心孔钻床、钢轨及梢轮钻床、卧式钻床。

5. 镗床包括:深孔镗床、坐标镗床、立式及卧式镗床、金钢镗床、落地镗床、镗铣床、钻镗床、镗缸机。

6. 磨床包括:外圆磨床、内圆磨床、砂轮机、珩磨机及研磨机、导轨磨床、2M 系列磨床、3M 系列磨床、专用磨床、抛光机、工具磨床、平面及端面磨床、刀具刃具磨床、曲轴、凸轮轴、花键轴、轧辊及轴承磨床。

7. 铣床、齿轮及螺纹加工机床包括:单臂及单柱铣床、龙门及双柱铣床、平面及单面铣床、仿型铣床、立式及卧式铣床、工具铣床、其他铣床、直(锥)齿轮加工机床、滚齿机、剃齿机、珩齿机、插齿机、单(双)轴花键轴铣床、齿轮磨齿机、齿轮倒角机、齿轮滚动检查机、套丝机、攻丝机、螺纹铣床、螺纹磨床、螺纹车床、丝杠加工机床。

8. 刨、插、拉床包括:单臂刨、龙门刨、牛头刨、龙门铣刨床、插床、拉床、刨边机、刨模机。

9. 超声波及电加工机床包括:电解加工机床、电火花加工机床、电脉冲加工机床、刻线机、超声波电加工机床、阳极机械加工机床。

10. 其他机床包括:车刀切断机、砂轮切断机、矫正切断机、带锯机、圆锯机、弓锯机、气割机、管子加工机床、金属材料试验机械。

11. 木工机械包括:木工圆锯机、截锯机、细目工带锯机、普通木工带锯机、卧式木工带锯机、排锯机、镂锯机、木工刨床、木工车床、木工铣床及开榫机、木工钻床及榫槽机、木工磨光机、木工刃具修磨机。

12. 跑车杠带锯机。

13. 其他木工设备包括:拨料器、踢木器、带锯防尘罩。

二、本章包括以下工作内容:

1. 机体安装:底座、立柱、横梁等全套设备部件安装以及润滑装置及润滑管道安装。

2. 清洗组装时结合精度检查。

3. 跑车杠带锯机跑车轨道安装。

三、本章不包括以下工作内容:

1. 设备的润滑、液压系统的管道附件加工、煨弯和阀门研磨;

2. 润滑、液压的法兰及阀门连接所用的垫圈(包括紫铜垫)加工;

3. 跑车木结构、轨道枕木、木保护罩的加工制作。

四、数控机床执行本章对应的机床子目。

五、本章内所列设备重量均为设备净重。

工程量计算规则

一、金属切削设备安装以“台”为计量单位。

二、气动踢木器以“台”为计量单位。

三、带锯机保护罩制作与安装以“个”为计量单位。

一、台式及仪表机床

计量单位：台

定额编号				1-1-1	1-1-2	1-1-3
项　目				设备重量(t 以内)		
				0.3	0.7	1.5
名　称			单位	消　耗　量		
人工	合计工日		工日	1.982	3.964	7.888
	其中	普工	工日	0.396	0.793	1.578
		一般技工	工日	1.426	2.854	5.679
		高级技工	工日	0.160	0.317	0.631
材料	平垫铁(综合)		kg	—	1.510	2.850
	斜垫铁 Q195～Q235 1[#]		kg	—	2.180	3.250
	热轧薄钢板 δ1.6～1.9		kg	0.200	0.200	0.450
	镀锌铁丝 ϕ4.0～2.8		kg	—	0.560	0.560
	低碳钢焊条 J422 ϕ3.2		kg	—	0.210	0.210
	黄铜板 δ0.08～0.3		kg	0.100	0.100	0.250
	木板		m^3	0.001	0.009	0.014
	煤油		kg	1.260	1.890	2.625
	机油		kg	0.101	0.152	0.253
	黄油钙基脂		kg	0.101	0.152	0.253
	其他材料费		%	5.00	5.00	5.00
机械	叉式起重机 5t		台班	0.200	0.250	0.300
	交流弧焊机 21kV·A		台班	—	0.100	0.100

二、车　　床

计量单位:台

定额编号			1-1-4	1-1-5	1-1-6	1-1-7	1-1-8	1-1-9
项　目			设备重量(t以内)					
			2.0	3.0	5.0	7.0	10	15
名　称		单位	消　耗　量					
人工	合计工日	工日	10.301	14.407	20.774	26.441	38.683	58.021
人工	其中 普工	工日	2.060	2.881	4.155	5.288	7.737	11.604
人工	其中 一般技工	工日	7.416	10.374	14.957	19.038	27.851	41.774
人工	其中 高级技工	工日	0.824	1.152	1.662	2.115	3.095	4.642
材料	平垫铁(综合)	kg	3.760	7.530	11.640	17.460	31.050	33.870
材料	斜垫铁 Q195～Q235 1#	kg	4.590	7.640	9.880	14.820	27.530	30.580
材料	热轧薄钢板 δ1.6～1.9	kg	0.450	0.450	0.650	1.000	1.000	1.600
材料	镀锌铁丝 φ4.0～2.8	kg	0.560	0.560	0.560	0.840	2.670	2.670
材料	低碳钢焊条 J422 φ3.2	kg	0.210	0.210	0.210	0.420	0.420	0.420
材料	黄铜板 δ0.08～0.3	kg	0.250	0.250	0.300	0.400	0.400	0.600
材料	木板	m^3	0.015	0.018	0.031	0.049	0.075	0.083
材料	道木	m^3	—	—	—	0.006	0.007	0.007
材料	汽油 70#～90#	kg	0.102	0.102	0.204	0.204	0.510	0.510
材料	煤油	kg	3.675	4.410	6.090	7.350	10.500	13.650
材料	机油	kg	0.202	0.303	0.303	0.505	1.010	1.212
材料	黄油钙基脂	kg	0.202	0.202	0.303	0.404	0.505	0.707
材料	其他材料费	%	5.00	5.00	5.00	5.00	5.00	5.00
机械	载重汽车 10t	台班	—	—	0.300	0.500	0.500	0.500
机械	叉式起重机 5t	台班	0.300	0.400	—	—	—	—
机械	汽车式起重机 8t	台班	—	—	0.500	0.300	0.500	1.000
机械	汽车式起重机 16t	台班	—	—	—	0.500	0.500	—
机械	汽车式起重机 30t	台班	—	—	—	—	—	0.500
机械	交流弧焊机 21kV·A	台班	0.100	0.100	0.100	0.200	0.200	0.200

计量单位:台

定额编号			1-1-10	1-1-11	1-1-12	1-1-13	1-1-14	1-1-15
项　目			设备重量(t 以内)					
			20	25	35	50	70	100
名　称		单位	消　耗　量					
人工	合计工日	工日	69.470	83.878	111.849	150.924	196.404	274.011
	其中 普工	工日	13.893	16.776	22.370	30.185	39.280	54.803
	其中 一般技工	工日	50.019	60.392	80.531	108.666	141.411	197.288
	其中 高级技工	工日	5.558	6.710	8.948	12.073	15.713	21.920
材料	平垫铁(综合)	kg	48.640	57.240	68.680	103.000	159.440	198.480
	斜垫铁 Q195～Q235 1#	kg	47.760	50.880	65.760	95.520	139.200	175.560
	热轧薄钢板 δ1.6～1.9	kg	1.600	2.500	2.500	2.500	3.000	3.000
	重轨 38kg/m	t	—	—	—	—	0.056	0.080
	镀锌铁丝 φ4.0～2.8	kg	4.000	4.500	6.000	8.000	10.000	13.000
	低碳钢焊条 J422 φ3.2	kg	0.420	0.525	0.525	0.525	0.525	0.525
	黄铜板 δ0.08～0.3	kg	0.600	1.000	1.000	1.000	1.500	1.500
	木板	m^3	0.109	0.121	0.125	0.128	0.148	0.156
	道木	m^3	0.010	0.021	0.021	0.025	0.275	0.550
	汽油 70#～90#	kg	0.510	0.714	1.020	1.224	1.530	2.040
	煤油	kg	17.850	21.000	26.250	36.750	42.000	57.750
	机油	kg	1.515	1.515	1.818	2.222	2.222	3.333
	黄油钙基脂	kg	0.707	0.808	1.212	1.414	1.616	1.818
	其他材料费	%	5.00	5.00	5.00	5.00	5.00	5.00
机械	载重汽车 10t	台班	0.500	0.500	0.500	1.000	1.000	1.000
	汽车式起重机 8t	台班	1.500	1.500	—	—	—	—
	汽车式起重机 16t	台班	—	—	1.500	1.500	2.000	3.000
	汽车式起重机 30t	台班	0.500	—	—	1.000	1.000	1.500
	汽车式起重机 50t	台班	—	0.500	—	—	—	—
	汽车式起重机 75t	台班	—	—	0.500	0.500	—	—
	汽车式起重机 100t	台班	—	—	—	—	0.500	0.500
	交流弧焊机 21kV·A	台班	0.200	0.200	0.300	0.300	0.500	0.500

计量单位:台

定额编号			1-1-16	1-1-17	1-1-18	1-1-19	1-1-20
项目			设备重量(t以内)				
			150	200	250	350	450
名称		单位	消耗量				
人工	合计工日	工日	378.580	496.649	615.620	848.908	1074.609
	其中 普工	工日	75.716	99.330	123.124	169.781	214.922
	其中 一般技工	工日	272.578	357.587	443.246	611.214	773.719
	其中 高级技工	工日	30.286	39.732	49.249	67.913	85.968
材料	平垫铁(综合)	kg	273.510	328.290	363.800	392.200	419.590
	斜垫铁 Q195～Q235 1#	kg	244.460	289.220	322.800	345.180	367.560
	热轧薄钢板 δ1.6～1.9	kg	4.000	4.000	6.000	6.000	8.000
	重轨 38kg/m	t	0.120	0.160	0.200	0.280	0.360
	镀锌铁丝 ϕ4.0～2.8	kg	19.000	19.000	25.000	35.000	35.000
	低碳钢焊条 J422 ϕ3.2	kg	1.050	1.050	1.050	1.050	1.050
	黄铜板 δ0.08～0.3	kg	2.000	2.000	3.200	3.200	4.000
	木板	m^3	0.225	0.263	0.275	0.313	0.338
	道木	m^3	0.688	0.688	0.688	0.825	0.963
	汽油 70#～90#	kg	2.550	3.060	3.570	4.080	4.590
	煤油	kg	73.500	89.250	105.000	147.000	183.750
	机油	kg	4.040	5.252	6.060	8.080	11.110
	黄油钙基脂	kg	2.020	2.222	2.525	3.535	4.545
	其他材料费	%	5.00	5.00	5.00	5.00	5.00
机械	载重汽车 10t	台班	1.500	1.500	1.500	2.000	2.500
	汽车式起重机 16t	台班	3.000	4.000	3.500	5.000	6.000
	汽车式起重机 30t	台班	2.000	—	1.500	2.000	2.000
	汽车式起重机 50t	台班	—	1.000	1.000	1.500	1.500
	汽车式起重机 100t	台班	0.500	0.500	0.500	0.500	1.000
	交流弧焊机 21kV·A	台班	1.000	1.000	1.500	1.500	2.000

三、立 式 车 床

计量单位：台

定额编号				1-1-21	1-1-22	1-1-23	1-1-24	1-1-25	1-1-26
项　目				设备重量(t以内)					
				7	10	15	20	25	35
名　称			单位	消　耗　量					
人工	合计工日		工日	34.159	41.687	53.970	68.437	82.225	110.443
	其中	普工	工日	6.832	8.337	10.794	13.687	16.445	22.088
		一般技工	工日	24.594	30.015	38.858	49.275	59.202	79.519
		高级技工	工日	2.733	3.335	4.317	5.475	6.578	8.836
材料	平垫铁(综合)		kg	9.700	11.640	20.700	34.320	40.040	51.480
	斜垫铁 Q195～Q235 1#		kg	7.410	9.880	18.350	29.760	37.200	44.640
	热轧薄钢板 δ1.6～1.9		kg	1.000	1.000	1.600	1.600	2.500	2.500
	重轨 38kg/m		t	—	—	—	—	—	—
	镀锌铁丝 φ4.0～2.8		kg	0.840	2.670	4.000	4.000	4.500	6.000
	低碳钢焊条 J422 φ3.2		kg	0.420	0.420	0.420	0.420	0.420	0.525
	黄铜板 δ0.08～0.3		kg	0.400	0.400	0.600	0.600	1.000	1.000
	木板		m^3	0.036	0.056	0.083	0.109	0.128	0.203
	道木		m^3	0.004	0.007	0.007	0.010	0.014	0.014
	汽油 70#～90#		kg	0.306	0.510	1.020	1.020	1.224	1.836
	煤油		kg	11.550	12.600	18.900	21.000	26.250	36.750
	机油		kg	0.505	0.808	1.010	1.515	1.818	2.222
	黄油钙基脂		kg	0.202	0.404	0.404	0.505	0.606	0.808
	石棉橡胶板 高压 δ1～6		kg	—	—	—	—	0.150	0.200
	其他材料费		%	5.00	5.00	5.00	5.00	5.00	5.00
机械	载重汽车 10t		台班	0.500	0.500	0.500	0.500	0.500	0.500
	汽车式起重机 8t		台班	0.300	0.500	1.000	1.500	2.000	—
	汽车式起重机 16t		台班	0.500	0.500	—	—	—	1.800
	汽车式起重机 30t		台班	—	—	0.500	1.000	1.000	—
	汽车式起重机 50t		台班	—	—	—	—	—	—
	汽车式起重机 75t		台班	—	—	—	—	—	0.500
	交流弧焊机 21kV·A		台班	0.200	0.200	0.200	0.200	0.200	0.300

计量单位:台

定额编号			1-1-27	1-1-28	1-1-29	1-1-30	1-1-31
项目			设备重量(t以内)				
			50	70	100	150	200
名称		单位	消耗量				
人工	合计工日	工日	153.320	206.973	294.484	424.588	526.291
	其中 普工	工日	30.664	41.395	58.897	84.918	105.258
	其中 一般技工	工日	110.391	149.020	212.029	305.703	378.929
	其中 高级技工	工日	12.266	16.558	23.558	33.967	42.104
材料	平垫铁(综合)	kg	62.920	85.840	103.000	177.460	230.850
	斜垫铁 Q195~Q235 1#	kg	59.520	80.640	95.520	154.120	205.350
	热轧薄钢板 δ1.6~1.9	kg	2.500	3.000	3.000	4.000	4.000
	铜焊粉	kg	0.600	0.060	0.080	0.120	0.160
	镀锌铁丝 ϕ4.0~2.8	kg	8.000	10.000	13.000	19.000	19.000
	低碳钢焊条 J422 ϕ3.2	kg	0.525	0.525	0.525	1.050	1.050
	黄铜板 δ0.08~0.3	kg	1.000	1.500	1.500	2.000	2.000
	木板	m^3	0.253	0.150	0.156	0.200	0.219
	道木	m^3	0.028	0.275	0.550	0.688	0.688
	汽油 70#~90#	kg	2.346	3.060	3.570	5.100	6.120
	煤油	kg	47.250	57.750	73.500	105.000	126.000
	机油	kg	2.828	3.535	4.545	7.070	8.080
	黄油钙基脂	kg	1.212	1.515	1.818	2.424	3.030
	石棉橡胶板 高压 δ1~6	kg	0.300	0.300	0.400	0.500	0.600
	其他材料费	%	5.00	5.00	5.00	5.00	5.00
机械	载重汽车 10t	台班	1.000	1.000	1.500	1.500	1.500
	汽车式起重机 16t	台班	2.000	2.500	3.500	3.500	4.000
	汽车式起重机 30t	台班	—	1.000	1.500	1.500	1.500
	汽车式起重机 50t	台班	—	—	—	1.000	1.500
	汽车式起重机 75t	台班	1.000	1.000	—	—	—
	汽车式起重机 100t	台班	—	—	0.500	0.500	0.500
	交流弧焊机 21kV·A	台班	0.300	0.500	0.500	1.000	1.000

计量单位：台

定额编号				1-1-32	1-1-33	1-1-34	1-1-35	1-1-36	1-1-37	1-1-38
项　目				设备重量(t 以内)						
				250	300	400	500	600	700	800
名　称			单位	消　耗　量						
人工	合计工日		工日	634.033	740.509	967.331	1164.985	1379.112	1568.371	1730.219
	其中	普工	工日	126.807	148.101	193.466	232.997	275.822	313.674	346.044
		一般技工	工日	456.503	533.167	696.478	838.789	992.961	1129.228	1245.758
		高级技工	工日	50.723	59.241	77.387	93.198	110.329	125.470	138.417
材料	平垫铁(综合)		kg	267.370	291.840	321.440	364.320	426.340	476.520	545.270
	斜垫铁 Q195～Q235 1#		kg	238.930	258.720	285.770	326.500	380.790	431.710	464.280
	热轧薄钢板 δ1.6～1.9		kg	6.000	6.000	6.000	8.000	8.000	9.600	11.520
	铜焊粉		kg	0.200	0.240	0.320	0.400	0.480	0.576	0.691
	镀锌铁丝 φ4.0～2.8		kg	25.000	25.000	35.000	35.000	45.000	54.000	64.800
	低碳钢焊条 J422 φ3.2		kg	1.050	1.050	1.050	1.050	1.050	1.260	1.512
	黄铜板 δ0.08～0.3		kg	3.200	3.200	3.200	4.000	4.000	4.800	5.760
	木板		m^3	0.231	0.250	0.338	0.363	0.363	0.436	0.523
	道木		m^3	0.688	0.688	0.825	0.963	1.100	1.320	1.584
	汽油 70#～90#		kg	8.160	10.200	13.260	16.320	19.380	23.256	27.907
	煤油		kg	157.500	189.000	231.000	273.000	315.000	378.000	453.600
	机油		kg	10.100	12.120	15.150	18.180	21.210	25.452	30.542
	黄油钙基脂		kg	4.040	5.050	7.070	9.090	11.110	13.332	15.998
	石棉橡胶板 高压 δ1～6		kg	0.800	1.000	1.200	1.400	1.600	1.920	2.304
	其他材料费		%	5.00	5.00	5.00	5.00	5.00	5.00	5.00
机械	载重汽车 10t		台班	1.500	1.500	2.000	2.000	2.000	2.500	2.500
	汽车式起重机 16t		台班	3.500	4.000	4.000	5.000	5.000	6.000	6.000
	汽车式起重机 30t		台班	2.500	3.000	8.000	14.000	17.000	18.000	23.000
	汽车式起重机 50t		台班	1.000	1.000	1.000	1.000	1.500	—	—
	汽车式起重机 75t		台班	—	—	—	—	—	1.500	1.500
	汽车式起重机 100t		台班	1.000	1.000	1.000	1.000	1.500	1.500	1.500
	交流弧焊机 21kV·A		台班	1.500	1.500	1.500	2.000	2.000	2.500	3.000

四、钻　　床

计量单位：台

定额编号				1-1-39	1-1-40	1-1-41	1-1-42	1-1-43
项　　目				设备重量(t以内)				
				1	2	3	5	7
名　　称			单位	消　耗　量				
人工	合计工日		工日	6.323	10.177	14.529	20.071	24.033
	其中	普工	工日	1.265	2.035	2.906	4.014	4.807
		一般技工	工日	4.553	7.327	10.460	14.450	17.303
		高级技工	工日	0.506	0.814	1.163	1.606	1.923
材料	平垫铁(综合)		kg	2.820	3.760	5.640	11.640	17.460
	斜垫铁 Q195～Q235 1#		kg	3.050	4.590	6.120	9.880	14.820
	热轧薄钢板 δ1.6～1.9		kg	0.200	0.450	0.450	0.650	1.000
	镀锌铁丝 φ4.0～2.8		kg	0.560	0.560	0.560	0.560	0.840
	低碳钢焊条 J422 φ3.2		kg	0.210	0.210	0.210	0.210	0.420
	黄铜板 δ0.08～0.3		kg	0.100	0.250	0.250	0.300	0.400
	木板		m^3	0.013	0.015	0.026	0.031	0.049
	道木		m^3	—	—	—	—	0.006
	汽油 70#～90#		kg	0.020	0.041	0.061	0.102	0.143
	煤油		kg	2.100	2.520	3.150	3.990	4.725
	机油		kg	0.152	0.152	0.152	0.202	0.202
	黄油钙基脂		kg	0.101	0.101	0.101	0.152	0.152
	其他材料费		%	5.00	5.00	5.00	5.00	5.00
机械	载重汽车 10t		台班	—	—	—	0.300	0.500
	叉式起重机 5t		台班	0.200	0.300	0.400	—	—
	汽车式起重机 8t		台班	—	—	—	0.500	0.300
	汽车式起重机 16t		台班	—	—	—	—	0.500
	交流弧焊机 21kV·A		台班	0.100	0.100	0.100	0.100	0.200

计量单位:台

定额编号				1-1-44	1-1-45	1-1-46	1-1-47	1-1-48
项　目				设备重量(t以内)				
				10	15	20	25	30
名　称			单位	消　耗　量				
人工	合计工日		工日	34.124	52.325	56.732	71.458	85.433
	其中	普工	工日	6.826	10.465	11.347	14.292	17.087
		一般技工	工日	24.568	37.674	40.847	51.449	61.511
		高级技工	工日	2.730	4.186	4.539	5.717	6.835
材料	平垫铁(综合)		kg	24.150	34.500	44.840	61.660	67.270
	斜垫铁 Q195~Q235 $1^{\#}$		kg	22.930	32.050	43.750	58.330	65.620
	热轧薄钢板 δ1.6~1.9		kg	1.000	1.600	1.600	2.500	2.500
	镀锌铁丝 ϕ4.0~2.8		kg	2.670	2.670	4.000	4.500	6.000
	低碳钢焊条 J422 ϕ3.2		kg	0.420	0.420	0.420	0.525	0.525
	黄铜板 δ0.08~0.3		kg	0.400	0.600	0.600	1.000	1.000
	木板		m^3	0.075	0.083	0.121	0.134	0.159
	道木		m^3	0.006	0.007	0.010	0.021	0.021
	汽油 $70^{\#}$~$90^{\#}$		kg	0.204	0.306	0.408	0.510	0.714
	煤油		kg	7.350	9.450	12.600	14.700	17.850
	机油		kg	0.253	0.303	0.303	0.354	0.505
	黄油钙基脂		kg	0.202	0.253	0.253	0.303	0.404
	其他材料费		%	5.00	5.00	5.00	5.00	5.00
机械	载重汽车 10t		台班	0.500	0.500	0.500	0.500	0.500
	汽车式起重机 8t		台班	0.800	1.000	1.500	1.500	—
	汽车式起重机 16t		台班	0.500	—	—	—	1.500
	汽车式起重机 30t		台班	—	0.500	1.000	—	—
	汽车式起重机 50t		台班	—	—	—	0.500	0.500
	交流弧焊机 21kV·A		台班	0.200	0.200	0.200	0.300	0.300

计量单位:台

定额编号			1-1-49	1-1-50	1-1-51	1-1-52
项目			设备重量(t 以内)			
			35	40	50	60
名称		单位	消耗量			
人工	合计工日	工日	96.746	108.693	123.577	147.558
其中	普工	工日	19.350	21.739	24.716	29.512
	一般技工	工日	69.657	78.259	88.975	106.242
	高级技工	工日	7.739	8.696	9.886	11.805
材料	平垫铁(综合)	kg	78.480	95.300	106.510	117.720
	斜垫铁 Q195 ~ Q235 1#	kg	72.910	87.490	102.080	109.370
	热轧薄钢板 δ1.6 ~ 1.9	kg	2.500	2.500	2.500	3.000
	镀锌铁丝 φ4.0 ~ 2.8	kg	6.000	8.000	8.000	10.000
	低碳钢焊条 J422 φ3.2	kg	0.525	0.525	0.525	0.525
	黄铜板 δ0.08 ~ 0.3	kg	1.000	1.000	1.000	1.500
	木板	m^3	0.225	0.238	0.278	0.304
	道木	m^3	0.025	0.025	0.028	0.275
	汽油 70# ~ 90#	kg	0.755	0.857	1.071	1.285
	煤油	kg	19.950	23.100	28.350	34.650
	机油	kg	0.556	0.606	0.707	0.808
	黄油钙基脂	kg	0.455	0.505	0.606	0.707
	其他材料费	%	5.00	5.00	5.00	5.00
机械	载重汽车 10t	台班	0.500	1.000	1.000	1.000
	汽车式起重机 16t	台班	1.500	1.500	2.500	4.100
	汽车式起重机 50t	台班	1.000	—	—	—
	汽车式起重机 75t	台班	—	1.000	1.000	1.000
	交流弧焊机 21kV·A	台班	0.300	0.300	0.300	0.400

五、镗　　床

计量单位：台

定额编号			1-1-53	1-1-54	1-1-55	1-1-56	1-1-57
项　　目			设备重量(t以内)				
			1	3	5	7	10
名　　称		单位	消　耗　量				
人工	合计工日	工日	7.000	16.620	24.453	32.414	46.196
	其中 普工	工日	1.400	3.324	4.891	6.483	9.239
	其中 一般技工	工日	5.040	11.966	17.606	23.339	33.261
	其中 高级技工	工日	0.560	1.330	1.956	2.593	3.696
材料	平垫铁(综合)	kg	2.820	5.640	11.640	13.580	24.190
	斜垫铁 Q195～Q235 1#	kg	3.060	6.120	9.880	12.350	22.930
	热轧薄钢板 δ1.6～1.9	kg	0.203	0.450	0.650	1.000	1.000
	镀锌铁丝 ϕ4.0～2.8	kg	0.252	0.560	0.560	0.840	2.670
	低碳钢焊条 J422 ϕ3.2	kg	0.095	0.210	0.210	0.420	0.420
	黄铜板 δ0.08～0.3	kg	0.113	0.250	0.300	0.400	0.400
	木板	m^3	0.012	0.026	0.031	0.049	0.075
	道木	m^3	—	—	—	0.006	0.007
	汽油 70#～90#	kg	0.046	0.102	0.204	0.204	0.306
	煤油	kg	1.654	3.675	4.410	5.775	12.600
	机油	kg	0.091	0.202	0.303	0.303	0.404
	黄油钙基脂	kg	0.068	0.152	0.202	0.202	0.303
	其他材料费	%	5.00	5.00	5.00	5.00	5.00
机械	载重汽车 10t	台班	—	—	0.300	0.500	0.500
	叉式起重机 5t	台班	0.200	0.300	—	—	—
	汽车式起重机 8t	台班	—	—	0.500	0.400	0.600
	汽车式起重机 16t	台班	—	—	—	0.500	0.500
	交流弧焊机 21kV·A	台班	0.100	0.100	0.100	0.200	0.200

计量单位:台

定 额 编 号				1-1-58	1-1-59	1-1-60	1-1-61	1-1-62
项 目				设备重量(t 以内)				
				15	20	25	30	35
名 称			单位	消 耗 量				
人工	合计工日		工日	66.886	85.303	97.933	112.960	120.442
	其中	普工	工日	13.377	17.060	19.586	22.592	24.088
		一般技工	工日	48.158	61.419	70.512	81.331	86.718
		高级技工	工日	5.351	6.824	7.835	9.037	9.636
材料	平垫铁(综合)		kg	31.050	36.630	39.230	53.160	62.010
	斜垫铁 Q195~Q235 1#		kg	27.510	28.160	36.460	43.430	54.290
	热轧薄钢板 δ1.6~1.9		kg	1.600	1.600	2.500	2.500	2.500
	镀锌铁丝 φ4.0~2.8		kg	2.670	4.000	4.500	6.000	6.000
	低碳钢焊条 J422 φ3.2		kg	0.420	0.420	0.525	0.525	0.525
	黄铜板 δ0.08~0.3		kg	0.600	0.600	1.000	1.000	1.000
	木板		m^3	0.083	0.121	0.134	0.159	0.171
	道木		m^3	0.007	0.010	0.021	0.021	0.021
	汽油 70#~90#		kg	0.408	0.408	0.510	0.510	0.714
	煤油		kg	15.750	19.950	23.100	26.250	29.400
	机油		kg	0.505	0.505	0.606	0.808	1.010
	黄油钙基脂		kg	0.404	0.404	0.505	0.505	0.606
	石棉橡胶板 高压 δ1~6		kg	—	—	0.200	0.200	0.300
	其他材料费		%	5.00	5.00	5.00	5.00	5.00
机械	载重汽车 10t		台班	0.500	0.500	0.500	0.500	0.500
	汽车式起重机 8t		台班	1.100	1.600	1.600	—	—
	汽车式起重机 16t		台班	—	—	—	1.600	1.600
	汽车式起重机 30t		台班	0.500	0.500	—	—	—
	汽车式起重机 50t		台班	—	—	0.500	0.500	—
	汽车式起重机 75t		台班	—	—	—	—	0.500
	交流弧焊机 21kV·A		台班	0.200	0.200	0.200	0.300	0.300

计量单位:台

定额编号				1-1-63	1-1-64	1-1-65	1-1-66
项　目				设备重量(t 以内)			
				40	50	60	70
名　称			单位	消　耗　量			
人工	合计工日		工日	130.298	159.712	188.453	215.737
	其中	普工	工日	26.060	31.942	37.691	43.147
		一般技工	工日	93.814	114.992	135.686	155.331
		高级技工	工日	10.424	12.777	15.076	17.259
材料	平垫铁(综合)		kg	72.320	90.400	99.440	108.480
	斜垫铁 Q195 ~ Q235 1#		kg	66.480	77.560	88.640	99.720
	热轧薄钢板 δ1.6 ~ 1.9		kg	2.500	2.500	3.000	3.000
	镀锌铁丝 φ4.0 ~ 2.8		kg	8.000	8.000	10.000	10.000
	低碳钢焊条 J422 φ3.2		kg	0.525	0.525	0.525	0.525
	黄铜板 δ0.08 ~ 0.3		kg	1.000	1.000	1.500	1.500
	木板		m^3	0.215	0.238	0.300	0.330
	道木		m^3	0.021	0.028	0.275	0.275
	汽油 70# ~ 90#		kg	0.714	1.020	1.020	1.530
	煤油		kg	34.650	42.000	50.400	58.800
	机油		kg	1.313	1.515	2.020	2.020
	黄油钙基脂		kg	0.606	0.808	0.808	1.010
	石棉橡胶板 高压 δ1 ~ 6		kg	0.300	0.400	0.400	0.500
	铜焊粉		kg	—	—	—	0.056
	其他材料费		%	5.00	5.00	5.00	5.00
机械	载重汽车 10t		台班	1.000	1.000	1.000	1.000
	汽车式起重机 16t		台班	1.200	2.000	3.000	3.000
	汽车式起重机 30t		台班	—	—	—	0.500
	汽车式起重机 75t		台班	1.000	1.000	1.000	1.000
	汽车式起重机 100t		台班	—	—	—	—
	交流弧焊机 21kV·A		台班	0.350	0.350	0.350	0.450

计量单位:台

定额编号			1-1-67	1-1-68	1-1-69	1-1-70	1-1-71
项目			设备重量(t以内)				
			100	150	200	250	300
名称		单位	消耗量				
人工	合计工日	工日	300.681	440.537	577.108	708.981	840.806
	其中 普工	工日	60.137	88.107	115.422	141.796	168.161
	其中 一般技工	工日	216.490	317.187	415.518	510.466	605.381
	其中 高级技工	工日	24.054	35.243	46.169	56.719	67.265
材料	平垫铁(综合)	kg	126.560	141.750	159.390	177.180	186.040
	斜垫铁 Q195 ~ Q235 1#	kg	110.800	130.300	141.160	152.020	162.880
	热轧薄钢板 δ1.6 ~ 1.9	kg	3.000	4.000	4.000	6.000	6.000
	镀锌铁丝 ϕ4.0 ~ 2.8	kg	13.000	19.000	19.000	25.000	25.000
	低碳钢焊条 J422 ϕ3.2	kg	0.525	1.050	1.050	1.050	1.050
	黄铜板 δ0.08 ~ 0.3	kg	1.500	2.000	2.000	3.200	3.200
	木板	m^3	0.156	0.194	0.219	0.250	0.250
	道木	m^3	0.550	0.688	0.688	0.688	0.688
	汽油 70# ~ 90#	kg	1.530	2.040	2.040	2.550	2.550
	煤油	kg	84.000	126.000	168.000	210.000	220.500
	机油	kg	2.525	2.525	3.030	3.535	4.040
	黄油钙基脂	kg	1.010	1.515	1.515	2.020	2.020
	石棉橡胶板 高压 δ1 ~ 6	kg	0.500	0.600	0.600	0.800	0.800
	铜焊粉	kg	0.080	0.120	0.160	0.200	0.240
	其他材料费	%	5.00	5.00	5.00	5.00	5.00
机械	载重汽车 10t	台班	1.500	1.500	1.500	1.500	1.500
	汽车式起重机 16t	台班	3.000	4.500	5.500	6.500	7.500
	汽车式起重机 30t	台班	3.500	4.500	4.000	4.000	4.000
	汽车式起重机 50t	台班	—	—	1.000	1.000	1.000
	汽车式起重机 100t	台班	0.500	0.500	0.500	0.500	0.500
	交流弧焊机 21kV·A	台班	0.450	0.800	0.800	1.000	1.000

六、磨 床

计量单位:台

定额编号			1-1-72	1-1-73	1-1-74	1-1-75	1-1-76	1-1-77
项目			设备重量(t 以内)					
			1	2	3	5	7	10
名称		单位	消耗量					
人工	合计工日	工日	7.714	11.739	16.307	22.182	29.280	41.611
人工	其中 普工	工日	1.543	2.348	3.262	4.437	5.856	8.322
人工	其中 一般技工	工日	5.554	8.452	11.741	15.971	21.081	29.960
人工	其中 高级技工	工日	0.617	0.939	1.305	1.774	2.343	3.329
材料	平垫铁(综合)	kg	2.820	3.760	5.640	13.580	17.460	34.500
材料	斜垫铁 Q195 ~ Q235 1#	kg	3.060	4.590	6.120	12.350	14.800	32.100
材料	热轧薄钢板 δ1.6 ~ 1.9	kg	0.200	0.450	0.450	0.650	1.000	1.000
材料	镀锌铁丝 φ4.0 ~ 2.8	kg	0.560	0.560	0.560	0.560	2.670	2.670
材料	低碳钢焊条 J422 φ3.2	kg	0.210	0.210	0.210	0.210	0.420	0.420
材料	黄铜板 δ0.08 ~ 0.3	kg	0.100	0.250	0.250	0.300	0.400	0.400
材料	木板	m^3	0.013	0.015	0.018	0.031	0.036	0.075
材料	道木	m^3	—	—	—	0.006	0.007	0.007
材料	汽油 70# ~ 90#	kg	0.102	0.102	0.102	0.153	0.153	0.306
材料	煤油	kg	2.100	2.625	3.150	3.675	5.250	10.500
材料	机油	kg	0.152	0.202	0.202	0.202	0.303	0.606
材料	黄油钙基脂	kg	0.101	0.101	0.101	0.101	0.202	0.404
材料	其他材料费	%	5.00	5.00	5.00	5.00	5.00	5.00
机械	载重汽车 10t	台班	—	—	—	0.300	0.500	0.500
机械	叉式起重机 5t	台班	0.200	0.250	0.400	—	—	—
机械	汽车式起重机 8t	台班	—	—	—	0.500	0.300	0.500
机械	汽车式起重机 16t	台班	—	—	—	—	0.500	0.500
机械	交流弧焊机 21kV·A	台班	0.100	0.100	0.100	0.100	0.200	0.200

计量单位:台

定额编号				1-1-78	1-1-79	1-1-80	1-1-81	1-1-82	1-1-83
项目				设备重量(t以内)					
				15	20	25	30	35	40
名称			单位	消耗量					
人工	合计工日		工日	58.044	67.576	78.213	91.256	100.614	115.425
	其中	普工	工日	11.609	13.515	15.642	18.252	20.123	23.085
		一般技工	工日	41.792	48.655	56.313	65.704	72.442	83.106
		高级技工	工日	4.644	5.406	6.257	7.300	8.049	9.234
材料	平垫铁(综合)		kg	41.400	78.480	95.300	106.510	112.120	117.720
	斜垫铁 Q195~Q235 1#		kg	36.690	72.910	87.490	94.790	102.510	109.370
	热轧薄钢板 δ1.6~1.9		kg	1.600	1.600	2.500	2.500	2.500	2.500
	镀锌铁丝 φ4.0~2.8		kg	2.670	4.000	4.500	6.000	6.000	8.000
	低碳钢焊条 J422 φ3.2		kg	0.420	0.420	0.525	0.525	0.525	0.525
	黄铜板 δ0.08~0.3		kg	0.600	0.600	1.000	1.000	1.000	1.000
	木板		m^3	0.083	0.121	0.134	0.159	0.171	0.215
	道木		m^3	0.007	0.010	0.021	0.021	0.021	0.021
	汽油 70#~90#		kg	0.510	0.714	1.020	1.326	1.326	1.530
	煤油		kg	13.650	16.800	21.000	23.100	26.250	31.500
	机油		kg	0.808	1.010	1.212	1.515	2.020	2.525
	黄油钙基脂		kg	0.505	0.505	0.707	0.707	0.909	1.212
	其他材料费		%	5.00	5.00	5.00	5.00	5.00	5.00
机械	载重汽车 10t		台班	0.500	0.500	0.500	0.500	0.500	1.000
	汽车式起重机 8t		台班	0.600	1.200	1.200	—	—	—
	汽车式起重机 16t		台班	—	—	—	1.500	3.000	3.000
	汽车式起重机 30t		台班	0.500	1.000	—	—	—	—
	汽车式起重机 50t		台班	—	—	1.000	1.000	1.000	—
	汽车式起重机 75t		台班	—	—	—	—	—	1.000
	交流弧焊机 21kV·A		台班	0.200	0.200	0.200	0.200	0.300	0.300

计量单位:台

定额编号				1-1-84	1-1-85	1-1-86	1-1-87	1-1-88
项　目				设备重量(t以内)				
				50	60	70	100	150
名　称			单位	消　耗　量				
人工	合计工日		工日	138.445	163.709	178.267	254.780	376.503
	其中	普工	工日	27.688	32.742	35.653	50.956	75.300
		一般技工	工日	99.680	117.871	128.353	183.442	271.082
		高级技工	工日	11.076	13.097	14.262	20.382	30.120
材料	平垫铁(综合)		kg	123.320	134.530	140.140	156.960	173.770
	斜垫铁 Q195～Q235 1#		kg	116.660	123.950	131.240	145.820	160.410
	热轧薄钢板 δ1.6～1.9		kg	2.500	3.000	3.000	3.000	4.000
	铜焊粉		kg	—	—	0.056	0.080	0.120
	镀锌铁丝 ϕ4.0～2.8		kg	8.000	10.000	10.000	13.000	19.000
	低碳钢焊条 J422 ϕ3.2		kg	0.525	0.525	0.525	0.525	1.050
	黄铜板 δ0.08～0.3		kg	1.000	1.500	1.500	1.500	2.000
	木板		m^3	0.210	0.220	0.230	0.240	0.260
	道木		m^3	0.025	0.275	0.275	0.550	0.688
	汽油 70#～90#		kg	1.530	2.040	2.550	2.856	3.570
	煤油		kg	37.800	50.400	58.800	84.000	126.000
	机油		kg	3.030	3.535	4.040	4.848	5.858
	黄油钙基脂		kg	1.212	1.515	2.020	2.525	3.535
	其他材料费		%	5.00	5.00	5.00	5.00	5.00
机械	载重汽车 10t		台班	1.000	1.000	1.000	1.500	1.500
	汽车式起重机 16t		台班	1.500	1.500	2.000	1.000	2.000
	汽车式起重机 30t		台班	1.500	2.000	2.500	3.000	4.000
	汽车式起重机 50t		台班	—	—	—	1.500	1.500
	汽车式起重机 75t		台班	1.000	—	—	—	—
	汽车式起重机 100t		台班	—	1.000	1.000	1.000	1.000
	交流弧焊机 21kV·A		台班	0.300	0.400	0.500	0.500	1.000

七、铣床及齿轮、螺纹加工机床

计量单位:台

定额编号			1-1-89	1-1-90	1-1-91	1-1-92	1-1-93
项目			设备重量(t以内)				
			1	3	5	7	10
名称		单位	消耗量				
人工	合计工日	工日	6.815	15.289	19.872	27.820	39.058
	其中 普工	工日	1.363	3.058	3.974	5.564	7.812
	其中 一般技工	工日	4.906	11.008	14.308	20.031	28.121
	其中 高级技工	工日	0.545	1.223	1.589	2.225	3.125
材料	平垫铁(综合)	kg	2.820	3.760	5.640	11.640	20.700
	斜垫铁 Q195~Q235 1#	kg	3.060	4.590	6.120	9.880	18.330
	热轧薄钢板 δ1.6~1.9	kg	0.200	0.450	0.650	1.000	1.000
	镀锌铁丝 ϕ4.0~2.8	kg	0.560	0.560	0.560	0.840	2.670
	低碳钢焊条 J422 ϕ3.2	kg	0.210	0.210	0.210	0.420	0.420
	黄铜板 δ0.08~0.3	kg	0.100	0.250	0.300	0.400	0.400
	木板	m^3	0.013	0.026	0.031	0.049	0.075
	道木	m^3	—	—	—	0.006	0.007
	汽油 70#~90#	kg	0.102	0.102	0.153	0.204	0.306
	煤油	kg	2.625	3.150	4.200	5.250	15.750
	机油	kg	0.202	0.202	0.303	0.404	0.505
	黄油钙基脂	kg	0.101	0.101	0.152	0.202	0.303
	其他材料费	%	5.00	5.00	5.00	5.00	5.00
机械	载重汽车 10t	台班	—	—	0.300	0.500	0.500
	叉式起重机 5t	台班	0.200	0.300	—	—	—
	汽车式起重机 8t	台班	—	—	0.500	—	—
	汽车式起重机 16t	台班	—	—	—	1.000	2.000
	交流弧焊机 21kV·A	台班	0.100	0.100	0.100	0.200	0.200

计量单位：台

定额编号				1-1-94	1-1-95	1-1-96	1-1-97	1-1-98
项　目				设备重量(t以内)				
				15	20	25	30	35
名　称			单位	消　耗　量				
人工	合计工日		工日	54.642	64.205	73.529	85.590	97.510
	其中	普工	工日	10.928	12.841	14.706	17.118	19.502
		一般技工	工日	39.343	46.227	52.940	61.625	70.207
		高级技工	工日	4.372	5.137	5.882	6.847	7.801
材料	平垫铁(综合)		kg	37.950	61.660	67.270	78.480	84.080
	斜垫铁 Q195～Q235 1#		kg	36.690	58.330	65.630	72.910	80.200
	热轧薄钢板 δ1.6～1.9		kg	1.600	1.600	2.500	2.500	2.500
	镀锌铁丝 φ4.0～2.8		kg	2.670	4.000	4.500	6.000	6.000
	低碳钢焊条 J422 φ3.2		kg	0.420	0.420	0.525	0.525	0.525
	黄铜板 δ0.08～0.3		kg	0.600	0.600	1.000	1.000	1.000
	木板		m^3	0.083	0.128	0.140	0.153	0.206
	道木		m^3	0.007	0.010	0.021	0.021	0.021
	汽油 70#～90#		kg	0.510	0.714	1.020	1.020	1.224
	煤油		kg	18.900	22.050	25.200	29.400	35.700
	机油		kg	0.707	1.010	1.313	1.515	1.818
	黄油钙基脂		kg	0.404	0.606	0.808	0.808	1.010
	石棉橡胶板 高压 δ1～6		kg	—	—	0.200	0.300	0.400
	其他材料费		%	5.00	5.00	5.00	5.00	5.00
机械	载重汽车 10t		台班	0.500	0.500	0.500	0.500	0.500
	汽车式起重机 8t		台班	1.000	1.000	2.000	—	—
	汽车式起重机 16t		台班	—	—	—	2.000	2.000
	汽车式起重机 30t		台班	0.500	1.000	1.000	—	—
	汽车式起重机 50t		台班	—	—	—	1.000	—
	汽车式起重机 75t		台班	—	—	—	—	1.000
	交流弧焊机 21kV·A		台班	0.200	0.200	0.200	0.300	0.300

计量单位：台

定额编号			1-1-99	1-1-100	1-1-101	1-1-102	1-1-103
项目			设备重量(t以内)				
			50	70	100	150	200
名称		单位	消耗量				
人工	合计工日	工日	134.462	184.147	247.385	370.786	477.765
其中	普工	工日	26.893	36.830	49.477	74.157	95.553
	一般技工	工日	96.812	132.586	178.118	266.966	343.990
	高级技工	工日	10.757	14.732	19.791	29.663	38.221
材料	平垫铁(综合)	kg	91.520	102.960	114.400	125.840	143.000
	斜垫铁 Q195～Q235 1#	kg	89.280	96.720	104.160	119.040	133.920
	热轧薄钢板 δ1.6～1.9	kg	2.500	3.000	3.000	4.000	4.000
	镀锌铁丝 φ4.0～2.8	kg	8.000	10.000	13.000	16.000	19.000
	低碳钢焊条 J422 φ3.2	kg	0.525	0.525	0.525	1.050	1.050
	黄铜板 δ0.08～0.3	kg	1.000	1.500	1.500	2.000	2.000
	木板	m^3	0.253	0.150	0.156	0.188	0.219
	道木	m^3	0.025	0.275	0.550	0.688	0.688
	汽油 70#～90#	kg	1.530	2.040	2.550	3.060	3.570
	煤油	kg	47.250	58.800	73.500	105.000	126.000
	机油	kg	2.626	3.535	4.545	5.050	5.555
	黄油钙基脂	kg	1.212	1.515	1.717	2.525	3.030
	铜焊粉	kg	—	0.056	0.080	0.120	0.160
	石棉橡胶板 高压 δ1～6	kg	0.400	0.500	0.800	1.000	1.200
	其他材料费	%	5.00	5.00	5.00	5.00	5.00
机械	载重汽车 10t	台班	1.000	1.000	1.500	1.500	1.500
	汽车式起重机 16t	台班	3.000	3.500	2.000	3.000	3.000
	汽车式起重机 30t	台班	—	—	3.000	3.500	4.000
	汽车式起重机 50t	台班	—	—	—	0.500	1.000
	汽车式起重机 75t	台班	1.000	—	—	—	—
	汽车式起重机 100t	台班	—	1.000	1.000	1.000	1.000
	交流弧焊机 21kV·A	台班	0.300	0.500	0.500	1.000	1.000

计量单位:台

定额编号				1-1-104	1-1-105	1-1-106	1-1-107
项　目				设备重量(t 以内)			
				250	300	400	500
名　称			单位	消耗量			
人工	合计工日		工日	573.914	671.753	861.324	1077.698
	其中	普工	工日	114.783	134.350	172.265	215.540
		一般技工	工日	413.218	483.663	620.154	775.942
		高级技工	工日	45.913	53.740	68.906	86.216
材料	平垫铁(综合)		kg	154.440	160.160	165.880	171.600
	斜垫铁 Q195～Q235 1#		kg	133.920	141.360	148.800	156.240
	热轧薄钢板 δ1.6～1.9		kg	6.000	6.000	6.000	8.000
	镀锌铁丝 φ4.0～2.8		kg	25.000	25.000	35.000	35.000
	低碳钢焊条 J422 φ3.2		kg	1.050	1.050	1.050	1.050
	黄铜板 δ0.08～0.3		kg	3.200	3.200	3.200	4.000
	木板		m^3	0.250	0.250	0.338	0.363
	道木		m^3	0.688	0.688	0.825	0.963
	汽油 70#～90#		kg	3.570	4.080	4.590	5.100
	煤油		kg	157.500	189.000	231.000	273.000
	机油		kg	6.060	6.060	6.565	7.070
	黄油钙基脂		kg	3.030	3.535	4.040	4.545
	铜焊粉		kg	0.200	0.240	0.320	0.400
	石棉橡胶板 高压 δ1～6		kg	1.200	1.400	1.600	1.800
	其他材料费		%	5.00	5.00	5.00	5.00
机械	载重汽车 10t		台班	1.500	1.500	2.000	2.500
	汽车式起重机 16t		台班	3.000	4.000	4.000	4.000
	汽车式起重机 30t		台班	5.000	6.000	9.000	12.000
	汽车式起重机 50t		台班	1.000	1.000	1.000	1.500
	汽车式起重机 100t		台班	1.000	1.000	1.000	1.000
	交流弧焊机 21kV·A		台班	1.500	1.500	1.500	2.000

八、刨床、插床、拉床

计量单位:台

定额编号			1-1-108	1-1-109	1-1-110	1-1-111	1-1-112	1-1-113
项目			设备重量(t以内)					
			1	3	5	7	10	15
名称		单位	消耗量					
人工	合计工日	工日	5.675	13.833	20.892	26.544	37.802	55.242
人工	其中 普工	工日	1.135	2.766	4.178	5.309	7.560	11.049
人工	其中 一般技工	工日	4.086	9.960	15.043	19.112	27.218	39.774
人工	其中 高级技工	工日	0.454	1.107	1.671	2.124	3.024	4.419
材料	平垫铁(综合)	kg	2.820	5.820	7.760	11.640	17.460	23.850
材料	斜垫铁 Q195~Q235 1#	kg	3.060	4.940	7.410	9.880	14.820	22.930
材料	热轧薄钢板 δ1.6~1.9	kg	0.200	0.450	0.650	1.000	1.000	1.600
材料	镀锌铁丝 φ4.0~2.8	kg	0.560	0.560	0.560	0.840	2.640	4.000
材料	低碳钢焊条 J422 φ3.2	kg	0.210	0.210	0.210	0.420	0.420	0.420
材料	黄铜板 δ0.08~0.3	kg	0.100	0.250	0.300	0.400	0.400	0.600
材料	木板	m^3	0.013	0.018	0.031	0.036	0.056	0.095
材料	道木	m^3	—	—	—	0.004	0.007	0.007
材料	汽油 70#~90#	kg	0.153	0.204	0.255	0.306	0.510	1.020
材料	煤油	kg	2.100	2.625	3.150	11.550	12.600	18.900
材料	机油	kg	0.152	0.152	0.202	0.505	0.808	1.010
材料	黄油钙基脂	kg	0.101	0.152	0.152	0.202	0.404	0.404
材料	其他材料费	%	5.00	5.00	5.00	5.00	5.00	5.00
机械	载重汽车 10t	台班	—	—	0.300	0.500	0.500	0.500
机械	叉式起重机 5t	台班	0.200	0.300	—	—	—	—
机械	汽车式起重机 8t	台班	—	—	0.350	—	—	—
机械	汽车式起重机 16t	台班	—	—	—	0.500	0.700	0.500
机械	汽车式起重机 30t	台班	—	—	—	—	—	0.500
机械	交流弧焊机 21kV·A	台班	0.100	0.100	0.100	0.200	0.200	0.200

计量单位：台

定额编号			1-1-114	1-1-115	1-1-116	1-1-117	1-1-118	1-1-119
项目			设备重量(t 以内)					
			20	25	35	50	70	100
名称		单位	消耗量					
人工	合计工日	工日	65.326	75.173	96.629	132.173	179.936	254.523
人工	其中 普工	工日	13.065	15.034	19.326	26.434	35.987	50.905
人工	其中 一般技工	工日	47.035	54.125	69.573	95.165	129.553	183.256
人工	其中 高级技工	工日	5.226	6.014	7.730	10.574	14.395	20.362
材料	平垫铁(综合)	kg	33.630	39.240	50.450	57.200	62.920	74.360
材料	斜垫铁 Q195～Q235 1#	kg	29.160	36.460	43.750	52.080	59.520	66.960
材料	热轧薄钢板 δ1.6～1.9	kg	1.600	2.500	2.500	2.500	3.000	3.000
材料	铜焊粉	kg	—	—	—	—	0.056	0.080
材料	镀锌铁丝 φ4.0～2.8	kg	4.000	4.500	6.000	8.000	10.000	13.000
材料	低碳钢焊条 J422 φ3.2	kg	0.420	0.525	0.525	0.525	0.525	0.525
材料	黄铜板 δ0.08～0.3	kg	0.600	1.000	1.000	1.000	1.500	1.500
材料	木板	m^3	0.109	0.140	0.203	0.253	0.154	0.160
材料	道木	m^3	0.010	0.014	0.014	0.028	0.275	0.550
材料	汽油 70#～90#	kg	1.020	1.224	1.836	2.346	3.060	3.570
材料	煤油	kg	21.000	26.250	36.750	47.250	57.750	73.500
材料	机油	kg	1.515	1.818	2.222	2.828	3.535	4.545
材料	黄油钙基脂	kg	0.505	0.606	0.808	1.212	1.515	1.818
材料	石棉橡胶板 高压 δ1～6	kg	—	0.150	0.200	0.300	0.300	0.400
材料	其他材料费	%	5.00	5.00	5.00	5.00	5.00	5.00
机械	载重汽车 10t	台班	0.500	0.500	1.000	1.000	1.500	1.500
机械	汽车式起重机 8t	台班	1.500	1.500	—	—	—	—
机械	汽车式起重机 16t	台班	—	—	2.000	2.000	3.000	4.000
机械	汽车式起重机 30t	台班	1.000	—	—	—	1.500	2.500
机械	汽车式起重机 50t	台班	—	1.000	1.000	—	1.000	—
机械	汽车式起重机 75t	台班	—	—	—	1.000	—	—
机械	汽车式起重机 100t	台班	—	—	—	—	—	0.500
机械	交流弧焊机 21kV·A	台班	0.200	0.200	0.300	0.300	0.500	0.500

计量单位:台

定额编号			1-1-120	1-1-121	1-1-122	1-1-123	1-1-124	1-1-125
项目			设备重量(t以内)					
			150	200	250	300	350	400
名称		单位	消耗量					
人工	合计工日	工日	378.683	484.707	584.581	685.780	767.205	870.386
	其中 普工	工日	75.737	96.942	116.916	137.156	153.441	174.077
	其中 一般技工	工日	272.652	348.989	420.899	493.762	552.388	626.677
	其中 高级技工	工日	30.295	38.776	46.766	54.863	61.376	69.631
材料	平垫铁(综合)	kg	80.080	120.120	125.840	143.000	160.160	177.320
	斜垫铁 Q195~Q235 1#	kg	74.400	111.600	119.040	133.920	148.800	163.680
	热轧薄钢板 δ1.6~1.9	kg	4.000	4.000	4.200	4.400	4.840	5.324
	铜焊粉	kg	0.120	0.160	0.168	0.176	0.194	0.213
	镀锌铁丝 φ4.0~2.8	kg	16.000	19.000	19.950	20.900	22.990	25.289
	低碳钢焊条 J422 φ3.2	kg	1.050	1.050	1.100	1.155	1.271	1.398
	黄铜板 δ0.08~0.3	kg	2.000	2.000	2.100	2.200	2.420	2.662
	木板	m^3	0.204	0.223	0.235	0.245	0.270	0.297
	道木	m^3	0.688	0.688	0.723	0.757	0.832	0.916
	汽油 70#~90#	kg	5.100	6.120	6.430	6.732	7.405	8.146
	煤油	kg	105.000	126.000	132.300	138.600	152.460	167.706
	机油	kg	7.070	8.080	8.485	8.888	9.777	10.754
	黄油钙基脂	kg	2.424	3.030	3.182	3.333	3.666	4.033
	石棉橡胶板 高压 δ1~6	kg	0.500	0.650	0.683	0.715	0.787	0.865
	其他材料费	%	5.00	5.00	5.00	5.00	5.00	5.00
机械	载重汽车 10t	台班	1.500	1.500	2.000	2.000	2.500	2.500
	汽车式起重机 16t	台班	4.000	6.000	7.000	9.000	11.500	13.000
	汽车式起重机 30t	台班	3.500	2.000	3.000	3.500	3.500	3.500
	汽车式起重机 50t	台班	—	1.000	1.000	1.000	1.000	1.000
	汽车式起重机 75t	台班	—	—	—	—	—	—
	汽车式起重机 100t	台班	0.500	0.500	1.000	1.000	1.000	1.500
	交流弧焊机 21kV·A	台班	1.000	1.000	1.000	1.500	1.500	1.500

九、超声波加工及电加工机床

计量单位：台

定额编号				1-1-126	1-1-127	1-1-128	1-1-129	1-1-130	1-1-131
项目				设备重量(t以内)					
				0.5	1	2	3	5	8
名称			单位	消耗量					
人工	合计工日		工日	2.209	4.068	7.583	11.149	16.135	23.426
	其中	普工	工日	0.441	0.814	1.516	2.229	3.227	4.685
		一般技工	工日	1.591	2.928	5.460	8.028	11.617	16.867
		高级技工	工日	0.177	0.326	0.606	0.892	1.291	1.874
材料	平垫铁(综合)		kg	1.524	2.820	3.760	5.640	7.530	13.580
	斜垫铁 Q195～Q235 1#		kg	2.358	3.060	4.590	6.120	7.640	12.350
	热轧薄钢板 δ1.6～1.9		kg	0.150	0.200	0.200	0.450	0.650	1.000
	镀锌铁丝 ϕ4.0～2.8		kg	0.420	0.560	0.560	0.560	0.840	0.840
	低碳钢焊条 J422 ϕ3.2		kg	0.158	0.210	0.210	0.210	0.210	0.420
	黄铜板 δ0.08～0.3		kg	0.075	0.100	0.100	0.250	0.300	0.400
	木板		m^3	0.007	0.009	0.013	0.015	0.031	0.036
	汽油 70#～90#		kg	0.153	0.204	0.204	0.204	0.306	0.510
	煤油		kg	1.181	1.575	2.100	2.625	3.675	4.725
	机油		kg	0.076	0.101	0.152	0.152	0.202	0.303
	黄油钙基脂		kg	0.076	0.101	0.101	0.152	0.202	0.202
	其他材料费		%	5.00	5.00	5.00	5.00	5.00	5.00
机械	载重汽车 10t		台班	—	—	—	—	0.300	0.500
	叉式起重机 5t		台班	0.100	0.200	0.300	0.350	—	—
	汽车式起重机 8t		台班	—	—	—	—	0.500	0.350
	汽车式起重机 16t		台班	—	—	—	—	—	0.500
	交流弧焊机 21kV·A		台班	0.100	0.100	0.100	0.100	0.100	0.200

十、其他机床及金属材料试验机械

计量单位:台

定额编号			1-1-132	1-1-133	1-1-134	1-1-135	1-1-136
项目			设备重量(t 以内)				
			1	3	5	7	9
名称		单位	消耗量				
人工	合计工日	工日	6.748	12.401	16.356	20.880	28.583
人工	其中 普工	工日	1.350	2.480	3.271	4.176	5.717
人工	其中 一般技工	工日	4.858	8.929	11.776	15.034	20.580
人工	其中 高级技工	工日	0.539	0.992	1.308	1.670	2.287
材料	平垫铁(综合)	kg	2.820	5.640	7.760	11.640	13.580
材料	斜垫铁 Q195~Q235 1#	kg	3.060	6.120	7.410	9.880	12.350
材料	热轧薄钢板 δ1.6~1.9	kg	0.200	0.450	0.650	1.000	1.000
材料	镀锌铁丝 ϕ4.0~2.8	kg	0.560	0.560	0.840	0.840	1.120
材料	低碳钢焊条 J422 ϕ3.2	kg	0.210	0.210	0.210	0.420	0.420
材料	黄铜板 δ0.08~0.3	kg	0.100	0.250	0.300	0.400	0.400
材料	木板	m^3	0.013	0.018	0.031	0.049	0.054
材料	汽油 70#~90#	kg	0.020	0.061	0.102	0.143	0.184
材料	煤油	kg	2.100	2.940	3.150	4.200	5.250
材料	机油	kg	0.152	0.152	0.202	0.202	0.303
材料	黄油钙基脂	kg	0.101	0.101	0.202	0.202	0.303
材料	其他材料费	%	5.00	5.00	5.00	5.00	5.00
机械	载重汽车 10t	台班	—	—	0.300	0.500	0.800
机械	叉式起重机 5t	台班	0.200	0.300	—	—	—
机械	汽车式起重机 8t	台班	—	—	0.500	0.350	0.500
机械	汽车式起重机 16t	台班	—	—	—	0.500	0.500
机械	交流弧焊机 21kV·A	台班	0.100	0.100	0.100	0.200	0.200

计量单位:台

定额编号			1-1-137	1-1-138	1-1-139	1-1-140
项目			设备重量(t 以内)			
			12	15	20	25
名称		单位	消耗量			
人工	合计工日	工日	37.789	46.848	56.647	70.220
其中	普工	工日	7.558	9.370	11.329	14.044
	一般技工	工日	27.208	33.730	40.786	50.559
	高级技工	工日	3.023	3.748	4.532	5.617
材料	平垫铁(综合)	kg	20.700	31.050	34.500	62.920
	斜垫铁 Q195～Q235 1#	kg	18.350	27.520	32.100	59.520
	热轧薄钢板 δ1.6～1.9	kg	1.600	1.600	1.600	2.500
	镀锌铁丝 ϕ4.0～2.8	kg	1.800	2.400	4.000	4.500
	低碳钢焊条 J422 ϕ3.2	kg	0.420	0.420	0.420	0.525
	黄铜板 δ0.08～0.3	kg	0.600	0.600	0.600	1.000
	木板	m^3	0.086	0.094	0.121	0.134
	道木	m^3	0.004	0.007	0.010	0.021
	汽油 70#～90#	kg	0.245	0.306	0.408	0.510
	煤油	kg	6.825	8.400	12.600	14.700
	机油	kg	0.303	0.404	0.404	0.505
	黄油钙基脂	kg	0.303	0.404	0.505	0.606
	其他材料费	%	5.00	5.00	5.00	5.00
机械	载重汽车 10t	台班	0.500	0.500	0.500	0.500
	汽车式起重机 8t	台班	1.000	1.500	2.000	2.500
	汽车式起重机 30t	台班	0.500	0.500	—	—
	汽车式起重机 50t	台班	—	—	0.500	0.500
	交流弧焊机 21kV·A	台班	0.200	0.200	0.200	0.200

计量单位:台

定额编号			1-1-141	1-1-142	1-1-143	1-1-144
项目			设备重量(t 以内)			
			30	35	40	45
名称		单位	消耗量			
人工	合计工日	工日	83.741	96.419	109.748	122.269
其中	普工	工日	16.748	19.284	21.950	24.454
	一般技工	工日	60.293	69.421	79.019	88.034
	高级技工	工日	6.699	7.713	8.780	9.781
材料	平垫铁(综合)	kg	72.200	80.880	86.660	98.210
	斜垫铁 Q195～Q235 1#	kg	67.630	75.140	82.660	90.170
	热轧薄钢板 δ1.6～1.9	kg	2.500	2.500	2.500	2.500
	镀锌铁丝 ϕ4.0～2.8	kg	6.000	6.000	8.000	8.000
	低碳钢焊条 J422 ϕ3.2	kg	0.525	0.525	0.525	0.525
	黄铜板 δ0.08～0.3	kg	1.000	1.000	1.000	1.000
	木板	m^3	0.159	0.225	0.238	0.278
	道木	m^3	0.021	0.025	0.025	0.028
	汽油 70#～90#	kg	0.714	0.755	0.857	1.020
	煤油	kg	17.850	19.950	23.100	26.250
	机油	kg	0.505	0.606	0.707	0.808
	黄油钙基脂	kg	0.707	0.808	0.909	1.010
	其他材料费	%	5.00	5.00	5.00	5.00
机械	载重汽车 10t	台班	0.500	1.000	1.000	1.000
	汽车式起重机 16t	台班	2.000	2.500	2.500	3.000
	汽车式起重机 50t	台班	1.000	1.000	—	—
	汽车式起重机 75t	台班	—	—	1.000	1.000
	交流弧焊机 21kV·A	台班	0.200	0.300	0.300	0.300

十一、木 工 机 械

计量单位:台

定 额 编 号			1-1-145	1-1-146	1-1-147	1-1-148	1-1-149	1-1-150
项 目			设备重量(t 以内)					
			0.5	1	3	5	7	10
名 称		单位	消 耗 量					
人工	合计工日	工日	2.567	5.011	14.770	19.083	26.515	37.079
	其中 普工	工日	0.514	1.002	2.954	3.817	5.303	7.416
	其中 一般技工	工日	1.848	3.608	10.634	13.740	19.090	26.696
	其中 高级技工	工日	0.205	0.401	1.182	1.526	2.122	2.967
材料	平垫铁(综合)	kg	1.580	2.032	7.760	11.640	13.580	17.460
	斜垫铁 Q195 ~ Q235 1#	kg	2.100	3.144	7.410	9.880	12.350	14.820
	热轧薄钢板 δ1.6 ~ 1.9	kg	0.150	0.200	0.450	0.650	1.000	1.000
	镀锌铁丝 ϕ4.0 ~ 2.8	kg	0.420	0.560	0.560	0.840	0.840	1.800
	低碳钢焊条 J422 ϕ3.2	kg	0.158	0.210	0.210	0.210	0.420	0.420
	黄铜板 δ0.08 ~ 0.3	kg	0.075	0.100	0.250	0.300	0.400	0.400
	木板	m^3	0.010	0.013	0.018	0.031	0.036	0.069
	道木	m^3	—	—	—	—	—	0.007
	汽油 70# ~ 90#	kg	0.077	0.102	0.153	0.204	0.306	0.306
	煤油	kg	1.969	2.625	5.250	7.350	9.450	11.550
	机油	kg	0.114	0.152	0.202	0.253	0.303	0.404
	黄油钙基脂	kg	0.114	0.152	0.202	0.253	0.303	0.404
	其他材料费	%	5.00	5.00	5.00	5.00	5.00	5.00
机械	载重汽车 10t	台班	—	—	—	0.300	0.500	0.500
	叉式起重机 5t	台班	0.100	0.200	0.500	—	—	—
	汽车式起重机 16t	台班	—	—	—	0.550	0.750	0.900
	交流弧焊机 21kV·A	台班	0.100	0.100	0.100	0.100	0.200	0.200

十二、跑车带锯机

计量单位:台

定额编号			1-1-151	1-1-152	1-1-153	1-1-154	1-1-155	1-1-156
项目			设备重量(t以内)					
			3	5	7	10	15	20
名称		单位	消耗量					
人工	合计工日	工日	22.529	35.167	44.689	61.014	89.439	116.271
	其中 普工	工日	4.506	7.034	8.938	12.203	17.888	23.254
	其中 一般技工	工日	16.221	25.320	32.176	43.931	64.396	83.716
	其中 高级技工	工日	1.803	2.813	3.575	4.881	7.155	9.302
材料	平垫铁(综合)	kg	5.640	11.640	26.110	37.320	57.120	76.160
	斜垫铁 Q195～Q235 1#	kg	6.120	9.880	22.810	32.590	53.820	71.760
	热轧薄钢板 δ1.6～1.9	kg	0.450	0.650	1.000	1.000	1.600	2.080
	镀锌铁丝 φ4.0～2.8	kg	0.560	0.840	2.670	3.000	4.000	5.200
	低碳钢焊条 J422 φ3.2	kg	0.210	0.210	0.420	0.420	0.420	0.546
	黄铜板 δ0.08～0.3	kg	0.250	0.300	0.400	0.400	0.600	0.780
	木板	m^3	0.026	0.031	0.051	0.069	0.094	0.122
	道木	m^3	—	—	—	0.007	0.010	0.013
	汽油 70#～90#	kg	0.204	0.204	0.510	0.510	0.714	0.928
	煤油	kg	4.200	6.300	8.400	10.500	12.600	16.380
	机油	kg	0.202	0.202	0.303	0.303	0.505	0.657
	黄油钙基脂	kg	0.152	0.202	0.303	0.303	0.505	0.657
	其他材料费	%	5.00	5.00	5.00	5.00	5.00	5.00
机械	载重汽车 10t	台班	—	0.300	0.500	0.500	0.500	0.500
	叉式起重机 5t	台班	0.300	—	—	—	—	—
	汽车式起重机 16t	台班	—	0.500	0.500	0.850	0.500	1.020
	汽车式起重机 30t	台班	—	—	—	—	0.500	0.500
	交流弧焊机 21kV·A	台班	0.100	0.100	0.200	0.200	0.200	0.200

十三、其他木工机械

计量单位:组

定额编号				1-1-157	1-1-158	1-1-159
项目				气动拨料器	气动踢木器	
				0.1t 以内	单面卸木	双面卸木
名称			单位	消耗量		
人工	合计工日		工日	5.564	9.369	11.917
	其中	普工	工日	1.112	1.874	2.383
		一般技工	工日	4.006	6.746	8.580
		高级技工	工日	0.445	0.749	0.953
材料	钢板垫板		kg	—	7.000	7.000
	镀锌铁丝 ϕ4.0~2.8		kg	—	0.560	0.560
	木板		m^3	0.001	0.007	0.007
	煤油		kg	1.000	1.500	0.800
	机油		kg	0.100	0.150	0.150
	黄油钙基脂		kg	0.100	0.150	0.150
	其他材料费		%	5.00	5.00	5.00
机械	叉式起重机 5t		台班	0.200	0.200	0.200

十四、带锯机保护罩制作与安装

计量单位:个

定额编号				1-1-160	1-1-161
项目				规格	
				铁架圆形 42 英寸	铁架圆形 48 英寸
名称			单位	消耗量	
人工	合计工日		工日	4.969	5.960
	其中	普工	工日	0.994	1.192
		一般技工	工日	3.577	4.291
		高级技工	工日	0.398	0.477
材料	角钢 60		kg	90.000	100.000
	扁钢 59 以内		kg	33.500	36.000
	六角螺栓带螺母 M12×75 以下		10 套	2.000	2.000
	木螺钉 d6×100 以下		10 个	18.000	21.000
	合页 75 以内		个	4.000	4.000
	低碳钢焊条 J422 ϕ4.0		kg	1.350	1.620
	木板		m^3	0.167	0.190
	其他材料费		%	5.00	5.00
机械	立式钻床 25mm		台班	1.300	1.560
	交流弧焊机 21kV·A		台班	0.300	0.400

第二章　锻压设备安装
（030102）

说　　明

一、本章内容包括机械压力机，液压机，自动锻压机及锻压操作机，自由锻锤及蒸汽锤，模锻锤水压机，剪切机和弯曲校正机等安装。

1. 机械压力机包括：固定台压力机、可倾压力机、传动开式压力机、闭式单（双）点压力机、闭式侧滑块压力机、单动（双动）机械压力机、切边压力机、切边机、拉伸压力机、摩擦压力机、精压机、模锻曲轴压力机、热模锻压力机、金属挤压机、冷挤压机、冲模回转头压力机、数控冲模回转压力机。

2. 液压机包括：薄板液压机、万能液压机、上移式液压机、校正压装液压机、校直液压机、手动液压机、粉末制品液压机、塑料制品液压机、金属打包液压机、粉末热压机、轮轴压装液压机、轮轴压装机、单臂油压机、电缆包覆液压机、油压机、电极挤压机、油压装配机、热切边液压机、拉伸矫正机、冷拔管机、金属挤压机。

3. 自动锻压机及锻压操作机包括：自动冷（热）镦机、自动切边机、自动搓丝机、滚丝机、滚圆机、自动冷成型机、自动卷簧机、多工位自动压力机、自动制钉机、平锻机、辊锻机、锻管机、扩孔机、锻轴机、镦轴机、镦机及镦机组、辊轧机、多工位自动锻造机、锻造操作机、无轨操作机。

4. 模锻锤包括：模锻锤，蒸汽、空气两用模锻锤，无砧模锻锤，液压模锻锤。

5. 自由锻锤及蒸汽锤包括：蒸汽空气两用自由锻锤、单臂自由锻锤、气动薄板落锤。

6. 剪切机和弯曲校正机包括：剪板机、剪切机、联合冲剪机、剪断机、切割机、拉剪机、热锯机、热剪机、滚板机、弯板机、弯曲机、弯管机、校直机、校正机、校平机、校正弯曲压力机、切断机、折边机、滚坡纹机、折弯压力机、扩口机、卷圆机、滚圆机、滚形机、整形机、扭拧机、轮缘焊渣切割机。

二、本章包括以下工作内容：

1. 机械压力机、液压机、水压机的拉紧螺栓及立柱的热装。

2. 液压机及水压机液压系统钢管的酸洗。

3. 水压机本体安装包括：底座、立柱、横梁等全部设备部件安装，润滑装置和润滑管道安装，缓冲器、充液罐等附属设备安装，分配阀、充液阀、接力电机操纵台装置安装，梯子、栏杆、基础盖板安装，立柱、横梁等主要部件安装前的精度预检，活动横梁导套的检查和刮研，分配器、充液阀、安全阀等主要阀件的试压和研磨，机体补漆，操纵台、梯子、栏杆、盖板、支撑梁、立式液罐和低压缓冲器表面刷漆。

4. 水压机本体管道安装包括：设备本体至第一个法兰以内的高低压水管、压缩空气管等本体管道安装、试压、刷漆；高压阀门试压、高压管道焊口预热和应力消除，高低压管道的酸洗，公称直径 70mm 以内的管道煨弯。

5. 锻锤砧座周围敷设油毡、沥青、沙子等防腐层以及垫木排找正时表面精修。

三、本章不包括以下工作内容，应执行其他章节有关定额或规定。

1. 机械压力机、液压机、水压机拉紧大螺栓及立柱如需热装时所需的加热材料（如硅碳棒、电阻丝、石棉布、石棉绳等）。

2. 除水压机、液压机外，其他设备的管道酸洗。

3. 锻锤试运转中，锤头和锤杆的加热以及试冲击所需的枕木。

4. 水压机工作缸、高压阀等的垫料、填料。

5. 设备所需灌注的冷却液、液压油、乳化液等。

6. 蓄势站安装及水压机与蓄势站的联动试运转。

7. 锻锤砧座垫木排的制作、防腐、干燥等。

8. 设备润滑、液压和空气压缩管路系统的管子和管路附件的加工、焊接、煨弯和阀门的研磨。

9. 设备和管路的保温。

10. 水压机管道安装中的支架、法兰、紫铜垫圈、密封垫圈等管路附件的制作,管子和焊口无损检测和机械强度试验。

工程量计算规则

一、空气锤、模锻锤、自由锻锤及蒸汽锤以“台”为计量单位。

二、锻造水压机以“台”为计量单位。

一、机械压力机

计量单位:台

定额编号			1-2-1	1-2-2	1-2-3	1-2-4	1-2-5	1-2-6
项目			设备重量(t以内)					
			1	3	5	7	10	15
名称		单位	消耗量					
人工	合计工日	工日	7.151	14.136	22.280	28.491	39.214	57.189
	其中 普工	工日	1.431	2.827	4.456	5.698	7.843	11.438
	其中 一般技工	工日	5.149	10.178	16.042	20.514	28.235	41.176
	其中 高级技工	工日	0.572	1.131	1.782	2.279	3.137	4.575
材料	平垫铁(综合)	kg	6.240	10.400	17.805	19.040	21.880	35.760
	斜垫铁 Q195~Q235 1#	kg	5.300	7.940	14.040	16.120	18.060	31.840
	镀锌铁丝 ϕ4.0~2.8	kg	0.650	0.800	0.800	2.000	2.000	3.000
	低碳钢焊条 J422 ϕ3.2	kg	0.263	0.263	0.263	0.263	0.263	0.525
	木板	m^3	0.013	0.020	0.029	0.043	0.048	0.063
	道木	m^3	—	—	—	0.021	0.021	0.041
	汽油 70#~90#	kg	0.102	0.153	0.153	0.204	0.204	0.255
	煤油	kg	2.100	2.625	3.150	3.675	4.725	5.250
	机油	kg	0.505	0.505	0.505	0.808	0.808	1.010
	黄油钙基脂	kg	0.152	0.202	0.202	0.253	0.253	0.303
	石棉橡胶板 高压 δ1~6	kg	—	—	—	—	—	0.200
	其他材料费	%	5.00	5.00	5.00	5.00	5.00	5.00
机械	载重汽车 10t	台班	—	—	0.300	0.500	0.500	0.500
	叉式起重机 5t	台班	0.300	0.400	0.500	—	—	—
	汽车式起重机 8t	台班	—	—	0.500	0.800	1.000	1.500
	汽车式起重机 12t	台班	—	—	—	0.500	—	—
	汽车式起重机 16t	台班	—	0.300	—	—	0.500	—
	汽车式起重机 25t	台班	—	—	—	—	—	0.500
	交流弧焊机 32kV·A	台班	0.100	0.100	0.200	0.200	0.200	0.400

计量单位：台

定额编号			1-2-7	1-2-8	1-2-9	1-2-10	1-2-11	1-2-12
项目			设备重量(t以内)					
			20	30	40	50	70	100
名称		单位	消耗量					
人工	合计工日	工日	64.473	96.767	107.112	131.333	175.684	237.117
人工	其中 普工	工日	12.895	19.353	21.423	26.266	35.137	47.424
人工	其中 一般技工	工日	46.421	69.672	77.120	94.560	126.492	170.724
人工	其中 高级技工	工日	5.157	7.741	8.569	10.507	14.055	18.970
材料	平垫铁(综合)	kg	58.080	69.040	78.080	87.320	109.600	135.560
材料	斜垫铁 Q195～Q235 1#	kg	49.000	61.640	72.720	76.560	98.400	113.760
材料	铜焊粉 气剂301 瓶装	kg	—	—	—	—	0.056	0.080
材料	镀锌铁丝 ϕ4.0～2.8	kg	3.000	4.500	4.500	4.500	4.500	5.000
材料	低碳钢焊条 J422 ϕ3.2	kg	0.525	0.525	0.525	0.525	0.525	0.840
材料	木板	m^3	0.089	0.125	0.150	0.188	0.079	0.094
材料	道木	m^3	0.069	0.069	0.138	0.172	0.241	0.344
材料	汽油 70#～90#	kg	0.306	0.510	1.020	1.530	2.040	2.550
材料	煤油	kg	8.400	11.550	14.700	16.800	21.000	26.250
材料	机油	kg	1.515	2.020	3.030	3.030	4.040	5.050
材料	黄油钙基脂	kg	0.404	0.606	1.010	1.515	2.020	3.030
材料	红钢纸 0.2～0.5	kg	0.500	1.000	1.000	1.200	1.200	1.500
材料	石棉橡胶板 高压 δ1～6	kg	0.300	0.400	0.500	0.500	0.700	1.000
材料	其他材料费	%	5.00	5.00	5.00	5.00	5.00	5.00
机械	载重汽车 10t	台班	0.500	0.500	1.000	1.000	1.500	1.500
机械	汽车式起重机 8t	台班	1.500	1.500	—	—	—	—
机械	汽车式起重机 16t	台班	—	—	1.500	2.000	3.000	5.500
机械	汽车式起重机 30t	台班	1.000	—	—	—	1.000	2.000
机械	汽车式起重机 50t	台班	—	1.000	—	—	—	—
机械	汽车式起重机 75t	台班	—	—	1.000	1.000	1.000	1.000
机械	交流弧焊机 32kV·A	台班	0.400	0.400	0.500	0.500	1.000	1.000

计量单位：台

定额编号				1-2-13	1-2-14	1-2-15	1-2-16	1-2-17	1-2-18
项目				设备重量(t以内)					
				150	200	250	300	350	450
名称			单位	消耗量					
人工	合计工日		工日	336.423	445.690	555.602	634.344	667.940	851.609
	其中	普工	工日	67.285	89.138	111.120	126.869	133.588	170.322
		一般技工	工日	242.224	320.897	400.034	456.728	480.917	613.159
		高级技工	工日	26.914	35.656	44.448	50.747	53.435	68.128
材料	平垫铁(综合)		kg	145.570	154.660	164.130	229.790	250.980	270.080
	斜垫铁 Q195～Q235 1#		kg	125.904	132.960	146.364	217.950	230.080	256.320
	铜焊粉 气剂301 瓶装		kg	0.120	0.160	0.200	0.240	0.280	0.360
	镀锌铁丝 ϕ4.0～2.8		kg	5.000	5.000	5.000	5.500	5.500	5.500
	低碳钢焊条 J422 ϕ3.2		kg	0.840	0.840	0.840	1.050	1.050	1.050
	木板		m^3	0.118	0.125	0.133	0.164	0.164	0.194
	道木		m^3	0.516	0.688	0.859	1.031	1.203	1.547
	汽油 70#～90#		kg	3.060	4.080	5.100	6.120	7.140	9.180
	煤油		kg	37.800	42.000	57.225	66.150	78.540	100.170
	机油		kg	8.080	8.080	11.615	13.130	15.756	19.998
	黄油钙基脂		kg	4.040	5.050	6.565	7.777	9.191	11.716
	石棉橡胶板 高压 δ1～6		kg	1.200	1.200	1.800	2.100	2.500	3.200
	红钢纸 0.2～0.5		kg	1.500	1.500	2.200	2.500	3.000	3.800
	其他材料费		%	5.00	5.00	5.00	5.00	5.00	5.00
机械	载重汽车 10t		台班	2.000	2.000	2.000	2.000	2.500	2.500
	汽车式起重机 16t		台班	3.000	3.000	4.500	4.500	6.000	7.000
	汽车式起重机 30t		台班	5.000	5.000	6.500	6.500	8.000	10.000
	汽车式起重机 50t		台班	—	1.000	1.000	—	—	—
	汽车式起重机 75t		台班	—	—	—	1.000	1.000	1.000
	汽车式起重机 100t		台班	1.000	1.000	1.000	1.000	1.000	1.000
	交流弧焊机 32kV·A		台班	1.000	1.500	1.500	1.500	1.500	1.500

计量单位:台

定额编号				1-2-19	1-2-20	1-2-21	1-2-22	1-2-23
项目				设备重量(t 以内)				
				550	650	750	850	950
名称			单位	消耗量				
人工	合计工日		工日	1036.190	1178.332	1347.468	1518.434	1683.107
	其中	普工	工日	207.238	235.666	269.494	303.687	336.622
		一般技工	工日	746.057	848.399	970.176	1093.273	1211.837
		高级技工	工日	82.895	94.267	107.797	121.474	134.648
材料	平垫铁(综合)		kg	283.400	339.550	395.700	401.530	409.720
	斜垫铁 Q195～Q235 1#		kg	276.910	328.340	379.770	384.710	392.560
	铜焊粉 气剂 301 瓶装		kg	0.440	0.520	0.600	0.680	0.760
	镀锌铁丝 ϕ4.0～2.8		kg	6.000	6.000	6.000	6.500	6.500
	低碳钢焊条 J422 ϕ3.2		kg	1.575	1.575	1.575	2.100	2.100
	木板		m^3	0.231	0.231	0.269	0.344	0.344
	道木		m^3	1.891	2.234	2.578	2.922	3.266
	汽油 70#～90#		kg	11.220	13.260	15.300	17.340	19.380
	煤油		kg	122.850	145.005	167.370	189.630	211.995
	机油		kg	24.644	28.987	33.532	37.976	42.420
	黄油钙基脂		kg	14.342	16.968	19.594	22.220	24.745
	石棉橡胶板 高压 δ1～6		kg	3.900	4.600	5.300	6.000	6.700
	红钢纸 0.2～0.5		kg	4.700	5.500	6.400	7.200	8.000
	其他材料费		%	5.00	5.00	5.00	5.00	5.00
机械	载重汽车 10t		台班	2.500	2.500	2.500	2.500	2.500
	汽车式起重机 16t		台班	6.000	7.000	10.000	11.000	11.000
	汽车式起重机 30t		台班	13.000	15.000	16.000	17.000	18.000
	汽车式起重机 50t		台班	1.000	—	—	—	—
	汽车式起重机 75t		台班	—	1.000	1.500	1.500	2.000
	汽车式起重机 100t		台班	1.000	1.000	1.500	1.500	2.000
	交流弧焊机 32kV·A		台班	1.500	2.000	2.000	2.000	2.000

二、液 压 机

计量单位:台

定额编号				1-2-24	1-2-25	1-2-26	1-2-27	1-2-28
项目				设备重量(t以内)				
				1	3	5	7	10
名称			单位	消耗量				
人工	合计工日		工日	7.744	14.219	22.410	27.228	38.587
	其中	普工	工日	1.549	2.843	4.482	5.445	7.718
		一般技工	工日	5.576	10.238	16.135	19.604	27.782
		高级技工	工日	0.619	1.138	1.793	2.178	3.087
材料	平垫铁(综合)		kg	6.240	8.320	14.410	19.990	25.200
	斜垫铁 Q195~Q235 1#		kg	5.300	7.940	11.308	16.930	22.930
	镀锌铁丝 ϕ4.0~2.8		kg	0.650	0.800	0.800	2.000	2.000
	低碳钢焊条 J422 ϕ3.2		kg	0.263	0.263	0.525	0.525	0.525
	木板		m^3	0.013	0.020	0.031	0.043	0.048
	道木		m^3	—	—	—	0.007	0.007
	汽油 70#~90#		kg	0.408	1.224	1.530	1.836	2.040
	煤油		kg	2.100	2.625	3.150	3.675	5.250
	机油		kg	0.505	1.010	1.515	2.020	3.030
	黄油钙基脂		kg	0.202	0.303	0.404	0.505	0.606
	其他材料费		%	5.00	5.00	5.00	5.00	5.00
机械	载重汽车 10t		台班	—	—	0.300	0.500	0.500
	叉式起重机 5t		台班	0.200	0.400	0.500	—	—
	汽车式起重机 8t		台班	—	—	0.500	0.800	1.000
	汽车式起重机 12t		台班	—	—	—	0.500	—
	汽车式起重机 16t		台班	—	0.300	—	—	0.500
	交流弧焊机 32kV·A		台班	0.100	0.100	0.200	0.200	0.200

计量单位：台

定额编号			1-2-29	1-2-30	1-2-31	1-2-32	1-2-33
项目			设备重量(t以内)				
			15	20	30	40	50
名称		单位	消耗量				
人工	合计工日	工日	54.602	72.200	102.270	126.174	156.127
	其中 普工	工日	10.920	14.440	20.454	25.234	31.226
	其中 一般技工	工日	39.313	51.984	73.634	90.846	112.411
	其中 高级技工	工日	4.368	5.776	8.182	10.094	12.490
材料	平垫铁(综合)	kg	28.410	44.350	69.430	88.410	107.390
	斜垫铁 Q195～Q235 1#	kg	24.950	39.190	57.120	80.390	92.020
	镀锌铁丝 ϕ4.0～2.8	kg	3.500	3.600	5.100	5.200	6.700
	低碳钢焊条 J422 ϕ3.2	kg	1.050	1.050	1.050	1.050	1.050
	木板	m^3	0.069	0.088	0.125	0.250	0.181
	道木	m^3	0.007	0.069	0.069	0.138	0.275
	汽油 70#～90#	kg	3.060	3.570	5.100	8.160	10.200
	煤油	kg	9.450	12.600	16.800	21.000	25.200
	机油	kg	8.080	10.100	12.120	14.140	15.150
	黄油钙基脂	kg	0.808	0.808	1.010	1.212	1.515
	盐酸 31% 合成	kg	10.000	15.000	15.000	18.000	18.000
	石棉橡胶板 高压 δ1～6	kg	0.350	0.450	0.550	0.700	0.800
	焊接钢管 *DN*15	m	0.350	0.350	—	0.630	1.300
	螺纹球阀 *DN*15	个	0.300	0.300	0.500	—	—
	红钢纸 0.2～0.5	kg	0.300	0.400	0.600	0.800	0.900
	热轧厚钢板 δ21～30	kg	—	—	—	150.000	160.000
	六角螺栓带螺母 M12×75 以下	10套	—	—	—	0.500	0.600
	氧气	m^3	—	—	—	6.120	6.120
	乙炔气	kg	—	—	—	2.040	2.040
	螺纹球阀 *DN*20	个	—	—	—	0.500	0.500
	其他材料费	%	5.00	5.00	5.00	5.00	5.00
机械	载重汽车 10t	台班	0.500	0.500	0.500	1.000	1.500
	汽车式起重机 8t	台班	1.700	0.700	—	—	—
	汽车式起重机 16t	台班	—	—	1.700	1.700	2.200
	汽车式起重机 25t	台班	0.500	—	—	—	—
	汽车式起重机 50t	台班	—	1.000	1.000	—	—
	汽车式起重机 75t	台班	—	—	—	1.000	1.000
	交流弧焊机 32kV·A	台班	0.400	0.400	0.400	0.500	0.500

计量单位:台

定额编号				1-2-34	1-2-35	1-2-36	1-2-37	1-2-38
项目				设备重量(t 以内)				
				70	100	150	200	250
名称			单位	消耗量				
人工	合计工日		工日	207.756	268.162	400.026	519.532	639.638
	其中	普工	工日	41.551	53.632	80.005	103.906	127.927
		一般技工	工日	149.585	193.077	288.019	374.063	460.539
		高级技工	工日	16.620	21.453	32.002	41.563	51.171
材料	平垫铁(综合)		kg	116.890	120.920	145.360	173.840	202.680
	斜垫铁 Q195~Q235 1#		kg	103.660	108.950	126.920	150.190	173.460
	镀锌铁丝 ϕ4.0~2.8		kg	8.300	8.900	9.000	9.700	10.400
	低碳钢焊条 J422 ϕ3.2		kg	1.575	2.100	2.100	2.100	2.625
	木板		m^3	0.075	0.090	0.113	0.120	0.128
	道木		m^3	0.241	0.344	0.516	0.688	0.859
	汽油 70#~90#		kg	15.300	24.480	34.823	47.654	59.109
	煤油		kg	33.600	47.250	71.337	94.868	118.713
	机油		kg	18.180	24.240	37.421	49.328	61.964
	黄油钙基脂		kg	2.020	2.828	4.282	5.686	7.121
	盐酸 31% 合成		kg	20.000	25.000	39.700	51.760	65.330
	石棉橡胶板 高压 δ1~6		kg	1.060	1.400	2.170	2.860	3.590
	焊接钢管 *DN*15		m	1.300	—	—	—	—
	红钢纸 0.2~0.5		kg	1.200	1.300	2.210	2.800	3.580
	热轧厚钢板 δ21~30		kg	250.000	380.000	400.000	400.000	420.000
	铜焊粉		kg	0.056	0.080	0.120	0.160	0.200
	型钢(综合)		kg	52.770	75.380	113.080	450.770	188.460
	焊接钢管 *DN*20		m	1.630	2.000	2.000	2.500	2.500
	六角螺栓带螺母 M12×75 以下		10 套	1.000	1.400	1.400	1.800	1.800
	氧气		m^3	8.160	9.180	12.240	15.300	18.360
	乙炔气		kg	2.720	3.060	4.080	5.100	6.120
	螺纹球阀 *DN*20		个	0.500	0.800	0.800	1.000	1.000
	其他材料费		%	5.00	5.00	5.00	5.00	5.00
机械	载重汽车 10t		台班	1.500	2.000	2.000	2.000	2.000
	汽车式起重机 16t		台班	2.100	4.000	4.000	4.000	5.000
	汽车式起重机 25t		台班	3.100	5.500	6.000	6.000	6.000
	汽车式起重机 50t		台班	—	—	—	1.000	1.000
	汽车式起重机 75t		台班	1.000	1.000	—	—	—
	汽车式起重机 100t		台班	—	—	1.000	1.000	1.000
	交流弧焊机 32kV·A		台班	1.000	1.000	1.000	1.500	1.500

计量单位:台

定额编号				1-2-39	1-2-40	1-2-41	1-2-42
项　目				设备重量(t以内)			
				350	500	700	950
名　称			单位	消　耗　量			
人工	合计工日		工日	861.327	1189.694	1622.301	2124.992
	其中	普工	工日	172.265	237.939	324.460	424.998
		一般技工	工日	620.156	856.580	1168.056	1529.994
		高级技工	工日	68.906	95.175	129.784	169.999
材料	平垫铁(综合)		kg	230.790	249.770	284.480	319.200
	斜垫铁 Q195～Q235 1#		kg	196.730	220.000	248.560	277.030
	镀锌铁丝 ϕ4.0～2.8		kg	11.100	12.000	14.400	18.000
	低碳钢焊条 J422 ϕ3.2		kg	2.625	2.625	3.150	3.150
	木板		m^3	0.158	0.188	0.263	0.338
	道木		m^3	1.203	1.719	2.406	3.266
	汽油 70#～90#		kg	83.038	118.453	165.934	225.134
	煤油		kg	166.110	237.353	332.262	451.259
	机油		kg	86.557	123.765	173.205	235.098
	黄油钙基脂		kg	9.959	14.231	19.917	27.038
	盐酸 31% 合成		kg	91.070	130.330	182.330	247.520
	石棉橡胶板 高压 δ1～6		kg	5.020	7.170	10.040	13.620
	红钢纸 0.2～0.5		kg	4.960	7.120	9.950	13.510
	热轧厚钢板 δ21～30		kg	420.000	450.000	480.000	500.000
	铜焊粉		kg	0.280	0.400	0.560	0.760
	型钢(综合)		kg	263.850	376.920	527.690	716.150
	焊接钢管 *DN*20		m	3.000	3.000	3.500	3.500
	六角螺栓带螺母 M12×75 以下		10套	2.200	2.200	2.600	2.600
	氧气		m^3	24.480	33.660	45.900	61.200
	乙炔气		kg	8.160	11.220	15.300	20.400
	螺纹球阀 *DN*20		个	1.500	1.500	2.000	2.000
	其他材料费		%	5.00	5.00	5.00	5.00
机械	载重汽车 10t		台班	2.500	2.500	2.500	2.500
	汽车式起重机 16t		台班	6.500	6.500	7.500	8.000
	汽车式起重机 30t		台班	10.000	13.000	15.000	18.000
	汽车式起重机 50t		台班	1.000	1.000	1.000	—
	汽车式起重机 75t		台班	—	—	—	2.000
	汽车式起重机 100t		台班	1.000	1.000	2.000	2.000
	交流弧焊机 32kV·A		台班	1.500	1.500	2.000	2.000

三、自动锻压机及锻机操作机

计量单位:台

定额编号			1-2-43	1-2-44	1-2-45	1-2-46	1-2-47
项目			设备重量(t以内)				
			1	3	5	7	10
名称		单位	消耗量				
人工	合计工日	工日	6.241	13.094	18.773	22.971	32.017
人工	其中 普工	工日	1.248	2.618	3.755	4.594	6.403
人工	其中 一般技工	工日	4.494	9.428	13.517	16.539	23.052
人工	其中 高级技工	工日	0.499	1.048	1.502	1.838	2.562
材料	平垫铁(综合)	kg	6.240	10.560	16.630	19.660	42.270
材料	斜垫铁 Q195~Q235 1#	kg	5.300	9.360	14.740	18.020	36.540
材料	镀锌铁丝 φ4.0~2.8	kg	0.650	0.800	0.800	2.000	2.000
材料	低碳钢焊条 J422 φ3.2	kg	0.263	0.263	0.263	0.525	0.840
材料	木板	m^3	0.014	0.030	0.035	0.058	0.080
材料	道木	m^3	—	—	—	0.006	0.006
材料	汽油 70#~90#	kg	0.102	0.102	0.153	0.153	0.255
材料	煤油	kg	2.100	2.100	3.150	3.675	6.300
材料	机油	kg	0.505	0.505	0.505	0.808	1.010
材料	黄油钙基脂	kg	0.152	0.152	0.202	0.253	0.404
材料	其他材料费	%	5.00	5.00	5.00	5.00	5.00
机械	载重汽车 10t	台班	—	—	0.300	0.500	0.500
机械	叉式起重机 5t	台班	0.200	0.400	0.500	—	—
机械	汽车式起重机 8t	台班	—	—	—	0.800	1.000
机械	汽车式起重机 12t	台班	—	—	—	0.500	—
机械	汽车式起重机 16t	台班	—	—	—	—	0.500
机械	交流弧焊机 32kV·A	台班	0.100	0.100	0.100	0.200	0.200

计量单位:台

定额编号				1-2-48	1-2-49	1-2-50	1-2-51	1-2-52
项　目				设备重量(t以内)				
				15	20	25	35	50
名　称			单位	消　耗　量				
人工	合计工日		工日	47.914	63.835	76.461	103.757	138.488
	其中	普工	工日	9.583	12.767	15.292	20.751	27.698
		一般技工	工日	34.498	45.961	55.051	74.705	99.711
		高级技工	工日	3.833	5.107	6.117	8.301	11.079
材料	平垫铁(综合)		kg	48.280	63.190	69.430	88.410	107.020
	斜垫铁 Q195～Q235 1#		kg	44.250	51.830	57.120	80.390	92.020
	镀锌铁丝 ϕ4.0～2.8		kg	3.000	3.000	3.000	4.500	6.500
	低碳钢焊条 J422 ϕ3.2		kg	0.840	0.840	1.050	1.050	1.050
	木板		m^3	0.093	0.143	0.155	0.225	0.315
	道木		m^3	0.006	0.011	0.011	0.011	0.012
	汽油 70#～90#		kg	0.306	0.357	0.408	0.612	0.918
	煤油		kg	7.350	9.450	10.500	12.600	16.800
	机油		kg	1.010	1.515	1.515	2.020	3.030
	黄油钙基脂		kg	0.505	0.505	0.707	0.909	1.515
	其他材料费		%	5.00	5.00	5.00	5.00	5.00
机械	载重汽车 10t		台班	0.500	0.500	0.500	1.000	1.000
	汽车式起重机 8t		台班	1.500	1.500	1.000	—	—
	汽车式起重机 16t		台班	—	—	—	2.000	3.000
	汽车式起重机 25t		台班	0.500	—	—	—	—
	汽车式起重机 30t		台班	—	1.000	—	—	—
	汽车式起重机 50t		台班	—	—	1.000	—	—
	汽车式起重机 75t		台班	—	—	—	1.000	1.000
	交流弧焊机 32kV·A		台班	0.400	0.400	0.400	0.400	0.500

计量单位:台

定额编号				1-2-53	1-2-54	1-2-55	1-2-56
项目				设备重量(t以内)			
				70	100	150	200
名称			单位	消耗量			
人工	合计工日		工日	191.380	246.535	338.121	436.692
	其中	普工	工日	38.276	49.307	67.624	87.338
		一般技工	工日	137.794	177.505	243.447	314.418
		高级技工	工日	15.310	19.722	27.050	34.936
材料	平垫铁(综合)		kg	137.110	184.630	195.835	224.200
	斜垫铁 Q195~Q235 1#		kg	122.560	165.480	177.110	198.580
	镀锌铁丝 ϕ4.0~2.8		kg	8.900	12.600	18.900	25.200
	低碳钢焊条 J422 ϕ3.2		kg	1.050	1.050	1.313	1.890
	木板		m^3	0.225	0.285	0.300	0.338
	道木		m^3	0.241	0.344	0.516	0.688
	汽油 70#~90#		kg	1.224	1.428	2.040	2.856
	煤油		kg	23.100	31.500	42.000	58.800
	机油		kg	4.040	5.050	6.060	8.888
	黄油钙基脂		kg	2.525	3.535	4.040	6.060
	铜焊粉		kg	0.056	0.080	0.120	0.160
	其他材料费		%	5.00	5.00	5.00	5.00
机械	载重汽车 10t		台班	1.000	1.500	2.000	2.000
	汽车式起重机 16t		台班	2.000	2.500	3.500	4.500
	汽车式起重机 30t		台班	3.000	3.500	4.500	5.500
	汽车式起重机 50t		台班	—	—	—	—
	汽车式起重机 75t		台班	1.000	1.000	—	—
	汽车式起重机 100t		台班	—	—	1.000	1.000
	交流弧焊机 32kV·A		台班	0.500	0.500	0.500	1.000

四、空　气　锤

计量单位:台

定额编号			1-2-57	1-2-58	1-2-59	1-2-60	1-2-61
项　目			落锤重量(kg以内)				
			150	250	400	560	750
名　称		单位	消　耗　量				
人工	合计工日	工日	33.458	44.463	71.552	88.168	105.125
人工	其中 普工	工日	6.691	8.892	14.311	17.634	21.025
人工	其中 一般技工	工日	24.090	32.013	51.517	63.480	75.690
人工	其中 高级技工	工日	2.677	3.557	5.724	7.054	8.410
材料	平垫铁(综合)	kg	28.410	35.740	68.665	88.770	95.460
材料	斜垫铁 Q195～Q235 1#	kg	24.950	25.518	65.668	80.940	89.830
材料	圆钢 ϕ10～14	kg	2.500	3.000	4.000	4.500	5.000
材料	镀锌铁丝 ϕ4.0～2.8	kg	2.000	2.670	3.000	6.000	8.000
材料	低碳钢焊条 J422 ϕ3.2	kg	0.630	0.630	0.735	0.840	0.840
材料	木板	m^3	0.045	0.051	0.078	0.093	0.128
材料	道木	m^3	0.004	0.004	0.006	0.006	0.006
材料	汽油 70#～90#	kg	2.040	2.550	4.080	4.590	6.120
材料	煤油	kg	7.350	8.925	12.600	16.800	21.000
材料	汽缸油	kg	1.300	1.500	2.000	2.000	2.500
材料	机油	kg	4.040	4.545	6.565	7.575	8.585
材料	黄油钙基脂	kg	2.020	2.525	3.030	3.030	3.535
材料	石棉橡胶板 高压 δ1～6	kg	2.500	3.000	6.000	8.000	8.000
材料	石棉编绳 ϕ11～25 烧失量24%	kg	1.400	1.600	2.200	2.500	3.000
材料	红钢纸 0.2～0.5	kg	0.130	0.160	0.180	0.200	0.250
材料	其他材料费	%	5.00	5.00	5.00	5.00	5.00
机械	载重汽车 10t	台班	—	0.500	0.500	0.500	0.500
机械	汽车式起重机 8t	台班	0.800	1.100	0.900	1.050	1.200
机械	汽车式起重机 16t	台班	0.500	0.500	0.500	0.500	0.500
机械	汽车式起重机 25t	台班	—	—	0.500	—	—
机械	汽车式起重机 30t	台班	—	—	—	1.000	—
机械	汽车式起重机 50t	台班	—	—	—	—	1.000
机械	交流弧焊机 32kV·A	台班	0.400	0.400	0.500	0.500	0.500

五、模 锻 锤

计量单位：台

定额编号			1-2-62	1-2-63	1-2-64	1-2-65	1-2-66	1-2-67
项目			落锤重量(t以内)					
			1	2	3	5	10	16
名称		单位	消耗量					
人工	合计工日	工日	105.526	172.798	229.577	394.189	599.768	868.988
人工	其中 普工	工日	21.105	34.559	45.916	78.838	119.953	173.798
人工	其中 一般技工	工日	75.979	124.415	165.295	283.816	431.833	625.672
人工	其中 高级技工	工日	8.442	13.824	18.366	31.535	47.982	69.519
材料	铜焊粉	kg	—	—	—	0.250	0.400	0.500
材料	木板	m^3	0.050	0.065	0.073	0.118	0.164	0.194
材料	道木	m^3	0.012	0.015	0.275	0.540	1.073	1.455
材料	汽油 70# ~90#	kg	8.160	10.200	12.240	15.300	18.360	25.500
材料	煤油	kg	21.000	26.250	31.500	39.900	57.750	73.500
材料	汽缸油	kg	2.200	2.400	3.000	3.500	4.500	6.000
材料	机油	kg	2.020	3.030	4.040	5.050	6.565	8.080
材料	黄油钙基脂	kg	3.030	5.050	8.080	10.100	12.120	15.150
材料	石棉橡胶板 高压 δ1 ~6	kg	5.000	6.350	7.060	8.470	10.580	14.000
材料	油浸石棉盘根 编制 ϕ6 ~10 (450℃)	kg	2.000	2.500	3.000	3.000	5.000	8.000
材料	石棉编绳 ϕ6 ~10 烧失量 24%	kg	3.000	3.400	3.600	4.400	5.800	8.000
材料	砂子	m^3	0.675	0.675	1.080	1.080	1.350	1.350
材料	石油沥青 10#	kg	150.000	200.000	240.000	280.000	350.000	450.000
材料	煤焦油	kg	30.000	45.000	50.000	65.000	85.000	120.000
材料	石油沥青油毡 400g	m^2	10.000	15.000	20.000	20.000	25.000	25.000
材料	红钢纸 0.2 ~0.5	kg	0.380	0.640	0.770	0.900	1.790	3.000
材料	其他材料费	%	5.00	5.00	5.00	5.00	5.00	5.00
机械	载重汽车 10t	台班	1.000	1.000	1.500	2.000	2.000	3.000
机械	平板拖车组 15t	台班	—	—	—	—	—	0.500
机械	汽车式起重机 8t	台班	2.650	4.600	5.050	6.100	7.800	11.000
机械	汽车式起重机 16t	台班	—	1.500	2.000	2.000	2.500	3.000
机械	汽车式起重机 25t	台班	1.000	—	—	—	—	—
机械	汽车式起重机 30t	台班	—	1.000	—	—	—	—
机械	汽车式起重机 50t	台班	—	—	1.000	1.000	1.000	—
机械	汽车式起重机 75t	台班	—	—	—	—	—	1.000

六、自由锻锤及蒸汽锤

计量单位:台

定额编号				1-2-68	1-2-69	1-2-70	1-2-71
项目				落锤重量(t 以内)			
				1	2	3	5
名称			单位	消耗量			
人工	合计工日		工日	87.494	151.106	225.422	346.827
	其中	普工	工日	17.499	30.222	45.084	69.365
		一般技工	工日	62.995	108.796	162.304	249.716
		高级技工	工日	7.000	12.088	18.034	27.746
材料	圆钢 $\phi10\sim14$		kg	16.000	30.000	30.000	50.000
	铜焊粉		kg	—	0.048	0.064	0.112
	镀锌铁丝 $\phi4.0\sim2.8$		kg	0.500	0.600	0.800	0.900
	木板		m^3	0.063	0.070	0.078	0.116
	道木		m^3	0.096	0.199	0.275	0.527
	汽油 70# ~90#		kg	7.650	11.220	15.300	28.560
	煤油		kg	21.000	26.250	31.500	39.900
	汽缸油		kg	2.200	2.400	3.000	3.500
	机油		kg	2.020	3.030	4.040	5.050
	黄油钙基脂		kg	3.030	5.050	8.080	10.100
	石棉橡胶板 高压 $\delta1\sim6$		kg	4.230	5.620	6.350	7.760
	油浸石棉盘根 编制 $\phi6\sim10$ (450℃)		kg	2.000	2.500	3.000	3.000
	石棉编绳 $\phi6\sim10$ 烧失量 24%		kg	2.800	3.200	3.400	4.000
	砂子		m^3	0.675	0.675	1.080	1.080
	石油沥青 10#		kg	150.000	200.000	240.000	280.000
	煤焦油		kg	25.000	34.000	45.000	60.000
	石油沥青油毡 400g		m^2	10.000	15.000	20.000	20.000
	红钢纸 0.2~0.5		kg	0.260	0.510	0.640	0.960
	其他材料费		%	5.00	5.00	5.00	5.00
机械	载重汽车 10t		台班	0.500	1.000	1.000	1.500
	汽车式起重机 8t		台班	2.350	4.100	4.850	6.400
	汽车式起重机 16t		台班	0.500	0.500	0.500	0.500
	汽车式起重机 30t		台班	0.500	—	—	—
	汽车式起重机 50t		台班	—	0.500	1.000	1.000
	汽车式起重机 75t		台班	—	0.500	—	—
	汽车式起重机 100t		台班	—	—	0.500	1.000

七、剪切机及弯曲校正机

计量单位:台

定额编号			1-2-72	1-2-73	1-2-74	1-2-75
项目			设备重量(t以内)			
			1	3	5	7
名称		单位	消耗量			
人工	合计工日	工日	6.359	14.416	19.380	23.546
	其中 普工	工日	1.271	2.883	3.876	4.710
	其中 一般技工	工日	4.579	10.380	13.954	16.953
	其中 高级技工	工日	0.509	1.154	1.550	1.884
材料	平垫铁(综合)	kg	6.240	14.360	19.158	21.120
	斜垫铁 Q195~Q235 1#	kg	5.300	13.050	16.390	19.070
	镀锌铁丝 φ4.0~2.8	kg	0.650	0.800	0.800	2.000
	低碳钢焊条 J422 φ3.2	kg	0.263	0.263	0.263	0.263
	木板	m^3	0.013	0.026	0.031	0.050
	道木	m^3	—	—	—	0.007
	汽油 70#~90#	kg	0.051	0.102	0.102	0.153
	煤油	kg	2.100	2.100	3.150	3.150
	机油	kg	0.152	0.152	0.202	0.253
	黄油钙基脂	kg	0.101	0.152	0.152	0.202
	其他材料费	%	5.00	5.00	5.00	5.00
机械	载重汽车 10t	台班	—	—	0.300	0.500
	叉式起重机 5t	台班	0.200	0.350	—	—
	汽车式起重机 8t	台班	—	—	0.800	1.000
	汽车式起重机 16t	台班	—	—	—	0.500
	交流弧焊机 32kV·A	台班	0.200	0.200	0.200	0.400

计量单位:台

定额编号			1-2-76	1-2-77	1-2-78	1-2-79
项目			设备重量(t以内)			
			10	12	15	20
名称		单位	消耗量			
人工	合计工日	工日	31.503	36.608	46.995	56.783
	其中 普工	工日	6.300	7.322	9.399	11.356
	一般技工	工日	22.682	26.358	33.836	40.884
	高级技工	工日	2.520	2.929	3.760	4.543
材料	平垫铁(综合)	kg	24.480	26.930	28.920	36.560
	斜垫铁 Q195～Q235 1#	kg	22.280	24.510	26.400	33.200
	镀锌铁丝 φ4.0～2.8	kg	2.000	2.500	3.000	3.000
	低碳钢焊条 J422 φ3.2	kg	0.263	0.329	0.525	0.525
	木板	m^3	0.055	0.069	0.075	0.125
	道木	m^3	0.007	0.009	0.007	0.069
	汽油 70#～90#	kg	0.153	0.191	0.204	0.255
	煤油	kg	4.200	5.250	5.250	6.300
	机油	kg	0.303	0.379	0.404	0.606
	黄油钙基脂	kg	0.253	0.316	0.253	0.455
	其他材料费	%	5.00	5.00	5.00	5.00
机械	载重汽车 10t	台班	0.500	0.500	0.500	0.500
	汽车式起重机 8t	台班	1.500	1.750	2.000	2.000
	汽车式起重机 16t	台班	0.500	—	—	—
	汽车式起重机 30t	台班	—	0.500	0.500	—
	汽车式起重机 50t	台班	—	—	—	0.500
	交流弧焊机 32kV·A	台班	0.400	0.500	0.500	0.500

计量单位:台

定额编号			1-2-80	1-2-81	1-2-82	1-2-83
项目			设备重量(t以内)			
			30	40	50	70
名称		单位	消耗量			
人工	合计工日	工日	85.154	110.298	134.723	188.137
	其中 普工	工日	17.031	22.059	26.944	37.627
	一般技工	工日	61.311	79.415	97.000	135.458
	高级技工	工日	6.812	8.824	10.778	15.051
材料	平垫铁(综合)	kg	48.280	52.440	58.440	70.460
	斜垫铁 Q195～Q235 1#	kg	44.350	47.000	54.810	62.620
	镀锌铁丝 φ4.0～2.8	kg	4.500	4.500	5.500	5.500
	低碳钢焊条 J422 φ3.2	kg	0.525	0.525	0.525	0.525
	木板	m^3	0.188	0.213	0.288	0.229
	道木	m^3	0.069	0.138	0.172	0.241
	汽油 70#～90#	kg	0.306	0.357	0.408	0.408
	煤油	kg	10.500	13.650	15.750	19.950
	机油	kg	0.808	1.010	1.515	2.020
	黄油钙基脂	kg	0.707	1.010	1.515	2.020
	铜焊粉	kg	—	—	—	0.056
	其他材料费	%	5.00	5.00	5.00	5.00
机械	载重汽车 10t	台班	0.500	1.000	1.000	1.000
	汽车式起重机 16t	台班	2.000	2.500	3.000	3.500
	汽车式起重机 50t	台班	1.000	—	—	—
	汽车式起重机 75t	台班	—	1.000	1.000	1.000
	交流弧焊机 32kV·A	台班	1.000	1.000	1.000	1.000

计量单位:台

定额编号			1-2-84	1-2-85	1-2-86	1-2-87
项目			设备重量(t 以内)			
			100	140	180	200
名称		单位	消耗量			
人工	合计工日	工日	251.722	350.543	391.463	433.969
	其中 普工	工日	50.345	70.109	78.293	86.794
	其中 一般技工	工日	181.240	252.391	281.853	312.458
	其中 高级技工	工日	20.138	28.043	31.317	34.717
材料	平垫铁(综合)	kg	86.330	107.390	116.890	129.870
	斜垫铁 Q195～Q235 1#	kg	77.740	92.020	103.660	115.170
	镀锌铁丝 ϕ4.0～2.8	kg	7.000	7.000	8.500	10.625
	低碳钢焊条 J422 ϕ3.2	kg	0.840	0.840	0.840	1.050
	木板	m^3	0.289	0.305	0.305	0.381
	道木	m^3	0.344	0.481	0.550	0.688
	汽油 70#～90#	kg	0.510	0.510	0.510	0.638
	煤油	kg	25.200	33.600	37.800	47.250
	机油	kg	4.040	6.060	6.060	7.575
	黄油钙基脂	kg	3.030	4.040	4.040	5.050
	铜焊粉	kg	0.080	0.112	0.128	0.160
	其他材料费	%	5.00	5.00	5.00	5.00
机械	载重汽车 10t	台班	1.500	1.500	1.500	1.500
	汽车式起重机 16t	台班	3.000	4.000	—	—
	汽车式起重机 30t	台班	5.000	6.000	6.000	7.000
	汽车式起重机 50t	台班	—	—	1.000	1.000
	汽车式起重机 100t	台班	0.500	0.500	1.000	1.000
	交流弧焊机 32kV·A	台班	1.000	1.500	1.500	1.500

计量单位：台

定额编号			1-2-88	1-2-89	1-2-90	1-2-91	1-2-92
项　目			设备重量(t 以内)				
			250	300	350	400	450
名　称		单位	消　耗　量				
人工	合计工日		工日	538.911	606.481	665.656	716.502	743.953
人工	其中	普工	工日	107.782	121.296	133.131	143.301	148.791
人工	其中	一般技工	工日	388.016	436.666	479.272	515.881	535.646
人工	其中	高级技工	工日	43.113	48.519	53.253	57.320	59.516
材料	平垫铁(综合)	kg	135.870	142.660	149.800	157.290	165.150
材料	斜垫铁 Q195～Q235 1#	kg	115.290	121.050	127.110	133.460	140.140
材料	镀锌铁丝 ϕ4.0～2.8	kg	13.281	16.602	20.752	25.940	32.425
材料	低碳钢焊条 J422 ϕ3.2	kg	1.313	1.641	2.051	2.563	3.204
材料	木板	m^3	0.477	0.596	0.745	0.931	1.163
材料	道木	m^3	0.859	1.074	1.343	1.678	2.098
材料	汽油 70#～90#	kg	0.797	0.996	1.245	1.556	1.945
材料	煤油	kg	59.063	73.828	92.285	115.356	144.196
材料	机油	kg	9.469	11.836	14.795	18.494	23.117
材料	黄油钙基脂	kg	6.313	7.891	9.863	12.329	15.411
材料	聚酯乙烯泡沫塑料	kg	0.859	1.074	1.343	1.678	2.098
材料	铜焊粉	kg	0.200	0.250	0.313	0.391	0.488
材料	其他材料费	%	5.00	5.00	5.00	5.00	5.00
机械	载重汽车 10t	台班	2.000	2.000	2.000	2.500	2.500
机械	汽车式起重机 16t	台班	3.000	3.000	4.000	5.000	5.000
机械	汽车式起重机 30t	台班	7.000	8.000	9.000	10.000	12.000
机械	汽车式起重机 50t	台班	1.000	1.000	—	—	—
机械	汽车式起重机 75t	台班	—	—	1.000	1.000	1.000
机械	汽车式起重机 100t	台班	1.000	1.000	1.000	1.000	1.000
机械	交流弧焊机 32kV·A	台班	2.000	2.000	2.000	2.500	2.500

八、锻造水压机

计量单位:台

定额编号				1-2-93	1-2-94	1-2-95	1-2-96
项目				公称压力(t以内)			
				500	800	1600	2000
名称			单位	消耗量			
人工	合计工日		工日	472.717	582.847	1193.241	1432.948
	其中	普工	工日	94.543	116.569	238.648	286.590
		一般技工	工日	340.357	419.650	859.134	1031.722
		高级技工	工日	37.817	46.627	95.459	114.636
材料	平垫铁(综合)		kg	412.310	431.020	454.150	535.220
	斜垫铁 Q195～Q235 1#		kg	396.700	422.420	448.130	528.490
	镀锌铁丝 ϕ4.0～2.8		kg	60.000	75.000	100.000	120.000
	低碳钢焊条 J422 ϕ3.2		kg	78.750	126.000	204.750	294.000
	木板		m^3	0.306	0.375	0.856	1.031
	道木		m^3	0.880	1.265	1.650	2.035
	汽油 70#～90#		kg	12.240	15.300	22.440	30.600
	煤油		kg	73.500	89.250	126.000	189.000
	机油		kg	30.300	45.450	60.600	101.000
	黄油钙基脂		kg	18.180	25.250	35.350	40.400
	钢板垫板		kg	400.000	700.000	1100.000	1200.000
	圆钢 ϕ10～14		kg	100.000	150.000	200.000	250.000
	热轧薄钢板 δ1.6～1.9		kg	5.000	5.000	5.000	10.000
	钢板 δ4.5～7		kg	10.000	15.000	15.000	20.000
	热轧厚钢板 δ8.0～20		kg	15.000	20.000	25.000	30.000
	热轧厚钢板 δ21～30		kg	40.000	60.000	75.000	85.000
	热轧厚钢板 δ31 以外		kg	85.000	120.000	180.000	300.000
	型钢(综合)		kg	60.000	200.000	300.000	500.000
	无缝钢管 D42.5×3.5		m	6.000	8.000	12.000	15.000
	无缝钢管 D57×4		m	1.500	2.000	3.000	4.500
	焊接钢管 *DN*20		m	3.000	4.000	8.000	8.000
	六角螺栓带螺母 M8×75 以下		10套	9.400	11.800	15.300	18.800
	骑马钉 20×2		kg	10.000	10.000	15.000	20.000
	紫铜电焊条 T107 ϕ3.2		kg	1.000	1.000	2.000	2.500
	碳钢气焊条 ϕ2 以内		kg	12.000	15.000	20.000	30.000
	铜焊粉 气剂 301 瓶装		kg	0.100	0.156	0.384	0.570
	黄铜板 δ0.08～0.3		kg	1.500	2.000	2.500	2.500
	溶剂汽油 200#		kg	4.000	6.000	8.000	9.000

续前

计量单位:台

定额编号			1-2-93	1-2-94	1-2-95	1-2-96
项　目			公称压力(t以内)			
			500	800	1600	2000
材料	盐酸 31% 合成	kg	70.000	80.000	100.000	150.000
	碳酸钠(纯碱)	kg	15.090	18.000	20.000	30.000
	亚硝酸钠	kg	65.000	70.000	80.000	120.000
	氧气	m^3	122.400	153.000	204.000	255.000
	乌洛托品	kg	1.500	2.000	2.100	3.200
	乙炔气	kg	40.800	51.000	68.000	85.000
	铅油(厚漆)	kg	2.000	2.500	3.000	5.000
	调和漆	kg	13.000	32.500	50.000	70.000
	防锈漆 C53-1	kg	12.000	15.000	20.000	25.000
	银粉漆	kg	1.000	1.500	2.000	2.500
	石棉橡胶板 高压 $\delta 1 \sim 6$	kg	8.000	10.000	15.000	22.000
	橡胶板 $\delta 5 \sim 10$	kg	15.000	18.000	30.000	40.000
	硅酸盐膨胀水泥	kg	—	181.395	362.790	483.720
	红砖 240×115×53	千块	0.050	0.060	0.080	0.090
	石墨粉 高碳	kg	3.000	3.000	8.000	8.000
	螺纹球阀 *DN*50	个	1.000	2.000	3.000	4.000
	铁砂布 0#~2#	张	40.000	50.000	60.000	80.000
	锯条(各种规格)	根	35.000	40.000	45.000	75.000
	红钢纸 0.2~0.5	kg	1.500	2.000	3.000	3.000
	焦炭	kg	500.000	800.000	1000.000	1200.000
	木柴	kg	180.000	200.000	250.000	380.000
	研磨膏	盒	2.000	2.000	3.000	3.000
	水	t	—	0.600	1.000	1.200
	其他材料费	%	5.00	5.00	5.00	5.00
机械	载重汽车 10t	台班	1.000	1.500	2.000	3.000
	汽车式起重机 16t	台班	8.295	10.675	15.960	19.670
	汽车式起重机 30t	台班	0.500	1.500	1.500	1.500
	汽车式起重机 50t	台班	1.000	—	1.000	1.000
	汽车式起重机 75t	台班	—	0.500	—	—
	汽车式起重机 100t	台班	—	—	0.500	1.000
	摇臂钻床 50mm	台班	6.000	9.000	16.000	20.000
	交流弧焊机 32kV·A	台班	26.000	31.000	62.000	69.000
	电动空气压缩机 $6m^3/min$	台班	6.000	8.000	14.000	18.000
	试压泵 60MPa	台班	6.000	8.000	14.000	18.000
	鼓风机 $18m^3/min$	台班	3.000	5.000	10.000	12.000

计量单位:台

定额编号			1-2-97	1-2-98	1-2-99	1-2-100
项目			公称压力(t以内)			
			2500	3150	6000	8000
名称		单位	消耗量			
人工	合计工日	工日	1664.093	2493.776	5322.212	6146.687
	其中 普工	工日	332.818	498.755	1064.442	1229.338
	其中 一般技工	工日	1198.147	1795.519	3831.993	4425.614
	其中 高级技工	工日	133.127	199.502	425.777	491.735
材料	平垫铁(综合)	kg	617.240	629.160	645.270	672.830
	斜垫铁 Q195～Q235 1#	kg	608.150	615.500	630.000	700.580
	镀锌铁丝 ϕ4.0～2.8	kg	140.000	150.000	195.000	253.500
	低碳钢焊条 J422 ϕ3.2	kg	378.000	472.500	614.250	798.525
	木板	m^3	1.156	1.348	1.752	2.278
	道木	m^3	2.420	2.833	3.683	4.788
	汽油 70#～90#	kg	36.720	40.800	53.040	68.952
	煤油	kg	252.000	294.000	382.200	496.860
	机油	kg	121.200	141.400	183.820	238.966
	黄油钙基脂	kg	60.600	85.850	111.605	145.087
	钢板垫板	kg	1400.000	1600.000	2080.000	2704.000
	圆钢 ϕ10～14	kg	300.000	450.000	585.000	760.500
	热轧薄钢板 δ1.6～1.9	kg	10.000	15.000	19.500	25.350
	钢板 δ4.5～7	kg	20.000	25.000	32.500	42.250
	热轧厚钢板 δ8.0～20	kg	35.000	40.000	52.000	67.600
	热轧厚钢板 δ21～30	kg	100.000	130.000	169.000	219.700
	热轧厚钢板 δ31 以外	kg	400.000	480.000	624.000	811.200
	型钢(综合)	kg	600.000	700.000	910.000	1183.000
	无缝钢管 D42.5×3.5	m	18.000	20.000	26.000	33.800
	无缝钢管 D57×4	m	5.000	5.000	6.500	8.450
	焊接钢管 DN20	m	10.000	10.000	13.000	16.900
	六角螺栓带螺母 M8×75 以下	10套	21.200	23.500	30.550	39.715
	骑马钉 20×2	kg	25.000	40.000	52.000	67.600
	紫铜电焊条 T107 ϕ3.2	kg	3.000	3.500	4.550	5.915
	碳钢气焊条 ϕ2 以内	kg	35.000	40.000	52.000	67.600
	铜焊粉 气剂 301 瓶装	kg	0.700	0.870	1.131	1.470
	黄铜板 δ0.08～0.3	kg	3.000	3.000	3.900	5.070
	溶剂汽油 200#	kg	12.000	15.000	19.500	25.350
	盐酸 31% 合成	kg	180.000	200.000	260.000	338.000

续前 计量单位:台

定额编号			1-2-97	1-2-98	1-2-99	1-2-100
项目			公称压力(t以内)			
			2500	3150	6000	8000
材料	碳酸钠(纯碱)	kg	36.000	40.000	52.000	67.600
	亚硝酸钠	kg	145.000	160.000	208.000	270.400
	氧气	m^3	357.000	459.000	596.700	775.710
	乌洛托品	kg	4.000	4.000	5.200	6.760
	乙炔气	kg	119.000	153.000	198.900	258.570
	铅油(厚漆)	kg	6.000	6.000	7.800	10.140
	调和漆	kg	80.000	99.000	128.700	167.310
	防锈漆 C53-1	kg	30.000	40.000	52.000	67.600
	银粉漆	kg	3.000	3.500	4.550	5.915
	石棉橡胶板 高压 $\delta 1\sim6$	kg	26.000	28.000	36.400	47.320
	橡胶板 $\delta 5\sim10$	kg	40.000	45.000	58.500	76.050
	硅酸盐膨胀水泥	kg	483.720	604.650	786.045	1021.859
	红砖 240×115×53	千块	0.100	0.100	0.130	0.169
	石墨粉 高碳	kg	10.000	10.000	13.000	16.900
	螺纹球阀 *DN*50	个	4.000	5.000	6.500	8.450
	铁砂布 0#~2#	张	100.000	120.000	156.000	202.800
	锯条(各种规格)	根	80.000	80.000	104.000	135.200
	红钢纸 0.2~0.5	kg	3.600	4.000	5.200	6.760
	焦炭	kg	1500.000	2000.000	2600.000	3380.000
	木柴	kg	480.000	500.000	650.000	845.000
	研磨膏	盒	4.000	4.000	5.200	6.760
	水	t	1.400	1.600	2.080	2.704
	其他材料费	%	5.00	5.00	5.00	5.00
机械	载重汽车 10t	台班	4.000	4.000	5.000	5.000
	汽车式起重机 16t	台班	22.300	25.000	—	—
	汽车式起重机 30t	台班	1.500	2.000	5.382	6.997
	汽车式起重机 50t	台班	1.500	—	—	—
	汽车式起重机 75t	台班	—	1.000	2.691	3.498
	汽车式起重机 100t	台班	1.000	1.500	4.037	5.247
	摇臂钻床 50mm	台班	24.000	—	—	—
	摇臂钻床 63mm	台班	—	30.000	80.730	104.949
	电动空气压缩机 $6m^3/min$	台班	20.000	27.000	72.657	94.454
	试压泵 60MPa	台班	20.000	26.000	69.966	90.956
	鼓风机 $18m^3/min$	台班	14.000	18.000	48.438	62.969
	交流弧焊机 32kV·A	台班	81.000	110.000	296.010	384.813

第三章　铸造设备安装
(030103)

说　　明

一、本章内容包括砂处理设备,造型及造芯设备,落砂及清理设备,抛丸清理室,金属型铸造等设备安装。

1. 砂处理设备包括:混砂机、碾砂机、松砂机、筛砂机等。

2. 造型及造芯设备包括:震压式造型机、震实式造型机、震实式制芯机、吹芯机、射芯机等。

3. 落砂及清理设备包括:震动落砂机、型芯落砂机、圆型清理滚筒、喷砂机、喷丸器、喷丸清理转台、抛丸机等。

4. 抛丸清理室包括:室体组焊、电动台车及旋转台安装、抛丸喷丸器安装、铁丸分配、输送及回收装置安装、悬挂链轨道及吊钩安装、除尘风管和铁丸输送管敷设、平台、梯子、栏杆等安装、设备单机试运转。

5. 金属型铸造设备包括:卧式冷室压铸机、立式冷室压铸机、卧式离心铸造机等。

6. 材料准备设备包括:C246 及 C246A 球磨机、碾沙机、蜡模成型机械、生铁裂断机、涂料搅拌机等。

二、本章不包括以下工作内容:

1. 地轨安装;

2. 垫木排制作、防腐;

3. 抛丸清理室的除尘机及除尘器与风机间的风管安装。

三、抛丸清理室安装定额单位为“室”,是指除设备基础等土建工程及电气箱、开关、敷设电气管线等电气工程外,成套供应的抛丸机、回转台、斗式提升机、螺旋输送机、电动小车等设备以及框架、平台、梯子、栏杆、漏斗、漏管等金属结构件安装。设备重量是指上述全套设备加金属结构件的总重量。

工程量计算规则

一、抛丸清理室的安装，以“室”为计量单位，以室所含设备重量“t”分列定额项目。

二、铸铁平台安装，以“t”为计量单位，按方形平台或铸梁式平台的安装方式（安装在基础上或支架上）及安装时灌浆与不灌浆分列定额项目。

一、砂处理设备

计量单位:台

定额编号				1-3-1	1-3-2	1-3-3	1-3-4
项目				设备重量(t以内)			
				2	4	6	8
名称			单位	消耗量			
人工	合计工日		工日	8.756	12.524	17.095	20.871
	其中	普工	工日	1.751	2.505	3.419	4.174
		一般技工	工日	6.304	9.017	12.308	15.027
		高级技工	工日	0.700	1.002	1.368	1.670
材料	平垫铁(综合)		kg	4.700	7.530	17.460	19.400
	斜垫铁 Q195～Q235 1#		kg	4.590	7.640	14.810	17.290
	热轧薄钢板 δ1.6～1.9		kg	1.100	1.430	1.430	1.650
	镀锌铁丝 φ4.0～2.8		kg	0.616	0.616	0.924	0.924
	木板		m^3	0.012	0.020	0.022	0.054
	煤油		kg	2.137	3.003	3.465	3.511
	机油		kg	0.144	0.222	0.222	0.333
	黄油钙基脂		kg	0.089	0.167	0.167	0.222
	其他材料费		%	5.00	5.00	5.00	5.00
机械	载重汽车 10t		台班	—	0.200	0.300	0.300
	叉式起重机 5t		台班	0.250	—	—	—
	汽车式起重机 8t		台班	—	0.500	0.700	—
	汽车式起重机 16t		台班	—	—	—	0.900

计量单位:台

定额编号				1-3-5	1-3-6	1-3-7	1-3-8
项目				设备重量(t以内)			
				10	12	15	20
名称			单位	消耗量			
人工	合计工日		工日	26.048	30.864	38.272	50.523
	其中	普工	工日	5.209	6.173	7.654	10.104
		一般技工	工日	18.755	22.222	27.556	36.376
		高级技工	工日	2.084	2.469	3.062	4.042
材料	平垫铁(综合)		kg	25.230	41.400	48.290	59.840
	斜垫铁 Q195～Q235 1#		kg	22.230	36.690	45.860	55.040
	热轧薄钢板 δ1.6～1.9		kg	1.650	2.030	2.200	2.500
	镀锌铁丝 φ4.0～2.8		kg	1.232	1.515	2.400	3.000
	木板		m^3	0.059	0.073	0.083	0.090
	道木		m^3	—	—	0.062	0.069
	煤油		kg	4.620	5.683	6.825	7.350
	机油		kg	0.333	0.410	0.707	0.707
	黄油钙基脂		kg	0.333	0.410	0.354	0.354
	其他材料费		%	5.00	5.00	5.00	5.00
机械	载重汽车 10t		台班	0.300	0.300	0.400	0.500
	汽车式起重机 8t		台班	1.000	1.000	1.200	1.500
	汽车式起重机 16t		台班	0.500	—	—	—
	汽车式起重机 25t		台班	—	0.500	0.500	—
	汽车式起重机 30t		台班	—	—	—	0.500

二、造型及造芯设备

计量单位:台

定额编号				1-3-9	1-3-10	1-3-11	1-3-12	1-3-13
项目				设备重量(t以内)				
				1	2	4	6	8
名称			单位	消耗量				
人工	合计工日		工日	6.991	13.220	21.912	32.761	42.684
	其中	普工	工日	1.398	2.644	4.382	6.553	8.536
		一般技工	工日	5.033	9.518	15.777	23.588	30.733
		高级技工	工日	0.559	1.057	1.752	2.621	3.415
材料	平垫铁(综合)		kg	2.820	5.820	20.700	27.600	31.050
	斜垫铁 Q195～Q235 1#		kg	3.060	4.940	18.300	22.800	27.500
	热轧薄钢板 δ1.6～1.9		kg	0.750	1.000	1.260	1.540	1.600
	镀锌铁丝 φ4.0～2.8		kg	0.420	0.560	0.720	1.320	1.200
	木板		m^3	0.020	0.026	0.028	0.054	0.054
	汽油 70#～90#		kg	0.383	0.510	0.459	0.561	1.020
	煤油		kg	2.756	3.675	4.253	6.930	8.400
	机油		kg	0.152	0.202	0.273	0.333	0.404
	黄油钙基脂		kg	0.152	0.202	0.273	0.333	0.404
	橡胶板 δ5～10		kg	5.250	7.000	8.100	—	—
	其他材料费		%	5.00	5.00	5.00	5.00	5.00
机械	载重汽车 10t		台班	—	—	0.200	0.500	0.500
	叉式起重机 5t		台班	0.200	0.250	—	—	—
	汽车式起重机 8t		台班	—	—	0.500	0.600	0.900

计量单位:台

定额编号				1-3-14	1-3-15	1-3-16	1-3-17
项目				设备重量(t以内)			
				10	15	20	25
名称			单位	消耗量			
人工	合计工日		工日	48.671	68.734	81.339	98.409
	其中	普工	工日	9.734	13.747	16.268	19.682
		一般技工	工日	35.043	49.488	58.564	70.854
		高级技工	工日	3.894	5.499	6.507	7.873
材料	平垫铁(综合)		kg	34.790	37.950	44.840	48.290
	斜垫铁 Q195～Q235 1#		kg	32.100	36.690	41.280	45.860
	热轧薄钢板 δ1.6～1.9		kg	1.600	2.000	2.000	2.500
	镀锌铁丝 φ4.0～2.8		kg	2.400	2.400	3.600	3.600
	木板		m^3	0.075	0.083	0.103	0.134
	道木		m^3	0.062	0.062	0.069	0.069
	汽油 70#～90#		kg	1.020	1.020	2.040	2.040
	煤油		kg	10.500	10.500	12.600	17.850
	机油		kg	0.606	0.808	1.010	1.010
	黄油钙基脂		kg	0.404	0.505	0.505	0.505
	其他材料费		%	5.00	5.00	5.00	5.00
机械	载重汽车 10t		台班	0.500	0.500	0.500	0.500
	汽车式起重机 16t		台班	1.000	1.200	1.000	1.200
	汽车式起重机 25t		台班	—	—	0.500	0.500

三、落砂及清理设备

计量单位：台

定额编号			1-3-18	1-3-19	1-3-20	1-3-21	1-3-22	1-3-23
项　目			设备重量(t以内)					
			0.5	1	3	5	8	12
名　称		单位	消　耗　量					
人工	合计工日	工日	2.397	3.858	11.127	16.144	25.687	38.193
人工	其中 普工	工日	0.479	0.772	2.226	3.230	5.137	7.639
人工	其中 一般技工	工日	1.726	2.778	8.011	11.624	18.494	27.499
人工	其中 高级技工	工日	0.192	0.309	0.890	1.291	2.055	3.055
材料	平垫铁(综合)	kg	2.820	5.820	19.400	25.230	32.300	35.120
材料	斜垫铁 Q195～Q235 1#	kg	3.060	4.940	17.640	22.230	30.580	32.100
材料	热轧薄钢板 δ1.6～1.9	kg	0.750	1.000	1.300	1.300	1.800	3.000
材料	镀锌铁丝 ϕ4.0～2.8	kg	0.420	0.560	0.560	0.840	1.120	1.800
材料	木板	m^3	0.011	0.014	0.018	0.031	0.054	0.063
材料	道木	m^3	—	—	—	—	—	0.004
材料	煤油	kg	0.788	1.050	2.100	3.150	6.300	8.400
材料	机油	kg	0.076	0.101	0.202	0.202	0.505	0.808
材料	黄油钙基脂	kg	0.076	0.101	0.152	0.303	0.404	0.606
材料	其他材料费	%	5.00	5.00	5.00	5.00	5.00	5.00
机械	载重汽车 10t	台班	—	—	—	0.500	0.500	0.500
机械	叉式起重机 5t	台班	0.200	0.300	0.500	—	—	—
机械	汽车式起重机 8t	台班	—	—	0.300	0.800	0.500	1.000
机械	汽车式起重机 16t	台班	—	—	—	—	0.500	0.500

四、抛丸清理室

计量单位:室

定额编号			1-3-24	1-3-25	1-3-26	1-3-27
项目			设备重量(t以内)			
			5	10	15	20
			台			
名称		单位	消耗量			
人工	合计工日	工日	47.274	89.075	127.249	174.240
	其中 普工	工日	9.454	17.815	25.450	34.848
	其中 一般技工	工日	34.037	64.134	91.620	125.452
	其中 高级技工	工日	3.782	7.126	10.180	13.940
材料	平垫铁(综合)	kg	10.530	21.060	23.850	27.220
	斜垫铁 Q195~Q235 1#	kg	9.880	19.750	21.576	25.200
	角钢 60	kg	2.000	2.800	4.000	5.000
	热轧薄钢板 δ1.6~1.9	kg	2.000	2.800	4.000	5.000
	热轧厚钢板 δ8.0~20	kg	4.000	7.000	10.000	10.000
	镀锌铁丝 φ4.0~2.8	kg	2.000	2.100	3.000	3.000
	低碳钢焊条 J422 φ3.2	kg	5.250	8.820	12.600	13.650
	低碳钢焊条 J422 φ4.0	kg	16.800	32.340	46.200	47.250
	木板	m^3	0.020	0.034	0.048	0.061
	道木	m^3	0.007	0.005	0.007	0.007
	汽油 70#~90#	kg	1.530	2.142	3.060	3.570
	煤油	kg	3.150	3.675	5.250	6.300
	机油	kg	1.010	1.061	1.515	1.515
	黄油钙基脂	kg	0.404	0.354	0.505	0.505
	凡士林	kg	0.500	0.490	0.700	0.800
	氧气	m^3	6.120	8.568	12.240	14.280
	乙炔气	kg	2.040	2.856	4.080	4.760
	铅油(厚漆)	kg	1.000	1.400	2.000	2.200
	调和漆	kg	0.300	0.350	0.500	0.600
	防锈漆 C53-1	kg	0.300	0.350	0.500	0.600
	黑铅粉	kg	0.500	0.700	1.000	1.200
	石棉橡胶板 高压 δ1~6	kg	2.000	1.540	2.200	3.400
	石棉松绳 φ13~19	kg	1.100	1.400	2.000	2.500
	橡胶板 δ5~10	kg	1.500	1.820	2.600	4.600
	其他材料费	%	5.00	5.00	5.00	5.00
机械	载重汽车 10t	台班	—	0.200	0.300	0.500
	汽车式起重机 16t	台班	0.850	1.300	1.500	1.700
	汽车式起重机 25t	台班	—	0.300	—	—
	汽车式起重机 30t	台班	—	—	0.300	0.300
	交流弧焊机 21kV·A	台班	5.000	6.500	8.000	8.500

计量单位:室

定额编号				1-3-28	1-3-29	1-3-30
项　目				设备重量(t以内)		
				35	40	50
				台		
名　称			单位	消　耗　量		
人工	合计工日		工日	295.552	326.826	383.682
	其中	普工	工日	59.110	65.365	76.736
		一般技工	工日	212.797	235.315	276.251
		高级技工	工日	23.644	26.146	30.695
材料	平垫铁(综合)		kg	29.700	35.640	39.600
	斜垫铁 Q195～Q235 1#		kg	27.720	30.240	32.760
	角钢 60		kg	6.000	10.000	12.000
	热轧薄钢板 δ1.6～1.9		kg	7.000	14.000	16.000
	热轧厚钢板 δ8.0～20		kg	16.000	24.000	28.000
	镀锌铁丝 φ4.0～2.8		kg	5.000	8.500	10.000
	低碳钢焊条 J422 φ3.2		kg	14.700	16.800	18.900
	低碳钢焊条 J422 φ4.0		kg	50.400	56.700	57.750
	木板		m^3	0.121	0.169	0.169
	道木		m^3	0.007	0.007	0.007
	汽油 70#～90#		kg	4.080	6.120	8.160
	煤油		kg	8.400	21.000	23.100
	机油		kg	2.020	3.535	4.040
	黄油钙基脂		kg	0.808	1.212	1.616
	凡士林		kg	1.000	1.200	1.200
	氧气		m^3	21.420	24.480	26.520
	乙炔气		kg	7.140	8.160	8.840
	铅油(厚漆)		kg	2.500	3.000	3.000
	调和漆		kg	0.750	1.000	1.200
	防锈漆 C53－1		kg	0.750	1.000	1.200
	黑铅粉		kg	1.500	1.600	1.600
	石棉橡胶板 高压 δ1～6		kg	5.500	7.000	7.300
	石棉松绳 φ13～19		kg	3.500	4.400	4.600
	橡胶板 δ5～10		kg	6.700	8.200	8.500
	其他材料费		%	5.00	5.00	5.00
机械	载重汽车 10t		台班	0.500	0.800	0.800
	汽车式起重机 16t		台班	3.800	4.200	6.300
	汽车式起重机 50t		台班	0.400	—	—
	汽车式起重机 75t		台班	—	0.400	—
	汽车式起重机 100t		台班	—	—	0.600
	交流弧焊机 21kV·A		台班	11.500	14.000	16.000

五、金属型铸造设备

计量单位:台

定额编号			1-3-31	1-3-32	1-3-33	1-3-34	1-3-35
项目			设备重量(t以内)				
			1	3	5	7	9
名称		单位	消耗量				
人工	合计工日	工日	7.102	19.633	27.059	36.025	43.954
	其中 普工	工日	1.420	3.926	5.412	7.205	8.791
	一般技工	工日	5.113	14.136	19.483	25.937	31.647
	高级技工	工日	0.569	1.571	2.165	2.882	3.516
材料	平垫铁(综合)	kg	2.820	7.760	11.640	13.580	20.690
	斜垫铁 Q195～Q235 1#	kg	3.060	7.410	9.880	12.350	18.350
	热轧厚钢板 δ31 以外	kg	20.000	31.200	40.000	60.000	45.000
	镀锌铁丝 φ4.0～2.8	kg	0.560	0.874	0.840	1.260	0.840
	紫铜板(综合)	kg	0.100	0.156	0.200	0.300	0.200
	木板	m^3	0.015	0.023	0.031	0.047	0.053
	汽油 70#～90#	kg	0.102	0.159	0.306	0.459	0.714
	煤油	kg	2.310	3.604	3.150	4.725	5.250
	机油	kg	0.152	0.237	0.202	0.303	0.303
	黄油钙基脂	kg	0.101	0.158	0.202	0.303	0.202
	橡胶板 δ5～10	kg	0.200	0.312	0.200	0.300	—
	其他材料费	%	5.00	5.00	5.00	5.00	5.00
机械	载重汽车 10t	台班	—	—	0.300	0.300	0.400
	叉式起重机 5t	台班	0.300	0.400	—	—	—
	汽车式起重机 12t	台班	—	—	0.500	—	—
	汽车式起重机 16t	台班	—	—	—	0.500	0.600

计量单位:台

定额编号				1-3-36	1-3-37	1-3-38	1-3-39	1-3-40
项目				设备重量(t以内)				
				12	15	20	25	30
名称			单位	消耗量				
人工	合计工日		工日	58.305	72.372	87.505	108.534	125.211
	其中	普工	工日	11.661	14.474	17.501	21.707	25.042
		一般技工	工日	41.980	52.108	63.004	78.144	90.152
		高级技工	工日	4.664	5.790	7.000	8.683	10.016
材料	平垫铁(综合)		kg	24.150	31.050	56.060	61.660	72.870
	斜垫铁 Q195~Q235 1#		kg	22.930	27.520	51.040	58.330	65.620
	热轧厚钢板 δ31以外		kg	50.000	50.000	60.000	60.000	60.000
	镀锌铁丝 ϕ4.0~2.8		kg	1.800	2.400	3.600	3.600	4.000
	紫铜板(综合)		kg	0.200	0.300	0.500	0.800	0.800
	木板		m^3	0.075	0.083	0.121	0.134	0.156
	道木		m^3	—	0.021	0.021	0.021	0.028
	汽油 70#~90#		kg	1.020	1.020	1.020	1.020	2.040
	煤油		kg	6.300	8.400	10.500	15.750	21.000
	机油		kg	0.303	0.404	0.505	0.707	1.010
	黄油钙基脂		kg	0.202	0.303	0.303	0.404	0.404
	其他材料费		%	5.00	5.00	5.00	5.00	5.00
机械	载重汽车 10t		台班	0.400	0.500	0.500	0.500	0.500
	汽车式起重机 16t		台班	1.000	0.500	1.000	1.500	1.500
	汽车式起重机 25t		台班	—	0.500	—	—	—
	汽车式起重机 30t		台班	—	—	0.500	0.500	—
	汽车式起重机 50t		台班	—	—	—	—	0.600

计量单位:台

定额编号				1-3-41	1-3-42	1-3-43	1-3-44
项目				设备重量(t以内)			
				40	45	50	55
名称			单位	消耗量			
人工	合计工日		工日	166.887	180.946	199.710	220.054
	其中	普工	工日	33.377	36.189	39.942	44.011
		一般技工	工日	120.158	130.281	143.791	158.438
		高级技工	工日	13.351	14.475	15.977	17.605
材料	平垫铁(综合)		kg	78.480	82.400	86.520	95.300
	斜垫铁 Q195~Q235 1#		kg	72.910	76.560	80.380	87.490
	热轧厚钢板 δ31以外		kg	80.000	96.000	105.600	80.000
	镀锌铁丝 ϕ4.0~2.8		kg	5.000	6.000	6.600	6.000
	紫铜板(综合)		kg	1.000	1.200	1.320	1.000
	木板		m^3	0.163	0.196	0.215	0.188
	道木		m^3	0.069	0.083	0.091	0.069
	汽油 70#~90#		kg	2.040	2.448	2.693	3.060
	煤油		kg	26.250	31.500	34.650	31.500
	机油		kg	1.212	1.454	1.600	1.515
	黄油钙基脂		kg	0.606	0.727	0.800	0.909
	其他材料费		%	5.00	5.00	5.00	5.00
机械	载重汽车 10t		台班	1.000	1.000	1.000	1.000
	汽车式起重机 16t		台班	2.000	3.000	3.500	2.000
	汽车式起重机 75t		台班	0.600	0.600	0.600	—
	汽车式起重机 100t		台班	—	—	—	0.800

六、材料准备设备

计量单位:台

定额编号			1-3-45	1-3-46	1-3-47	1-3-48	1-3-49
项目			设备重量(t 以内)				
			1	2	3	5	8
名称		单位	消耗量				
人工	合计工日	工日	10.499	16.709	24.463	36.337	49.275
	其中 普工	工日	2.100	3.342	4.893	7.267	9.855
	其中 一般技工	工日	7.560	12.030	17.613	26.162	35.478
	其中 高级技工	工日	0.840	1.337	1.957	2.907	3.942
材料	平垫铁(综合)	kg	5.640	5.920	11.640	17.280	31.990
	斜垫铁 Q195~Q235 1#	kg	6.120	6.430	9.880	15.990	30.580
	热轧厚钢板 δ8.0~20	kg	18.000	25.000	30.000	35.000	40.000
	镀锌铁丝 φ4.0~2.8	kg	1.500	2.000	2.500	3.000	3.000
	低碳钢焊条 J422 φ3.2	kg	0.210	0.210	0.263	0.263	0.315
	木板	m^3	0.001	0.015	0.018	0.031	0.036
	煤油	kg	3.150	4.200	5.250	6.300	7.350
	机油	kg	0.505	1.010	1.010	1.010	1.212
	黄油钙基脂	kg	0.505	0.505	0.707	1.010	1.010
	氧气	m^3	—	—	—	1.020	2.040
	乙炔气	kg	—	—	—	0.340	0.680
	其他材料费	%	5.00	5.00	5.00	5.00	5.00
机械	载重汽车 10t	台班	—	—	—	—	0.500
	叉式起重机 5t	台班	0.200	0.300	0.400	0.400	—
	汽车式起重机 12t	台班	—	—	—	0.300	0.500
	交流弧焊机 21kV·A	台班	0.200	0.300	0.400	0.500	0.500

七、铸 铁 平 台

计量单位:10t

定额编号				1-3-50	1-3-51	1-3-52	1-3-53	1-3-54
项　目				方型平台			铸梁式平台	
				基础上灌浆	基础上不灌浆	支架上	基础上灌浆	基础上不灌浆
名　称			单位	消 耗 量				
人工	合计工日		工日	44.357	25.898	20.601	100.704	59.403
人工	其中	普工	工日	8.871	5.180	4.120	20.141	11.881
人工	其中	一般技工	工日	31.937	18.646	14.833	72.507	42.770
人工	其中	高级技工	工日	3.549	2.072	1.648	8.056	4.752
材料	斜垫铁 Q195～Q235 1#		kg	—	—	—	50.000	80.000
材料	平垫铁(综合)		kg	—	—	—	50.000	80.000
材料	木板		m^3	0.273	0.080	0.070	1.106	0.465
材料	道木 250×200×2500		根	—	—	0.280	—	—
材料	煤油		kg	2.360	2.360	1.790	1.320	1.320
材料	机油		kg	0.500	0.340	0.350	0.160	0.160
材料	其他材料费		%	5.00	5.00	5.00	5.00	5.00
机械	载重汽车 10t		台班	0.400	0.300	0.600	1.000	0.500
机械	汽车式起重机 8t		台班	0.600	0.600	0.700	0.800	0.700

第四章　起重设备安装（030104）

说　　明

一、本章内容包括工业用的起重设备安装，起重量为0.5～400t，不同结构、不同用途的电动(手动)起重机安装。

二、本章包括以下工作内容：

1. 起重机静负荷、动负荷及超负荷试运转。

2. 必需的端梁铆接。

3. 解体供货的起重机现场组装。

三、本章不包括试运转所需重物的供应和搬运。

四、起重机安装按照型号规格选用子目，以"台"为计量单位，同时有主副钩时以主钩额定起重量为准。

一、桥式起重机

1. 电动双梁桥式起重机

计量单位:台

定额编号				1-4-1	1-4-2	1-4-3	1-4-4	1-4-5	1-4-6
项目				起重量(t以内)					
				5		10		15/3	
				跨距(m以内)					
				19.5	31.5	19.5	31.5	19.5	31.5
名称			单位	消耗量					
人工	合计工日		工日	78.244	88.676	85.589	99.116	91.659	107.429
	其中	普工	工日	15.649	17.735	17.118	19.823	18.332	21.486
		一般技工	工日	46.946	53.206	51.353	59.470	54.995	64.457
		高级技工	工日	15.649	17.735	17.118	19.823	18.332	21.486
材料	钢板 δ4.5~7		kg	0.460	0.460	0.575	0.575	0.575	0.575
	木板		m^3	0.048	0.080	0.053	0.080	0.071	0.080
	道木		m^3	0.258	0.258	0.258	0.258	0.258	0.258
	煤油		kg	7.875	8.676	11.223	12.416	15.724	17.194
	机油		kg	2.644	2.922	3.699	4.089	5.278	5.833
	黄油钙基脂		kg	4.861	5.214	6.186	6.451	8.131	8.838
	氧气		m^3	2.978	3.295	3.029	3.315	3.488	7.405
	乙炔气		kg	0.992	1.099	1.010	1.105	1.163	2.468
	低碳钢焊条 J422(综合)		kg	4.988	5.513	5.985	6.615	7.329	7.802
	其他材料费		%	3.00	3.00	3.00	3.00	3.00	3.00
机械	汽车式起重机 16t		台班	1.500	1.000	1.000	1.000	1.000	1.500
	平板拖车组 10t		台班	0.500	0.500	0.500	0.500	0.500	0.500
	汽车式起重机 50t		台班	—	—	—	1.000	—	1.000
	汽车式起重机 25t		台班	—	1.000	0.500	—	0.500	—
	电动单筒慢速卷扬机 50kN		台班	1.000	1.000	1.000	1.500	2.000	2.000
	交流弧焊机 21kV·A		台班	1.250	1.250	1.250	1.250	1.600	1.750

计量单位:台

定 额 编 号			1-4-7	1-4-8	1-4-9	1-4-10	1-4-11	1-4-12
项 目			起重量(t 以内)					
			20/5		30/5		50/10	
			跨距(m 以内)					
			19.5	31.5	19.5	31.5	19.5	31.5
名 称		单位	消 耗 量					
人工	合计工日	工日	96.581	114.310	102.774	125.264	127.976	160.794
	其中 普工	工日	19.316	22.862	20.555	25.053	25.595	32.159
	其中 一般技工	工日	57.949	68.586	61.664	75.158	76.786	96.476
	其中 高级技工	工日	19.316	22.862	20.555	25.053	25.595	32.159
材料	钢板 δ4.5~7	kg	0.690	0.690	0.920	0.920	1.495	1.495
	木板	m^3	0.075	0.113	0.093	0.138	0.125	0.163
	道木	m^3	0.258	0.258	0.258	0.258	0.516	0.516
	煤油	kg	17.444	18.638	18.993	20.685	29.610	32.734
	机油	kg	6.333	6.999	7.389	8.166	9.500	10.500
	黄油钙基脂	kg	9.721	10.252	10.605	11.754	12.373	12.991
	氧气	m^3	3.978	4.396	4.417	4.498	4.519	4.600
	乙炔气	kg	1.326	1.466	1.472	1.499	1.507	1.533
	低碳钢焊条 J422(综合)	kg	8.022	8.075	9.083	9.324	9.482	10.479
	其他材料费	%	3.00	3.00	3.00	3.00	3.00	3.00
机械	汽车式起重机 16t	台班	0.500	1.000	—	—	—	—
	平板拖车组 20t	台班	—	0.500	0.500	0.500	0.500	0.500
	平板拖车组 10t	台班	0.500	—	—	—	—	—
	汽车式起重机 50t	台班	—	—	0.500	—	1.000	—
	汽车式起重机 75t	台班	—	—	0.500	—	1.000	—
	汽车式起重机 100t	台班	—	1.000	—	1.000	—	1.000
	电动单筒慢速卷扬机 50kN	台班	2.000	2.000	2.000	2.000	2.000	2.000
	汽车式起重机 25t	台班	0.500	—	1.000	1.000	1.000	1.000
	交流弧焊机 21kV·A	台班	1.750	1.750	1.750	1.750	1.750	2.000

计量单位:台

定额编号			1-4-13	1-4-14	1-4-15	1-4-16	1-4-17	1-4-18
项目			起重量(t以内)					
			75/20		100/20		150/30	
			跨距(m以内)					
			19.5	31.5	22	31	22	31
名称		单位	消耗量					
人工	合计工日	工日	198.591	227.500	257.790	284.344	396.045	445.745
人工	其中 普工	工日	39.718	45.500	51.558	56.869	79.209	89.149
人工	其中 一般技工	工日	119.155	136.500	154.674	170.606	237.627	267.447
人工	其中 高级技工	工日	39.718	45.500	51.558	56.869	79.209	89.149
材料	钢板 δ4.5~7	kg	1.955	1.955	2.070	2.070	2.530	2.530
材料	木板	m^3	0.175	0.225	0.288	0.363	0.400	0.488
材料	道木	m^3	0.516	0.516	0.773	0.773	0.773	0.773
材料	煤油	kg	40.294	44.954	49.875	51.765	56.110	57.790
材料	机油	kg	11.855	12.587	15.554	16.020	18.887	19.454
材料	黄油钙基脂	kg	16.791	17.675	19.796	20.326	30.048	30.931
材料	氧气	m^3	6.089	6.467	9.486	9.690	12.750	13.464
材料	乙炔气	kg	2.030	2.155	3.162	3.230	4.250	4.488
材料	低碳钢焊条 J422(综合)	kg	11.498	12.212	13.472	13.881	15.089	15.330
材料	其他材料费	%	3.00	3.00	3.00	3.00	3.00	3.00
机械	载重汽车 8t	台班	0.500	0.500	0.500	0.500	0.500	0.500
机械	汽车式起重机 25t	台班	0.500	0.500	0.500	0.500	0.500	0.500
机械	汽车式起重机 50t	台班	0.500	0.500	1.000	1.500	2.000	2.000
机械	汽车式起重机 100t	台班	1.000	1.500	1.000	2.000	1.500	2.500
机械	电动单筒慢速卷扬机 50kN	台班	2.000	2.500	2.500	3.000	3.000	4.000
机械	平板拖车组 20t	台班	0.500	—	—	—	—	—
机械	平板拖车组 30t	台班	—	0.500	0.500	0.500	1.000	1.000
机械	交流弧焊机 21kV·A	台班	2.500	2.500	3.000	3.000	3.500	3.500

计量单位:台

定额编号				1-4-19	1-4-20	1-4-21	1-4-22
项目				起重量(t以内)			
				200/30		250/30	
				跨距(m以内)			
				22	31	22	31
名称			单位	消耗量			
人工	合计工日		工日	478.239	527.475	605.719	676.350
	其中	普工	工日	95.648	105.495	121.144	135.270
		一般技工	工日	286.943	316.485	363.431	405.810
		高级技工	工日	95.648	105.495	121.144	135.270
材料	钢板 δ4.5~7		kg	2.530	2.530	2.645	2.645
	木板		m^3	0.425	0.525	0.500	0.625
	道木		m^3	0.773	0.773	1.031	1.031
	煤油		kg	62.344	64.221	68.579	70.639
	机油		kg	22.220	22.887	25.553	26.320
	黄油钙基脂		kg	33.583	38.001	42.420	43.304
	氧气		m^3	26.143	26.928	28.234	29.080
	乙炔气		kg	8.714	8.976	9.412	9.693
	木柴		kg	14.000	14.000	20.000	20.000
	低碳钢焊条 J422(综合)		kg	16.706	17.210	18.323	18.869
	其他材料费		%	3.00	3.00	3.00	3.00
机械	载重汽车 8t		台班	1.500	1.500	1.500	1.500
	平板拖车组 40t		台班	1.000	1.000	1.000	1.000
	平板拖车组 15t		台班	—	—	0.500	0.500
	汽车式起重机 50t		台班	2.500	2.000	2.500	2.000
	汽车式起重机 100t		台班	2.000	3.500	3.000	3.500
	电动单筒慢速卷扬机 50kN		台班	4.000	5.000	6.000	6.000
	汽车式起重机 25t		台班	2.000	1.500	2.000	3.500
	交流弧焊机 21kV·A		台班	4.000	4.000	4.500	4.500

计量单位:台

定额编号				1-4-23	1-4-24	1-4-25
项目				起重量(t以内)		
				300/50		400/80
				跨距(m以内)		
				22	31	
名称			单位	消耗量		
人工	合计工日		工日	672.214	763.889	899.519
	其中	普工	工日	134.443	152.778	179.904
		一般技工	工日	403.328	458.333	539.711
		高级技工	工日	134.443	152.778	179.904
材料	钢板 δ4.5~7		kg	3.450	3.450	5.750
	木板		m^3	0.563	0.625	1.000
	道木		m^3	1.031	1.031	1.388
	煤油		kg	74.118	77.058	81.375
	机油		kg	27.775	28.609	33.330
	黄油钙基脂		kg	54.793	56.560	91.910
	氧气		m^3	29.284	30.161	33.150
	乙炔气		kg	9.761	10.054	11.050
	木柴		kg	24.000	24.000	25.000
	低碳钢焊条 J422(综合)		kg	20.475	21.945	26.780
	其他材料费		%	3.00	3.00	3.00
机械	载重汽车 8t		台班	1.500	1.500	2.000
	载重汽车 15t		台班	1.000	1.000	1.000
	平板拖车组 40t		台班	1.000	1.500	2.000
	平板拖车组 15t		台班	0.500	0.500	1.000
	汽车式起重机 50t		台班	3.000	2.500	2.000
	汽车式起重机 100t		台班	3.500	4.000	5.000
	电动单筒慢速卷扬机 50kN		台班	7.000	7.000	8.000
	汽车式起重机 25t		台班	2.000	3.500	5.000
	交流弧焊机 21kV·A		台班	5.000	5.500	9.300

2. 吊钩抓斗电磁铁三用桥式起重机

计量单位:台

定额编号				1-4-26	1-4-27	1-4-28	1-4-29
项目				起重量(t以内)			
				5		10	
				跨距(m以内)			
				19.5	31.5	19.5	31.5
名称			单位	消耗量			
人工	合计工日		工日	85.320	100.611	98.094	111.379
	其中	普工	工日	17.064	20.122	19.619	22.276
		一般技工	工日	51.192	60.367	58.856	66.827
		高级技工	工日	17.064	20.122	19.619	22.276
材料	钢板 δ4.5~7		kg	0.978	0.978	1.150	1.150
	木板		m^3	0.063	0.105	0.088	0.125
	道木		m^3	0.258	0.258	0.258	0.258
	煤油		kg	11.039	12.206	12.968	14.333
	机油		kg	4.333	4.777	5.278	5.833
	黄油钙基脂		kg	7.132	7.892	9.659	9.713
	氧气		m^3	2.978	3.295	3.050	3.499
	乙炔气		kg	0.992	1.099	1.017	1.166
	低碳钢焊条 J422(综合)		kg	4.494	4.967	5.492	6.017
	其他材料费		%	3.00	3.00	3.00	3.00
机械	平板拖车组 10t		台班	0.500	0.500	0.500	0.500
	汽车式起重机 8t		台班	1.500	—	—	—
	汽车式起重机 16t		台班	—	1.000	1.000	1.000
	汽车式起重机 25t		台班	—	1.000	1.000	1.000
	电动单筒慢速卷扬机 50kN		台班	1.000	1.000	1.000	2.000
	交流弧焊机 21kV·A		台班	1.000	1.000	1.500	1.500

计量单位:台

定额编号			1-4-30	1-4-31	1-4-32	1-4-33
项目			起重量(t以内)			
			15		20	
			跨距(m以内)			
			19.5	31.5	19.5	31.5
名称		单位	消耗量			
人工	合计工日	工日	109.646	132.770	129.561	157.349
	其中 普工	工日	21.929	26.554	25.912	31.470
	一般技工	工日	65.788	79.662	77.737	94.409
	高级技工	工日	21.929	26.554	25.912	31.470
材料	钢板 δ4.5~7	kg	1.265	1.265	1.265	1.265
	木板	m^3	0.120	0.175	0.150	0.200
	道木	m^3	0.258	0.258	0.258	0.258
	煤油	kg	14.583	16.131	16.144	16.144
	机油	kg	5.866	6.422	6.444	6.666
	黄油钙基脂	kg	10.915	12.064	11.312	12.196
	氧气	m^3	3.397	3.601	3.570	3.876
	乙炔气	kg	1.132	1.201	1.190	1.292
	低碳钢焊条 J422(综合)	kg	6.027	6.615	6.720	6.825
	其他材料费	%	3.00	3.00	3.00	3.00
机械	平板拖车组 20t	台班	0.500	0.500	0.500	0.500
	汽车式起重机 16t	台班	1.000	—	—	—
	汽车式起重机 25t	台班	1.000	1.000	—	1.500
	电动单筒慢速卷扬机 50kN	台班	2.000	2.000	2.000	2.500
	汽车式起重机 50t	台班	—	1.000	1.000	—
	汽车式起重机 75t	台班	—	—	1.000	1.000
	交流弧焊机 21kV·A	台班	1.500	1.500	1.500	1.500

3. 双小车吊钩桥式起重机

计量单位：台

定额编号			1-4-34	1-4-35	1-4-36	1-4-37	1-4-38	1-4-39
项目			起重量(t 以内)					
			5+5		10+10		2×50/10	2×75/10
			跨距(m 以内)					
			19.5	31.5	19.5	31.5	22	
名称		单位	消耗量					
人工	合计工日	工日	91.926	103.220	97.735	116.984	225.974	241.190
人工	其中 普工	工日	18.385	20.644	19.547	23.397	45.195	48.238
人工	其中 一般技工	工日	55.156	61.932	58.641	70.190	135.584	144.714
人工	其中 高级技工	工日	18.385	20.644	19.547	23.397	45.195	48.238
材料	钢板 δ4.5~7	kg	0.920	0.920	0.920	1.035	1.898	1.955
材料	木板	m^3	0.050	0.050	0.080	0.068	0.250	0.275
材料	道木	m^3	0.258	0.258	0.258	0.258	0.516	0.516
材料	煤油	kg	11.235	11.235	12.416	13.466	42.329	43.641
材料	机油	kg	4.755	4.755	5.255	6.333	11.855	12.221
材料	黄油钙基脂	kg	8.404	8.404	9.288	10.075	24.887	25.629
材料	氧气	m^3	2.978	2.978	3.295	3.040	6.089	6.273
材料	乙炔气	kg	0.992	0.992	1.099	1.013	2.030	2.091
材料	低碳钢焊条 J422(综合)	kg	4.494	4.494	4.967	5.492	10.629	12.361
材料	其他材料费	%	3.00	3.00	3.00	3.00	3.00	3.00
机械	载重汽车 8t	台班	0.500	0.500	0.500	0.500	1.000	1.000
机械	汽车式起重机 16t	台班	1.000	1.000	1.000	1.000	1.500	1.000
机械	汽车式起重机 50t	台班	—	0.500	—	1.000	—	1.000
机械	平板拖车组 20t	台班	—	—	—	—	1.000	1.000
机械	平板拖车组 10t	台班	0.500	0.500	0.500	0.500	—	—
机械	汽车式起重机 100t	台班	—	—	—	—	2.000	2.500
机械	电动单筒慢速卷扬机 50kN	台班	1.000	1.000	1.000	1.500	4.000	4.000
机械	汽车式起重机 25t	台班	0.500	—	1.000	—	—	—
机械	交流弧焊机 21kV·A	台班	1.000	1.000	1.500	1.500	2.000	2.500

计量单位:台

定额编号			1-4-40	1-4-41	1-4-42	1-4-43	1-4-44	1-4-45
项目			起重量(t 以内)					
			2×100/20	2×125/25	2×150/25	2×200/40	2×250/40	2×300/50
			跨距(m 以内)					
			22	25				
名称		单位	消耗量					
人工	合计工日	工日	299.715	335.530	399.629	485.364	617.289	731.795
	其中 普工	工日	59.943	67.106	79.926	97.073	123.458	146.359
	其中 一般技工	工日	179.829	201.318	239.777	291.218	370.373	439.077
	其中 高级技工	工日	59.943	67.106	79.926	97.073	123.458	146.359
材料	钢板 δ4.5~7	kg	2.875	3.335	4.600	5.175	5.405	6.325
	木板	m^3	0.320	0.375	0.388	0.500	0.563	0.588
	道木	m^3	0.773	0.773	0.773	0.773	1.031	1.031
	煤油	kg	49.875	57.881	59.719	64.706	70.875	78.449
	机油	kg	15.554	19.554	19.998	22.998	26.331	28.886
	黄油钙基脂	kg	28.280	38.001	38.885	53.555	61.863	81.323
	氧气	m^3	12.240	20.400	25.500	27.030	29.172	30.600
	乙炔气	kg	4.080	6.800	8.500	9.010	9.724	10.200
	低碳钢焊条 J422(综合)	kg	14.095	14.720	15.435	17.125	19.005	22.050
	其他材料费	%	3.00	3.00	3.00	3.00	3.00	3.00
机械	载重汽车 8t	台班	1.500	1.500	1.500	2.000	2.500	3.000
	汽车式起重机 16t	台班	2.000	2.500	3.000	2.000	2.000	2.500
	汽车式起重机 50t	台班	1.000	1.500	1.500	2.000	2.000	2.000
	汽车式起重机 100t	台班	2.000	2.000	2.000	2.000	2.500	3.000
	平板拖车组 40t	台班	0.500	0.500	0.500	0.500	1.000	1.500
	电动单筒慢速卷扬机 50kN	台班	4.000	5.000	5.000	5.000	6.000	7.000
	交流弧焊机 21kV·A	台班	3.000	3.000	3.500	4.000	4.500	4.500

4. 加料及双钩挂梁桥式起重机

计量单位：台

定额编号			1-4-46	1-4-47	1-4-48	1-4-49	1-4-50	1-4-51
项目			起重量(t 以内)					
			3/10	5/20	5+5		20+20	
			跨距(m 以内)					
			16.5	19	19.5	31.5	19	28
名称		单位	消耗量					
人工	合计工日	工日	215.484	245.684	120.999	135.671	180.691	206.001
	其中 普工	工日	43.097	49.137	24.200	27.134	36.138	41.200
	其中 一般技工	工日	129.290	147.410	72.599	81.403	108.415	123.601
	其中 高级技工	工日	43.097	49.137	24.200	27.134	36.138	41.200
材料	钢板 δ4.5~7	kg	3.795	3.910	0.920	0.920	1.495	1.610
	木板	m^3	0.200	0.250	0.070	0.100	0.250	0.275
	道木	m^3	0.516	0.516	0.258	0.258	0.258	0.258
	煤油	kg	45.150	45.281	3.413	12.311	15.488	23.901
	机油	kg	12.221	12.665	4.666	5.222	6.444	8.333
	黄油钙基脂	kg	24.126	25.452	8.396	9.279	12.373	13.698
	氧气	m^3	6.120	6.528	2.958	3.264	3.468	3.978
	乙炔气	kg	2.040	2.176	0.986	1.088	1.156	1.326
	低碳钢焊条 J422(综合)	kg	11.498	12.600	4.410	4.935	6.510	6.825
	其他材料费	%	3.00	3.00	3.00	3.00	3.00	3.00
机械	汽车式起重机 16t	台班	1.000	1.000	0.500	0.500	1.000	1.000
	载重汽车 8t	台班	0.500	0.500	0.500	0.500	0.500	0.500
	汽车式起重机 50t	台班	0.500	0.500	—	1.000	—	1.000
	汽车式起重机 100t	台班	1.000	2.000	—	—	—	—
	电动单筒慢速卷扬机 50kN	台班	3.000	3.000	1.000	1.500	2.000	3.000
	平板拖车组 30t	台班	0.500	0.500	—	—	—	—
	平板拖车组 20t	台班	—	—	0.500	0.500	0.500	0.500
	汽车式起重机 25t	台班	—	—	1.000	—	1.000	—
	交流弧焊机 21kV·A	台班	2.500	2.500	1.000	1.500	1.500	1.500

二、吊钩门式起重机

计量单位:台

定额编号				1-4-52	1-4-53	1-4-54	1-4-55
项目				起重量(t以内)			
				5		10	
				跨距(m以内)			
				26	35	26	35
名称			单位	消耗量			
人工	合计工日		工日	161.200	176.419	178.091	191.914
	其中	普工	工日	32.240	35.284	35.618	38.383
		一般技工	工日	96.720	105.851	106.855	115.148
		高级技工	工日	32.240	35.284	35.618	38.383
材料	钢板 δ4.5~7		kg	0.575	0.575	0.690	0.690
	木板		m^3	0.094	0.125	0.113	0.146
	道木		m^3	0.258	0.258	0.258	0.258
	煤油		kg	15.724	17.194	17.325	18.559
	机油		kg	5.278	5.833	6.333	6.999
	黄油钙基脂		kg	8.131	8.838	9.721	10.252
	氧气		m^3	3.488	3.703	3.978	4.396
	乙炔气		kg	1.163	1.234	1.326	1.466
	低碳钢焊条 J422(综合)		kg	14.658	15.603	14.910	16.149
	其他材料费		%	3.00	3.00	3.00	3.00
机械	汽车式起重机 25t		台班	0.500	0.500	0.500	0.500
	汽车式起重机 50t		台班	1.000	1.000	1.500	1.500
	平板拖车组 10t		台班	0.500	0.500	0.500	0.500
	交流弧焊机 21kV·A		台班	3.500	3.500	3.500	3.500

计量单位:台

定额编号				1-4-56	1-4-57	1-4-58	1-4-59
项目				起重量(t以内)			
				15/3		20/5	
				跨距(m以内)			
				26	35	26	35
名称			单位	消耗量			
人工	合计工日		工日	188.865	215.069	220.130	248.674
	其中	普工	工日	37.773	43.014	44.026	49.735
		一般技工	工日	113.319	129.041	132.078	149.204
		高级技工	工日	37.773	43.014	44.026	49.735
材料	钢板 δ4.5~7		kg	0.920	0.920	1.380	1.380
	木板		m^3	0.140	0.173	0.151	0.190
	道木		m^3	0.258	0.258	0.258	0.258
	煤油		kg	21.551	21.893	24.360	28.206
	机油		kg	7.389	8.166	8.888	9.999
	黄油钙基脂		kg	10.605	11.754	12.373	12.991
	氧气		m^3	4.039	4.498	4.182	4.600
	乙炔气		kg	1.346	1.499	1.394	1.533
	低碳钢焊条 J422(综合)		kg	17.070	18.648	18.963	20.475
	其他材料费		%	3.00	3.00	3.00	3.00
机械	汽车式起重机 16t		台班	1.500	1.500	1.500	1.000
	载重汽车 8t		台班	1.000	1.000	1.000	1.000
	汽车式起重机 25t		台班	—	—	—	1.000
	汽车式起重机 75t		台班	1.000	—	—	—
	平板拖车组 20t		台班	0.500	0.500	1.000	1.000
	汽车式起重机 100t		台班	—	1.000	1.000	1.500
	交流弧焊机 21kV·A		台班	4.000	4.000	4.000	4.500

三、梁式起重机

计量单位:台

定额编号			1-4-60	1-4-61	1-4-62	1-4-63	1-4-64	1-4-65
起重机名称			电动梁式起重机		手动单梁起重机		电动单梁悬挂起重机	手动单梁悬挂起重机
起重机重量(t以内)			3	5	3	10	3	
跨距(m以内)			17		14		12	
名称		单位	消耗量					
人工	合计工日	工日	23.230	28.894	14.105	18.875	21.441	18.494
	其中 普工	工日	4.646	5.779	2.821	3.775	4.288	3.699
	一般技工	工日	13.938	17.336	8.463	11.325	12.865	11.096
	高级技工	工日	4.646	5.779	2.821	3.775	4.288	3.699
材料	木板	m^3	0.010	0.019	0.004	0.006	0.008	0.005
	道木	m^3	0.104	0.104	0.104	0.104	0.104	0.104
	煤油	kg	3.873	5.381	4.174	5.959	3.938	3.938
	机油	kg	1.278	1.667	1.222	1.667	0.945	0.945
	黄油钙基脂	kg	1.944	2.651	1.944	2.651	1.989	1.989
	其他材料费	%	3.00	3.00	3.00	3.00	3.00	3.00
机械	载重汽车 8t	台班	0.200	0.500	0.200	0.200	0.200	0.200
	汽车式起重机 8t	台班	0.500	—	0.500	—	0.500	0.500
	汽车式起重机 16t	台班	—	0.500	—	0.500	—	—

计量单位:台

定额编号			1-4-66	1-4-67	1-4-68	1-4-69
起重机名称			手动双梁起重机			
起重机重量(t以内)			10		20	
跨距(m以内)			13	17	13	17
名称		单位	消耗量			
人工	合计工日	工日	21.800	26.000	28.291	29.875
	其中 普工	工日	4.360	5.200	5.658	5.975
	一般技工	工日	13.080	15.600	16.975	17.925
	高级技工	工日	4.360	5.200	5.658	5.975
材料	木板	m^3	0.013	0.015	0.016	0.025
	道木	m^3	0.104	0.104	0.104	0.104
	煤油	kg	5.775	5.868	6.064	7.219
	机油	kg	1.078	1.111	1.778	1.778
	黄油钙基脂	kg	1.061	1.149	1.326	1.414
	其他材料费	%	3.00	3.00	3.00	3.00
机械	载重汽车 8t	台班	0.400	0.400	0.500	0.500
	平板拖车组 10t	台班	0.200	0.300	0.200	0.300
	汽车式起重机 16t	台班	0.500	1.000	1.000	1.000

四、电动壁行悬臂挂式起重机

计量单位:台

定额编号				1-4-70	1-4-71
项目				电动壁行悬挂式起重机(臂长6m以内)	
				起重量(t以内)	
				1	5
名称			单位	消耗量	
人工	合计工日		工日	22.329	32.516
	其中	普工	工日	4.466	6.503
		一般技工	工日	13.397	19.510
		高级技工	工日	4.466	6.503
材料	木板		m^3	0.014	0.030
	道木		m^3	0.041	0.041
	煤油		kg	2.231	3.426
	机油		kg	1.111	1.333
	黄油钙基脂		kg	1.591	2.209
	其他材料费		%	3.00	3.00
机械	载重汽车 8t		台班	0.200	0.300
	汽车式起重机 8t		台班	0.200	—
	汽车式起重机 16t		台班	—	0.500

五、旋臂壁式起重机

计量单位:台

定额编号				1-4-72	1-4-73
项目				电动旋臂壁式起重机(臂长6m以内)	
				起重量(t以内)	
				1	5
名称			单位	消耗量	
人工	合计工日		工日	14.746	20.524
	其中	普工	工日	2.949	4.105
		一般技工	工日	8.848	12.314
		高级技工	工日	2.949	4.105
材料	木板		m^3	0.005	0.006
	道木		m^3	0.041	0.041
	煤油		kg	2.494	3.938
	机油		kg	1.222	1.667
	黄油钙基脂		kg	1.856	2.209
	其他材料费		%	3.00	3.00
机械	载重汽车 8t		台班	0.200	0.300
	汽车式起重机 8t		台班	0.300	—
	汽车式起重机 16t		台班	—	0.500

计量单位:台

定额编号				1-4-74	1-4-75
项目				手动旋臂壁式起重机(臂长 6m 以内)	
				起重量(t 以内)	
				0.5	3
名称			单位	消耗量	
人工	合计工日		工日	12.025	13.829
	其中	普工	工日	2.405	2.766
		一般技工	工日	7.215	8.297
		高级技工	工日	2.405	2.766
材料	木板		m^3	0.003	0.005
	道木		m^3	0.041	0.041
	煤油		kg	1.575	3.426
	机油		kg	0.667	1.667
	黄油钙基脂		kg	0.972	1.768
	其他材料费		%	3.00	3.00
机械	载重汽车 8t		台班	0.200	0.200
	汽车式起重机 8t		台班	0.200	0.400

六、悬臂立柱式起重机

计量单位:台

定额编号				1-4-76	1-4-77
项目				电动悬臂立柱式起重机(臂长 6m 以内)	
				起重量(t 以内)	
				1	5
名称			单位	消耗量	
人工	合计工日		工日	17.185	23.189
	其中	普工	工日	3.437	4.638
		一般技工	工日	10.311	13.913
		高级技工	工日	3.437	4.638
材料	木板		m^3	0.005	0.009
	道木		m^3	0.041	0.041
	煤油		kg	3.281	4.463
	机油		kg	1.411	1.922
	黄油钙基脂		kg	2.139	2.545
	其他材料费		%	3.00	3.00
机械	载重汽车 8t		台班	0.100	0.500
	汽车式起重机 8t		台班	0.200	—
	汽车式起重机 16t		台班	—	0.500

计量单位：台

定额编号				1-4-78	1-4-79
项目				手动悬臂立柱式起重机(臂长6m以内)	
				起重量(t以内)	
				0.5	3
名称			单位	消耗量	
人工	合计工日		工日	13.560	18.500
	其中	普工	工日	2.712	3.700
		一般技工	工日	8.136	11.100
		高级技工	工日	2.712	3.700
材料	木板		m^3	0.005	0.008
	道木		m^3	0.041	0.041
	煤油		kg	1.365	3.281
	机油		kg	0.667	1.667
	黄油钙基脂		kg	1.017	1.944
	其他材料费		%	3.00	3.00
机械	载重汽车 8t		台班	0.100	0.300
	汽车式起重机 8t		台班	0.200	0.400

七、电动葫芦

计量单位：台

定额编号				1-4-80	1-4-81
项目				起重量(t以内)	
				2	10
名称			单位	消耗量	
人工	合计工日		工日	6.704	15.616
	其中	普工	工日	1.341	3.123
		一般技工	工日	4.022	9.370
		高级技工	工日	1.341	3.123
材料	木板		m^3	0.002	0.004
	煤油		kg	1.975	2.179
	机油		kg	0.935	0.989
	黄油钙基脂		kg	1.269	1.326
	其他材料费		%	5.00	5.00
机械	载重汽车 8t		台班	0.100	0.100
	电动单筒慢速卷扬机 50kN		台班	1.000	1.000
	汽车式起重机 8t		台班	0.300	—
	汽车式起重机 16t		台班	—	0.400

八、单 轨 小 车

计量单位:台

定额编号				1-4-82	1-4-83
项目				起重量(t以内)	
				5	10
名称			单位	消耗量	
人工	合计工日		工日	7.210	9.250
	其中	普工	工日	1.442	1.850
		一般技工	工日	4.326	5.550
		高级技工	工日	1.442	1.850
材料	木板		m^3	0.005	0.004
	煤油		kg	1.544	1.800
	机油		kg	0.707	0.800
	黄油钙基脂		kg	1.313	1.400
	其他材料费		%	5.00	5.00
机械	汽车式起重机 16t		台班	0.300	0.300

第五章　起重机轨道安装
（030105）

说　　明

一、本章内容包括工业用起重输送设备的轨道安装,地轨安装。

二、本章包括以下工作内容:

1. 测量、下料、矫直、钻孔;

2. 钢轨切割、打磨、附件部件检查验收、组对、焊接(螺栓连接);

3. 车挡制作安装的领料、下料、调直、吊装、组对、焊接等。

三、本章不包括以下工作内容:

1. 吊车梁调整及轨道枕木干燥、加工、制作;

2. "8"字形轨道加工制作;

3. "8"字形轨道工字钢轨的立柱、吊架、支架、辅助梁等的制作与安装。

四、轨道附属的各种垫板、联接板、压板、固定板、鱼尾板、连接螺栓、垫圈、垫板、垫片等部件配件均按随钢轨定货考虑(主材)。

一、钢梁上安装轨道[钢统 1001]

计量单位:10m

定额编号				1-5-1	1-5-2	1-5-3	1-5-4	1-5-5	1-5-6
固定型式				焊接式		弯钩螺栓式			
纵向孔距 A(mm)横向孔距 B(mm)				每 750mm 焊 120mm		A = 675			
轨道型号				□50×50	□60×60	24kg/m	38kg/m	43kg/m	50kg/m
名称			单位	消耗量					
人工	合计工日		工日	4.320	4.540	4.240	4.960	5.140	5.340
	其中	普工	工日	0.860	0.910	0.850	0.990	1.030	1.070
		一般技工	工日	2.600	2.720	2.540	2.980	3.080	3.200
		高级技工	工日	0.860	0.910	0.850	0.990	1.030	1.070
材料	钢轨		m	10.800	10.800	10.800	10.800	10.800	10.800
	氧气		m^3	0.408	0.510	0.408	0.612	0.663	0.816
	乙炔气		kg	0.136	0.170	0.136	0.204	0.221	0.272
	低碳钢焊条 J422(综合)		kg	4.000	4.000	0.250	0.250	0.250	0.250
	其他材料费		%	5.00	5.00	5.00	5.00	5.00	5.00
机械	平板拖车组 10t		台班	0.060	0.060	0.060	0.060	0.065	0.065
	汽车式起重机 16t		台班	0.110	0.110	0.110	0.120	0.120	0.120
	摩擦压力机 3000kN		台班	0.070	0.080	0.080	0.120	0.120	0.160
	交流弧焊机 21kV·A		台班	0.480	0.480	0.100	0.100	0.100	0.100

计量单位:10m

定额编号				1-5-7	1-5-8	1-5-9	1-5-10	1-5-11	1-5-12
固定型式				压板螺栓式					
纵向孔距 A(mm)横向孔距 B(mm)				A = 600, B = 220				A = 600, B = 260	
轨道型号				38kg/m	43kg/m	QU70	QU80	QU100	QU120
名称			单位	消耗量					
人工	合计工日		工日	5.460	5.610	5.750	6.100	6.300	7.460
	其中	普工	工日	1.090	1.120	1.150	1.220	1.260	1.490
		一般技工	工日	3.280	3.370	3.450	3.660	3.780	4.480
		高级技工	工日	1.090	1.120	1.150	1.220	1.260	1.490
材料	钢轨		m	10.800	10.800	10.800	10.800	10.800	10.800
	低碳钢焊条 J422(综合)		kg	7.780	7.780	7.780	7.780	9.550	9.550
	乙炔气		kg	0.204	0.221	0.306	0.340	0.408	0.510
	氧气		m^3	0.612	0.663	0.918	1.020	1.224	1.530
	其他材料费		%	5.00	5.00	5.00	5.00	5.00	5.00
机械	汽车式起重机 16t		台班	0.120	0.120	0.120	0.120	0.130	0.130
	平板拖车组 10t		台班	0.065	0.065	0.065	0.070	0.075	0.075
	摩擦压力机 3000kN		台班	0.120	0.120	0.120	0.160	0.200	0.240
	交流弧焊机 21kV·A		台班	0.940	0.940	0.940	0.940	1.140	1.140

二、混凝土梁上安装轨道[G325]

计量单位:10m

定额编号			1-5-13	1-5-14	1-5-15	1-5-16	1-5-17
标准图号			DGL-1、2、3			DGL-4、5、6	DGL-7、8、9、10
固定型式(纵向孔距 A=600mm)			钢底板螺栓焊接式			压板螺栓式	
横向孔距 B(mm)			240 以内			240 以内	260 以内
轨道型号			□40×40	□50×50	24kg/m	24kg/m	38kg/m
名称		单位	消耗量				
人工	合计工日	工日	6.340	6.460	6.640	6.090	7.240
	其中 普工	工日	1.270	1.290	1.330	1.220	1.450
	一般技工	工日	3.800	3.880	3.980	3.650	4.340
	高级技工	工日	1.270	1.290	1.330	1.220	1.450
材料	钢轨	m	10.800	10.800	10.800	10.800	10.800
	木板	m^3	0.020	0.020	0.020	0.020	0.020
	氧气	m^3	1.428	1.428	1.428	1.428	1.632
	乙炔气	kg	0.476	0.476	0.476	0.476	0.544
	低碳钢焊条 J422(综合)	kg	7.490	7.490	7.490	0.500	0.900
	其他材料费	%	5.00	5.00	5.00	5.00	5.00
机械	汽车式起重机 16t	台班	0.100	0.110	0.110	0.110	0.120
	平板拖车组 10t	台班	0.050	0.060	0.060	0.060	0.065
	摩擦压力机 3000kN	台班	0.060	0.070	0.080	0.080	0.120
	交流弧焊机 21kV·A	台班	0.900	0.900	0.900	0.120	0.160

计量单位:10m

定额编号			1-5-18	1-5-19	1-5-20	1-5-21	1-5-22
标准图号			DGL-11、12、13、14、15	DGL-16、17、18	DGL-19、20、21、22、23	DGL-24、25	DGL-26、27
固定型式(纵向孔距 A=600mm)			弹性(分段)垫压板螺栓式				
横向孔距 B(mm)			280 以内				
轨道型号			38kg/m	43kg/m	50kg/m	QU100	QU120
名称		单位	消耗量				
人工	合计工日	工日	7.500	7.700	8.000	8.940	9.650
	其中 普工	工日	1.500	1.540	1.600	1.790	1.930
	一般技工	工日	4.500	4.620	4.800	5.360	5.790
	高级技工	工日	1.500	1.540	1.600	1.790	1.930
材料	钢轨	m	10.800	10.800	10.800	10.800	10.800
	木板	m^3	0.020	0.020	0.020	0.020	0.020
	氧气	m^3	1.632	1.683	1.836	2.244	2.550
	乙炔气	kg	0.544	0.561	0.612	0.748	0.850
	低碳钢焊条 J422(综合)	kg	0.900	1.700	1.700	1.700	1.700
	其他材料费	%	5.00	5.00	5.00	5.00	5.00
机械	平板拖车组 10t	台班	0.065	0.065	0.065	0.075	0.075
	汽车式起重机 16t	台班	0.120	0.120	0.120	0.130	0.130
	摩擦压力机 3000kN	台班	0.120	0.120	0.160	0.200	0.240
	交流弧焊机 21kV·A	台班	0.160	0.230	0.230	0.230	0.230

三、GB110 鱼腹式混凝土梁上安装轨道

计量单位：10m

定额编号			1-5-23	1-5-24	1-5-25	1-5-26	1-5-27	1-5-28	1-5-29
标准图号 GB109			DGL－1	DGL－2	DGL－3	DGL－4	DGL－5	DGL－6	DGL－7
固定型式（纵向孔距 A＝750mm）			弹性（分段）垫压板螺栓式		弹性（全长）垫压板螺栓式			弹性（分段）垫压板螺栓式	
横向孔距 B(mm)			230 以内				250 以内		
轨道型号			38kg/m	43kg/m	38kg/m	43kg/m	50kg/m	QU100	QU120
名称		单位	消耗量						
人工	合计工日	工日	7.100	7.250	7.060	7.260	7.550	8.490	9.240
	其中 普工	工日	1.420	1.450	1.410	1.450	1.510	1.700	1.850
	一般技工	工日	4.260	4.350	4.240	4.360	4.530	5.090	5.540
	高级技工	工日	1.420	1.450	1.410	1.450	1.510	1.700	1.850
材料	钢轨	m	10.800	10.800	10.800	10.800	10.800	10.800	10.800
	木板	m^3	0.020	0.020	0.020	0.020	0.020	0.020	0.010
	氧气	m^3	1.632	1.683	1.632	1.683	1.836	2.244	2.550
	乙炔气	kg	0.544	0.561	0.544	0.561	0.612	0.748	0.850
	低碳钢焊条 J422(综合)	kg	0.400	0.400	0.400	0.400	0.400	0.400	0.400
	其他材料费	%	5.00	5.00	5.00	5.00	5.00	5.00	5.00
机械	汽车式起重机 16t	台班	0.120	0.120	0.120	0.130	0.130	0.130	0.130
	平板拖车组 10t	台班	0.060	0.060	0.065	0.065	0.065	0.075	0.075
	摩擦压力机 3000kN	台班	0.160	0.120	0.120	0.120	0.160	0.200	0.240
	交流弧焊机 21kV·A	台班	0.100	0.100	0.100	0.100	0.100	0.100	0.100

四、C7221 鱼腹式混凝土梁上安装轨道[C7224]

计量单位：10m

定额编号			1-5-30	1-5-31	1-5-32	1-5-33	1-5-34	1-5-35
标准图号			DGL－1、2、3	DGL－4	DGL－5、6	DGL－7	DGL－26、27	DGL－9
固定型式（纵向孔距 A＝600mm）			弹性（分段）垫压板螺栓式			（全长）	弹性（分段）垫压板螺栓式	
横向孔距 B(mm)			250 以内	220 以内	250 以内			
轨道型号			38kg/m	43kg/m	50kg/m		QU100	QU120
名称		单位	消耗量					
人工	合计工日	工日	7.150	7.350	7.610	7.800	8.510	9.260
	其中 普工	工日	1.430	1.470	1.520	1.560	1.700	1.850
	一般技工	工日	4.290	4.410	4.570	4.680	5.110	5.560
	高级技工	工日	1.430	1.470	1.520	1.560	1.700	1.850
材料	钢轨	m	10.800	10.800	10.800	10.800	10.800	10.800
	木板	m^3	0.020	0.020	0.020	0.020	0.020	0.020
	氧气	m^3	1.632	1.683	1.836	2.100	2.244	2.550
	乙炔气	kg	0.564	0.561	0.612	0.700	0.788	0.850
	低碳钢焊条 J422(综合)	kg	0.900	1.700	1.700	1.700	1.700	1.700
	其他材料费	%	5.00	5.00	5.00	5.00	5.00	5.00
机械	平板拖车组 10t	台班	0.065	0.065	0.065	0.065	0.075	0.075
	汽车式起重机 16t	台班	0.120	0.120	0.120	0.130	0.130	0.130
	摩擦压力机 3000kN	台班	0.120	0.120	0.160	0.160	0.200	0.240
	交流弧焊机 21kV·A	台班	0.160	0.230	0.230	0.230	0.230	0.230

五、混凝土梁上安装轨道[DJ46]

计量单位:10m

定额编号				1-5-36	1-5-37	1-5-38
标准图号				DGN-1、2	DGN-3	
固定型式(纵向孔距 A=600mm)				弹性(分段)垫压板螺栓式		
横向孔距 B(mm)				240 以内	260 以内	
轨道型号				38kg/m	43kg/m	QU70
名称			单位	消耗量		
人工	合计工日		工日	7.440	7.600	9.260
	其中	普工	工日	1.490	1.520	1.850
		一般技工	工日	4.460	4.560	5.560
		高级技工	工日	1.490	1.520	1.850
材料	钢轨		m	10.800	10.800	10.800
	木板		m^3	0.020	0.020	0.020
	氧气		m^3	1.632	1.683	1.938
	乙炔气		kg	0.544	0.561	0.646
	低碳钢焊条 J422(综合)		kg	0.900	0.900	0.900
	其他材料费		%	5.00	5.00	5.00
机械	汽车式起重机 16t		台班	0.120	0.120	0.120
	平板拖车组 10t		台班	0.060	0.060	0.060
	摩擦压力机 3000kN		台班	0.120	0.120	0.120
	交流弧焊机 21kV·A		台班	0.160	0.160	0.160

计量单位:10m

定额编号				1-5-39	1-5-40	1-5-41	1-5-42	1-5-43	1-5-44
标准图号				DGN-4		DGN-5		DGN-6	DGN-7
固定型式(纵向孔距 A=600mm)				弹性(分段)垫压板螺栓式					
横向孔距 B(mm)				280 以内					
轨道型号				50kg/m	QU80	50kg/m	QU80	QU100	QU120
名称			单位	消耗量					
人工	合计工日		工日	7.950	8.260	8.050	8.340	8.850	9.590
	其中	普工	工日	1.590	1.650	1.610	1.670	1.770	1.920
		一般技工	工日	4.770	4.960	4.830	5.000	5.310	5.750
		高级技工	工日	1.590	1.650	1.610	1.670	1.770	1.920
材料	钢轨		m	10.800	10.800	10.800	10.800	10.800	10.800
	木板		m^3	0.020	0.020	0.020	0.020	0.020	0.020
	氧气		m^3	1.800	2.040	1.836	2.100	2.244	2.550
	乙炔气		kg	0.600	0.680	0.612	0.700	0.748	0.850
	低碳钢焊条 J422(综合)		kg	0.900	0.900	0.900	0.900	0.900	0.900
	其他材料费		%	5.00	5.00	5.00	5.00	5.00	5.00
机械	平板拖车组 10t		台班	0.060	0.070	0.065	0.070	0.075	0.075
	汽车式起重机 16t		台班	0.120	0.120	0.120	0.120	0.130	0.130
	摩擦压力机 3000kN		台班	0.160	0.160	0.160	0.160	0.200	0.240
	交流弧焊机 21kV·A		台班	0.160	0.160	0.160	0.160	0.160	0.160

六、电动壁行及悬臂起重机轨道安装

计量单位:10m

定额编号				1-5-45	1-5-46	1-5-47	1-5-48	1-5-49	1-5-50
安装部位				在上部钢梁上安装侧轨		在下部混凝土梁上安装平轨		在下部混凝土梁上安装侧轨	
固定型式				角钢焊接螺栓式		冂型钢垫板焊接式		钢垫板焊接式	
轨道型号				□50×50	□60×60	□50×50	□60×60	□50×50	□60×60
名称			单位	消耗量					
人工	合计工日		工日	4.860	5.210	5.940	6.250	5.950	6.290
	其中	普工	工日	0.950	1.040	1.190	1.250	1.190	1.260
		一般技工	工日	2.960	3.130	3.560	3.750	3.570	3.770
		高级技工	工日	0.950	1.040	1.190	1.250	1.190	1.260
材料	钢轨		m	10.800	10.800	10.800	10.800	10.800	10.800
	木板		m^3	0.005	0.005	0.010	0.010	0.010	0.010
	氧气		m^3	0.612	0.663	0.612	0.663	0.612	0.663
	乙炔气		kg	0.204	0.221	0.204	0.221	0.204	0.221
	低碳钢焊条 J422(综合)		kg	13.300	14.850	17.200	18.940	17.200	18.940
	其他材料费		%	5.00	5.00	5.00	5.00	5.00	5.00
机械	汽车式起重机 16t		台班	0.110	0.110	0.110	0.110	0.110	0.110
	平板拖车组 10t		台班	0.060	0.060	0.060	0.060	0.060	0.060
	摩擦压力机 3000kN		台班	0.070	0.080	0.070	0.080	0.070	0.080
	交流弧焊机 21kV·A		台班	1.600	1.820	2.060	2.270	2.060	2.270

七、地平面上安装轨道

计量单位:10m

定额编号				1-5-51	1-5-52	1-5-53	1-5-54	1-5-55	1-5-56
项目				固定型式					
				预埋钢底板焊接式			预埋螺栓式		
				轨道型号					
				24kg/m	38kg/m	43kg/m	24kg/m	38kg/m	43kg/m
名称			单位	消耗量					
人工	合计工日		工日	4.960	6.090	6.240	4.600	5.590	5.940
	其中	普工	工日	0.990	1.220	1.250	0.920	1.120	1.190
		一般技工	工日	2.980	3.650	3.740	2.760	3.350	3.560
		高级技工	工日	0.990	1.220	1.250	0.920	1.120	1.190
材料	钢轨		m	10.800	10.800	10.800	10.800	10.800	10.800
	氧气		m^3	0.408	0.612	0.663	0.408	0.612	0.663
	乙炔气		kg	0.136	0.204	0.221	0.136	0.204	0.221
	低碳钢焊条 J422(综合)		kg	4.000	4.000	4.000	—	—	—
	其他材料费		%	5.00	5.00	5.00	5.00	5.00	5.00
机械	平板拖车组 10t		台班	0.060	0.060	0.060	0.060	0.060	0.060
	汽车式起重机 8t		台班	0.110	0.110	0.110	0.110	0.110	0.110
	摩擦压力机 3000kN		台班	0.080	0.120	0.120	0.080	0.120	0.120
	交流弧焊机 21kV·A		台班	0.480	0.480	0.480	—	—	—

八、电动葫芦及单轨小车工字钢轨道安装

计量单位:10m

定额编号				1-5-57	1-5-58	1-5-59	1-5-60	1-5-61	1-5-62
项目				轨道型号					
				I 12.6	I 14	I 16	I 18	I 20	I 22
名称			单位	消耗量					
人工	合计工日		工日	4.100	4.440	4.640	4.900	5.090	5.500
	其中	普工	工日	0.820	0.890	0.930	0.980	1.020	1.100
		一般技工	工日	2.460	2.660	2.780	2.940	3.050	3.300
		高级技工	工日	0.820	0.890	0.930	0.980	1.020	1.100
材料	钢轨		m	10.800	10.800	10.800	10.800	10.800	10.800
	氧气		m^3	2.683	2.846	2.938	3.488	4.682	6.426
	钢板 δ4.5～7		kg	0.720	0.720	0.720	1.030	1.030	1.030
	乙炔气		kg	0.895	0.949	0.979	1.163	1.561	2.142
	低碳钢焊条 J422(综合)		kg	1.320	1.690	2.410	2.670	2.810	3.920
	其他材料费		%	3.00	3.00	3.00	3.00	3.00	3.00
机械	汽车式起重机 8t		台班	0.100	0.100	0.110	0.110	0.110	0.110
	平板拖车组 10t		台班	0.050	0.050	0.060	0.060	0.060	0.060
	摩擦压力机 3000kN		台班	0.090	0.100	0.120	0.140	0.170	0.190
	交流弧焊机 21kV·A		台班	0.240	0.300	0.460	0.500	0.500	0.710

计量单位:10m

定额编号				1-5-63	1-5-64	1-5-65	1-5-66	1-5-67
项目				轨道型号				
				I 25	I 28	I 32	I 36	I 40
名称			单位	消耗量				
人工	合计工日		工日	5.760	6.140	6.900	7.050	7.820
	其中	普工	工日	1.150	1.230	1.380	1.410	1.560
		一般技工	工日	3.460	3.680	4.140	4.230	4.700
		高级技工	工日	1.150	1.230	1.380	1.410	1.560
材料	钢轨		m	10.800	10.800	10.800	10.800	10.800
	氧气		m^3	6.610	8.262	8.486	10.465	10.741
	钢板 δ4.5～7		kg	1.030	1.540	1.540	2.600	2.600
	乙炔气		kg	2.203	2.754	2.828	3.488	3.580
	低碳钢焊条 J422(综合)		kg	4.550	4.950	7.080	7.840	8.550
	其他材料费		%	3.00	3.00	3.00	3.00	3.00
机械	平板拖车组 10t		台班	0.050	0.050	0.060	0.060	0.060
	汽车式起重机 8t		台班	0.100	0.100	0.110	0.110	0.110
	摩擦压力机 3000kN		台班	0.220	0.240	0.280	0.310	0.350
	交流弧焊机 21kV·A		台班	0.820	0.850	1.270	1.420	1.540

计量单位:10m

定额编号				1-5-68	1-5-69	1-5-70	1-5-71
项目				轨道型号			
				I 45	I 50	I 56	I 63
名称			单位	消耗量			
人工	合计工日		工日	8.740	9.690	10.970	12.250
	其中	普工	工日	1.750	1.940	2.200	2.450
		一般技工	工日	5.240	5.810	6.570	7.350
		高级技工	工日	1.750	1.940	2.200	2.450
材料	钢轨		m	10.800	10.800	10.800	10.800
	氧气		m^3	12.852	12.852	12.852	12.852
	钢板 δ4.5～7		kg	3.600	3.600	4.500	4.500
	乙炔气		kg	4.284	4.284	4.284	4.284
	低碳钢焊条 J422(综合)		kg	11.120	12.940	17.050	19.790
	其他材料费		%	3.00	3.00	3.00	3.00
机械	平板拖车组 10t		台班	0.070	0.075	0.075	0.075
	汽车式起重机 8t		台班	0.120	0.130	0.130	0.130
	摩擦压力机 3000kN		台班	0.380	0.420	0.460	0.490
	交流弧焊机 21kV·A		台班	2.000	2.200	3.070	3.560

九、悬挂工字钢轨道及"8"字型轨道安装

计量单位:10m

定额编号				1-5-72	1-5-73	1-5-74	1-5-75	1-5-76	1-5-77
项目				悬挂输送链钢轨安装				单梁悬挂起重机钢轨安装	
				轨道型号					
				I 10	I 12.6	I 14	I 16		I 18
名称			单位	消耗量					
人工	合计工日		工日	4.890	5.000	5.300	5.490	4.150	4.490
	其中	普工	工日	0.980	1.000	1.060	1.100	0.830	0.900
		一般技工	工日	2.930	3.000	3.180	3.290	2.490	2.690
		高级技工	工日	0.980	1.000	1.060	1.100	0.830	0.900
材料	钢轨		m	10.800	10.800	10.800	10.800	10.800	10.800
	钢板 δ4.5～7		kg	0.720	0.720	0.720	0.720	0.720	1.030
	氧气		m^3	2.683	2.683	2.846	2.938	2.938	3.488
	乙炔气		kg	0.895	0.895	0.949	0.979	0.979	1.163
	低碳钢焊条 J422(综合)		kg	1.140	1.320	1.690	2.410	2.410	2.670
	其他材料费		%	5.00	5.00	5.00	5.00	5.00	5.00
机械	摩擦压力机 3000kN		台班	0.070	0.080	0.100	0.120	0.120	0.140
	交流弧焊机 21kV·A		台班	0.200	0.240	0.300	0.430	0.430	0.480
	平板拖车组 10t		台班	0.050	0.050	0.050	0.060	0.060	0.060
	汽车式起重机 8t		台班	0.100	0.100	0.100	0.110	0.110	0.110

计量单位：10m

定额编号			1-5-78	1-5-79	1-5-80	1-5-81	1-5-82	1-5-83
项目			单梁悬挂起重机钢轨安装					
			轨道型号					
			I 20	I 22	I 25	I 28	I 32	I 36
名称		单位	消耗量					
人工	合计工日	工日	4.590	5.050	5.340	5.820	6.550	6.860
人工	其中 普工	工日	0.920	1.010	1.070	1.160	1.310	1.370
人工	其中 一般技工	工日	2.750	3.030	3.200	3.500	3.930	4.120
人工	其中 高级技工	工日	0.920	1.010	1.070	1.160	1.310	1.370
材料	钢轨	m	10.800	10.800	10.800	10.800	10.800	10.800
材料	钢板 δ4.5～7	kg	1.030	1.030	1.030	1.540	1.540	2.600
材料	氧气	m^3	4.682	6.426	6.610	8.262	8.486	10.465
材料	乙炔气	kg	1.561	2.142	2.203	2.754	2.828	3.488
材料	低碳钢焊条 J422(综合)	kg	2.810	3.920	4.550	4.950	7.080	7.840
材料	其他材料费	%	5.00	5.00	5.00	5.00	5.00	5.00
机械	平板拖车组 10t	台班	0.060	0.060	0.065	0.065	0.065	0.065
机械	汽车式起重机 8t	台班	0.110	0.110	0.120	0.120	0.120	0.120
机械	摩擦压力机 3000kN	台班	0.170	0.190	0.220	0.240	0.280	0.310
机械	交流弧焊机 21kV·A	台班	0.500	0.660	0.820	0.890	1.270	1.420

计量单位：10m

定额编号			1-5-84	1-5-85	1-5-86	1-5-87
项目			单梁悬挂起重机钢轨安装		浇铸“8”字型轨道安装	
			轨道型号			
			I 40	I 45	单排	双排
名称		单位	消耗量			
人工	合计工日	工日	7.600	8.740	3.580	5.320
人工	其中 普工	工日	1.520	1.750	0.720	1.060
人工	其中 一般技工	工日	4.560	5.240	2.140	3.200
人工	其中 高级技工	工日	1.520	1.750	0.720	1.060
材料	钢轨	m	10.800	10.800	10.800	10.800
材料	钢板 δ4.5～7	kg	2.600	3.600	0.520	1.030
材料	氧气	m^3	10.741	12.852	0.602	1.193
材料	乙炔气	kg	3.580	4.284	0.201	0.398
材料	低碳钢焊条 J422(综合)	kg	8.550	11.120	0.160	0.320
材料	其他材料费	%	5.00	5.00	5.00	5.00
机械	汽车式起重机 8t	台班	0.120	0.120	0.120	0.120
机械	平板拖车组 10t	台班	0.070	0.070	0.070	0.070
机械	摩擦压力机 3000kN	台班	0.350	0.380	—	—
机械	交流弧焊机 21kV·A	台班	1.540	1.850	0.050	0.100

十、车挡制作与安装

计量单位:见分项

定额编号				1-5-88	1-5-89	1-5-90	1-5-91	1-5-92	1-5-93
项目				车挡安装每组4个					车挡制作
				每个单重(t)					
				0.1	0.25	0.65	1	1.5	
				组					吨
名称			单位	消耗量					
人工	合计工日		工日	7.620	10.120	12.420	14.350	16.880	22.500
	其中	普工	工日	1.530	2.030	2.480	2.870	3.380	4.500
		一般技工	工日	4.560	6.060	7.460	8.610	10.120	13.500
		高级技工	工日	1.530	2.030	2.480	2.870	3.380	4.500
材料	钢材		kg	—	—	—	—	—	(1100.000)
	木板		m^3	0.020	0.020	0.020	0.020	0.020	—
	氧气		m^3	—	—	—	—	—	5.661
	乙炔气		kg	—	—	—	—	—	1.887
	橡胶板 δ5~10		kg	—	—	—	—	—	41.580
	低碳钢焊条 J422(综合)		kg	—	—	—	—	—	19.810
	其他材料费		%	5.00	5.00	5.00	5.00	5.00	5.00
机械	载重汽车 8t		台班	0.050	0.050	0.065	0.075	0.100	—
	汽车式起重机 8t		台班	0.100	0.100	0.150	0.200	0.250	—
	立式钻床 35mm		台班	—	—	—	—	—	0.850
	剪板机 20×2000mm		台班	—	—	—	—	—	0.060
	交流弧焊机 21kV·A		台班	—	—	—	—	—	4.020

第六章　输送设备安装
(030106)

说　　明

一、本章内容包括斗式提升机安装，刮板输送机安装，板（裙）式输送机安装，螺旋输送机安装，悬挂输送机安装，固定式胶带输送机安装。

二、本章包括以下工作内容：

设备本体（机头、机尾、机架、漏斗）、外壳、轨道、托辊、拉紧装置、传动装置、制动装置、附属平台梯子栏杆等的组对安装、敷设及接头。

三、本章不包括以下工作内容：

1. 钢制外壳、刮板、漏斗制作；

2. 平台、梯子、栏杆制作；

3. 输送带接头的疲劳性试验、震动频率检测试验、滚筒无损检测、安全保护装置灵敏可靠性试验等特殊试验。

工程量计算规则

输送设备安装按型号规格以“台”为计量单位；刮板输送机定额单位是按一组驱动装置计算的。超过一组时，按输送长度除以驱动装置组数(即 m/组)，以所得 m/组数来选用相应子目。

例如：某刮板输送机，宽为420mm，输送长度为250m，其中共有四组驱动装置，则其 m/组为250m除以4组等于62.5m/组，应选用定额“420mm 宽以内；80m/组以内”的子目，现该机有四组驱动装置，因此将该子目的定额乘以4.0，即得该台刮板输送机的费用。

一、斗式提升机

计量单位：台

定额编号				1-6-1	1-6-2	1-6-3	1-6-4	1-6-5	1-6-6
项目				胶带式（D160、D250）			胶带式（D350、D450）		
				公称高度（m以内）					
				12	22	32	12	22	32
名称			单位	消耗量					
人工	合计工日		工日	29.575	41.186	53.410	37.231	51.784	70.420
	其中	普工	工日	5.915	8.237	10.682	7.446	10.357	14.084
		一般技工	工日	17.745	24.712	32.046	22.339	31.070	42.252
		高级技工	工日	5.915	8.237	10.682	7.446	10.357	14.084
材料	平垫铁（综合）		kg	3.920	4.560	8.480	3.920	4.560	8.480
	斜垫铁（综合）		kg	4.460	4.460	8.160	4.460	4.460	8.160
	热轧薄钢板 δ0.5～0.65		kg	0.500	0.600	0.700	0.550	0.650	0.750
	木板		m^3	0.010	0.011	0.014	0.016	0.021	0.028
	道木		m^3	0.005	0.005	0.005	0.005	0.005	0.005
	煤油		kg	4.810	5.601	6.392	6.325	6.945	7.907
	机油		kg	0.619	0.774	0.866	0.928	1.039	1.175
	黄油钙基脂		kg	1.348	1.438	1.630	1.685	1.888	2.192
	低碳钢焊条 J422（综合）		kg	0.672	0.777	0.882	0.777	0.882	0.987
	其他材料费		%	5.00	5.00	5.00	5.00	5.00	5.00
机械	载重汽车 8t		台班	—	—	0.300	—	0.300	0.400
	叉式起重机 5t		台班	0.400	0.600	0.700	0.400	0.600	0.700
	汽车式起重机 16t		台班	0.200	0.300	—	0.300	0.400	—
	汽车式起重机 25t		台班	—	—	0.400	—	—	0.500
	交流弧焊机 21kV·A		台班	0.250	0.300	0.300	0.300	0.350	0.400

计量单位:台

定额编号				1-6-7	1-6-8	1-6-9	1-6-10	1-6-11	1-6-12
项目				链式(ZL25、ZL35)			链式(ZL45、ZL60)		
				公称高度(m以内)					
				12	22	32	12	22	32
名称			单位	消耗量					
人工	合计工日		工日	37.406	51.441	67.086	44.275	63.656	84.131
	其中	普工	工日	7.481	10.288	13.417	8.855	12.731	16.826
		一般技工	工日	22.444	30.865	40.252	26.565	38.194	50.479
		高级技工	工日	7.481	10.288	13.417	8.855	12.731	16.826
材料	平垫铁(综合)		kg	3.920	4.560	8.480	3.920	4.560	8.480
	斜垫铁(综合)		kg	4.460	4.460	8.160	4.460	4.460	8.160
	热轧薄钢板 δ0.5~0.65		kg	0.500	0.600	0.700	0.550	0.600	0.750
	木板		m^3	0.004	0.018	0.021	0.024	0.031	0.040
	道木		m^3	0.005	0.005	0.005	0.005	0.005	0.005
	煤油		kg	5.535	6.325	7.116	7.393	7.854	8.764
	机油		kg	0.742	0.835	0.990	1.132	1.182	1.330
	黄油钙基脂		kg	1.630	1.855	2.135	2.135	2.529	2.866
	低碳钢焊条 J422(综合)		kg	0.735	0.840	0.924	0.798	0.924	1.029
	其他材料费		%	5.00	5.00	5.00	5.00	5.00	5.00
机械	载重汽车 8t		台班	—	—	0.300	—	0.300	0.400
	汽车式起重机 16t		台班	0.200	0.300	—	0.200	0.400	—
	汽车式起重机 25t		台班	—	—	0.500	—	—	0.500
	交流弧焊机 21kV·A		台班	0.250	0.250	0.250	0.250	0.250	0.250

二、刮板输送机

计量单位:台

定额编号				1-6-13	1-6-14	1-6-15	1-6-16	1-6-17	1-6-18
项目				槽宽420(mm以内)			槽宽530(mm以内)		
				输送机长度/驱动装置组数(m/组)					
				30	50	80	50	80	120
名称			单位	消耗量					
人工	合计工日		工日	56.551	92.654	129.955	107.625	147.411	185.904
	其中	普工	工日	11.310	18.531	25.991	21.525	29.482	37.181
		一般技工	工日	33.931	55.592	77.973	64.575	88.447	111.542
		高级技工	工日	11.310	18.531	25.991	21.525	29.482	37.181
材料	平垫铁(综合)		kg	54.744	78.542	114.240	78.542	114.240	161.840
	斜垫铁(综合)		kg	54.281	77.878	113.278	77.878	113.278	160.473
	热轧薄钢板 δ0.5~0.65		kg	0.700	0.900	1.100	0.900	1.100	160.480
	木板		m^3	0.005	0.015	0.033	0.015	0.033	0.051
	煤油		kg	7.051	7.841	8.895	9.040	10.240	11.438
	机油		kg	1.330	1.763	2.196	1.955	2.518	3.081
	黄油钙基脂		kg	2.416	3.091	3.652	3.551	4.349	5.146
	低碳钢焊条 J422(综合)		kg	1.029	1.281	1.533	1.491	1.764	2.037
	其他材料费		%	5.00	5.00	5.00	5.00	5.00	5.00
机械	载重汽车 8t		台班	—	0.200	0.400	0.300	0.500	1.000
	叉式起重机 5t		台班	0.600	0.300	—	0.300	—	—
	汽车式起重机 16t		台班	—	0.500	0.600	0.400	0.900	—
	汽车式起重机 25t		台班	—	—	—	—	—	0.600
	交流弧焊机 21kV·A		台班	0.500	0.500	1.000	1.000	1.000	1.000

计量单位:台

定额编号			1-6-19	1-6-20	1-6-21	1-6-22	1-6-23	1-6-24
项目			槽宽620(mm以内)				槽宽800(mm以内)	
			输送机长度/驱动装置组数(m/组)					
			80	120	170	250	170	250
名称		单位	消耗量					
人工	合计工日	工日	170.371	221.664	277.130	378.560	313.749	416.176
人工	其中 普工	工日	34.074	44.333	55.426	75.712	62.750	83.235
人工	其中 一般技工	工日	102.223	132.998	166.278	227.136	188.249	249.706
人工	其中 高级技工	工日	34.074	44.333	55.426	75.712	62.750	83.235
材料	平垫铁(综合)	kg	114.240	161.840	221.344	257.040	221.344	257.040
材料	斜垫铁(综合)	kg	113.278	160.473	219.480	254.881	219.480	254.881
材料	热轧薄钢板 δ0.5~0.65	kg	1.100	1.300	1.500	1.800	1.500	1.800
材料	木板	m^3	0.040	0.098	0.199	0.335	0.204	0.366
材料	煤油	kg	11.781	13.098	14.416	16.459	16.512	18.831
材料	机油	kg	2.932	3.557	4.169	5.128	4.782	5.871
材料	黄油钙基脂	kg	4.988	5.887	6.786	8.191	7.786	9.315
材料	低碳钢焊条 J422(综合)	kg	2.037	2.352	2.646	3.108	2.982	3.486
材料	其他材料费	%	5.00	5.00	5.00	5.00	5.00	5.00
机械	载重汽车 8t	台班	0.200	0.200	0.300	0.300	0.400	0.400
机械	汽车式起重机 16t	台班	0.300	0.300	—	—	—	—
机械	汽车式起重机 50t	台班	—	—	—	0.350	0.500	0.500
机械	汽车式起重机 25t	台班	—	—	0.300	—	—	—
机械	交流弧焊机 21kV·A	台班	1.000	1.200	1.300	1.500	1.500	1.800

三、板(裙)式输送机

计量单位:台

定额编号				1-6-25	1-6-26	1-6-27	1-6-28
项目				链板宽度(mm 以内)			
				800		1000	1200
				链轮中心距(m 以内)			
				6	10	3	5
名称			单位	消耗量			
人工	合计工日		工日	21.124	26.241	19.521	23.984
	其中	普工	工日	4.225	5.248	3.904	4.797
		一般技工	工日	12.674	15.745	11.713	14.390
		高级技工	工日	4.225	5.248	3.904	4.797
材料	平垫铁(综合)		kg	12.728	16.964	14.840	15.009
	斜垫铁(综合)		kg	12.244	16.332	14.288	15.300
	热轧薄钢板 δ0.5~0.65		kg	1.100	1.600	1.000	1.160
	木板		m^3	0.016	0.020	0.015	0.026
	煤油		kg	7.947	8.776	7.485	8.407
	机油		kg	2.369	2.574	2.586	3.031
	黄油钙基脂		kg	2.247	2.247	2.472	2.697
	氧气		m^3	0.612	1.224	0.408	0.612
	乙炔气		kg	0.204	0.408	0.136	0.204
	低碳钢焊条 J422(综合)		kg	1.218	2.573	1.985	2.069
	其他材料费		%	5.00	5.00	5.00	5.00
机械	叉式起重机 5t		台班	0.500	0.600	0.400	0.500
	交流弧焊机 21kV·A		台班	0.500	1.000	0.500	0.850
	电动单筒慢速卷扬机 50kN		台班	0.150	0.200	0.200	0.300

计量单位:台

定额编号		1-6-29	1-6-30	1-6-31	1-6-32	1-6-33
项目		链板宽度1500mm以内		链板宽度1800mm以内	链板宽度2400mm以内	
		链轮中心距(m以内)				
		10	15	12	5	12
名称	单位	消耗量				
人工 合计工日	工日	54.381	86.616	94.064	80.649	107.170
其中 普工	工日	10.876	17.323	18.813	16.130	21.434
其中 一般技工	工日	32.629	51.970	56.438	48.389	64.302
其中 高级技工	工日	10.876	17.323	18.813	16.130	21.434
材料 平垫铁(综合)	kg	16.960	18.024	18.024	14.842	19.088
斜垫铁(综合)	kg	18.881	20.059	20.059	16.520	21.237
热轧薄钢板 δ0.5～0.65	kg	1.650	2.170	3.050	2.160	3.150
木板	m^3	0.120	0.210	0.404	0.014	0.408
煤油	kg	10.595	14.126	16.261	14.931	19.002
机油	kg	4.157	4.899	5.351	5.246	6.205
黄油钙基脂	kg	2.921	3.596	4.270	4.450	4.675
氧气	m^3	1.020	1.836	1.836	1.020	2.040
乙炔气	kg	0.340	0.612	0.612	0.340	0.680
低碳钢焊条 J422(综合)	kg	9.450	17.220	14.700	9.450	17.745
其他材料费	%	5.00	5.00	5.00	5.00	5.00
机械 载重汽车 8t	台班	—	0.300	0.300	—	0.400
叉式起重机 5t	台班	0.300	0.300	—	0.500	—
汽车式起重机 16t	台班	—	—	0.250	—	0.400
电动单筒慢速卷扬机 50kN	台班	0.300	0.400	0.200	0.400	0.200
交流弧焊机 21kV·A	台班	2.500	4.100	2.860	2.500	3.150

四、悬挂输送机

计量单位:台

定额编号		1-6-34	1-6-35	1-6-36	1-6-37	1-6-38	1-6-39
项目		驱动装置			转向装置		
		重量(kg以内)					
		200	700	1500	150	220	320
名称	单位	消耗量					
人工 合计工日	工日	3.440	5.211	7.344	1.364	1.739	2.114
其中 普工	工日	0.688	1.042	1.469	0.273	0.348	0.423
其中 一般技工	工日	2.064	3.127	4.406	0.818	1.043	1.268
其中 高级技工	工日	0.688	1.042	1.469	0.273	0.348	0.423
材料 热轧薄钢板 δ0.5～0.65	kg	4.000	9.120	6.000	1.500	1.800	2.100
木板	m^3	0.001	0.001	0.004	0.001	0.001	0.001
煤油	kg	1.977	2.636	3.294	0.198	0.264	0.330
机油	kg	0.217	0.247	0.031	0.031	0.043	0.056
黄油钙基脂	kg	0.225	0.225	0.225	0.281	0.304	0.326
低碳钢焊条 J422(综合)	kg	0.315	0.336	0.378	0.336	0.483	0.630
其他材料费	%	5.00	5.00	5.00	5.00	5.00	5.00
机械 叉式起重机 5t	台班	0.100	0.200	0.400	0.100	0.200	0.300
交流弧焊机 21kV·A	台班	0.200	0.200	0.200	0.200	0.200	0.200
电动单筒慢速卷扬机 50kN	台班	0.100	0.100	0.300	0.100	0.100	0.200

计量单位:台

定额编号				1-6-40	1-6-41	1-6-42
项目				拉紧装置		
				重量(kg以内)		
				200	500	1000
名称			单位	消耗量		
人工	合计工日		工日	1.940	3.174	5.170
	其中	普工	工日	0.388	0.635	1.034
		一般技工	工日	1.164	1.904	3.102
		高级技工	工日	0.388	0.635	1.034
材料	热轧薄钢板 δ0.5~0.65		kg	1.200	2.000	2.400
	木板		m^3	0.001	0.001	0.003
	煤油		kg	0.527	0.791	1.581
	机油		kg	0.062	0.124	0.247
	黄油钙基脂		kg	0.337	0.562	0.674
	低碳钢焊条 J422(综合)		kg	0.300	0.315	0.336
	其他材料费		%	5.00	5.00	5.00
机械	叉式起重机 5t		台班	0.100	0.200	0.200
	交流弧焊机 21kV·A		台班	0.200	0.200	0.200
	电动单筒慢速卷扬机 50kN		台班	0.100	0.100	0.200

计量单位:台

定额编号				1-6-43	1-6-44	1-6-45	1-6-46	1-6-47
项目				链条安装				试运转
				分类及节距(mm以内)				
				链片式(100)	链片式(160)	链板式	链环式	
名称			单位	消耗量				
人工	合计工日		工日	31.625	23.984	39.505	43.190	3.471
	其中	普工	工日	6.325	4.797	7.901	8.638	0.694
		一般技工	工日	18.975	14.390	23.703	25.914	2.083
		高级技工	工日	6.325	4.797	7.901	8.638	0.694
材料	木板		m^3	0.001	0.001	0.004	0.006	—
	煤油		kg	49.416	39.533	59.299	79.065	3.690
	机油		kg	5.568	3.712	5.568	7.424	1.929
	黄油钙基脂		kg	42.136	33.709	50.563	67.418	3.371
	其他材料费		%	5.00	5.00	5.00	5.00	8.00
机械	叉式起重机 5t		台班	0.100	0.100	0.200	0.200	—
	电动单筒慢速卷扬机 50kN		台班	0.100	0.100	0.100	0.100	—

五、固定式胶带输送机

计量单位:台

定额编号			1-6-48	1-6-49	1-6-50	1-6-51	1-6-52	1-6-53	1-6-54
项目			带宽650(mm以内)						
			输送长度(m以内)						
			20	50	80	110	150	200	250
名称		单位	消耗量						
人工	合计工日	工日	48.249	70.586	103.915	122.029	147.719	177.625	217.770
人工	其中 普工	工日	9.650	14.117	20.783	24.406	29.544	35.525	43.554
人工	其中 一般技工	工日	28.949	42.352	62.349	73.217	88.631	106.575	130.662
人工	其中 高级技工	工日	9.650	14.117	20.783	24.406	29.544	35.525	43.554
材料	平垫铁(综合)	kg	26.180	29.751	33.320	36.890	41.650	47.589	53.548
材料	斜垫铁(综合)	kg	25.964	29.501	33.044	36.580	41.300	47.187	53.100
材料	热轧薄钢板 δ0.5~0.65	kg	2.500	3.240	5.000	6.270	8.070	10.720	13.480
材料	木板	m^3	0.019	0.026	0.034	0.043	0.054	0.071	0.079
材料	道木	m^3	0.011	0.011	0.011	0.011	0.011	0.011	0.011
材料	煤油	kg	9.883	13.836	18.844	24.247	31.890	42.959	54.555
材料	橡胶溶剂120#	kg	4.040	4.040	7.630	7.630	11.440	15.250	15.250
材料	机油	kg	2.648	3.588	4.330	5.339	6.768	8.865	11.061
材料	黄油钙基脂	kg	5.900	9.270	11.518	13.629	16.619	21.023	25.563
材料	氧气	m^3	6.548	7.058	7.640	8.140	9.078	10.220	11.108
材料	乙炔气	kg	2.183	2.353	2.547	2.713	3.026	3.407	3.703
材料	生胶	kg	0.690	0.690	1.300	1.300	1.950	2.600	2.600
材料	熟胶	kg	0.930	0.930	1.750	1.750	2.630	3.500	3.500
材料	低碳钢焊条J422(综合)	kg	3.959	4.379	4.862	5.208	5.712	6.437	7.193
材料	其他材料费	%	5.00	5.00	5.00	5.00	5.00	5.00	5.00
机械	载重汽车8t	台班	—	0.200	0.300	0.400	0.500	0.500	0.800
机械	叉式起重机5t	台班	0.300	0.200	0.300	0.300	0.400	0.500	0.600
机械	汽车式起重机16t	台班	—	0.200	0.400	—	—	—	—
机械	汽车式起重机25t	台班	—	—	—	0.400	0.400	0.500	0.700
机械	交流弧焊机21kV·A	台班	1.200	1.500	2.000	2.000	2.000	2.500	2.600

计量单位:台

定额编号			1-6-55	1-6-56	1-6-57	1-6-58	1-6-59	1-6-60	1-6-61
项目			带宽 1000(mm 以内)						
			输送长度(m 以内)						
			20	50	80	110	150	200	250
名称		单位	消耗量						
人工	合计工日	工日	61.775	90.930	131.171	163.511	200.349	235.961	293.179
	其中 普工	工日	12.355	18.186	26.234	32.702	40.070	47.192	58.636
	其中 一般技工	工日	37.065	54.558	78.703	98.107	120.209	141.577	175.907
	其中 高级技工	工日	12.355	18.186	26.234	32.702	40.070	47.192	58.636
材料	平垫铁(综合)	kg	30.936	34.510	37.810	41.654	46.091	52.361	58.314
	斜垫铁(综合)	kg	30.678	34.221	37.760	41.280	46.020	51.920	57.820
	热轧薄钢板 δ0.5~0.65	kg	4.050	5.850	7.850	9.850	12.750	16.650	21.060
	木板	m^3	0.020	0.029	0.038	0.048	0.061	0.084	0.103
	道木	m^3	0.011	0.011	0.011	0.011	0.011	0.011	0.011
	煤油	kg	11.201	16.604	23.324	30.045	39.407	52.578	67.601
	橡胶溶剂 120#	kg	10.150	10.150	19.250	19.250	28.880	38.500	38.500
	机油	kg	3.446	4.547	5.784	7.108	8.982	11.736	14.637
	黄油钙基脂	kg	10.506	14.214	17.821	21.080	25.709	32.506	39.585
	氧气	m^3	7.895	13.280	14.321	15.320	16.646	19.788	21.461
	乙炔气	kg	2.632	4.427	4.774	5.107	5.549	6.596	7.153
	生胶	kg	2.380	2.380	3.150	3.150	4.730	6.300	6.300
	熟胶	kg	1.660	1.660	4.500	4.500	6.750	9.000	9.000
	低碳钢焊条 J422(综合)	kg	7.109	7.707	8.306	8.904	9.744	10.983	12.285
	其他材料费	%	5.00	5.00	5.00	5.00	5.00	5.00	5.00
机械	载重汽车 8t	台班	0.200	0.200	0.300	0.300	0.400	0.800	0.800
	叉式起重机 5t	台班	0.200	0.200	0.200	0.200	0.300	1.000	1.000
	汽车式起重机 16t	台班	0.350	0.400	—	—	—	—	—
	汽车式起重机 25t	台班	—	—	0.350	0.400	—	—	—
	汽车式起重机 50t	台班	—	—	—	—	0.400	—	—
	汽车式起重机 75t	台班	—	—	—	—	—	0.500	0.500
	交流弧焊机 21kV·A	台班	2.500	2.500	2.650	2.800	3.000	3.000	3.500

计量单位：台

定额编号				1-6-62	1-6-63	1-6-64	1-6-65	1-6-66	1-6-67	1-6-68
项目				带宽1400(mm以内)						
				输送长度(m以内)						
				20	50	80	110	150	200	250
名称			单位	消耗量						
人工	合计工日		工日	81.891	119.245	172.410	208.514	255.036	306.600	379.715
	其中	普工	工日	16.378	23.849	34.482	41.703	51.007	61.320	75.943
		一般技工	工日	49.135	71.547	103.446	125.108	153.022	183.960	227.829
		高级技工	工日	16.378	23.849	34.482	41.703	51.007	61.320	75.943
材料	平垫铁(综合)		kg	36.720	42.840	48.960	55.080	63.240	73.440	83.640
	斜垫铁(综合)		kg	38.520	44.940	51.360	57.780	66.340	77.040	87.740
	热轧薄钢板 δ0.5～0.65		kg	5.500	8.410	11.710	14.120	18.200	24.200	30.310
	木板		m^3	0.024	0.034	0.043	0.054	0.071	0.094	0.119
	道木		m^3	0.011	0.011	0.011	0.011	0.011	0.011	0.011
	煤油		kg	15.154	20.571	28.859	37.029	48.625	52.578	83.677
	橡胶溶剂 120#		kg	21.700	21.700	41.000	41.000	61.500	82.000	82.000
	机油		kg	4.702	6.069	6.966	9.317	11.754	15.342	19.035
	黄油钙基脂		kg	17.753	20.293	25.506	30.226	36.855	46.518	56.631
	氧气		m^3	10.098	20.604	22.950	24.602	27.030	30.600	34.109
	乙炔气		kg	3.366	6.868	7.650	8.201	9.010	10.200	11.370
	生胶		kg	3.550	3.550	5.750	5.750	8.630	11.500	11.500
	熟胶		kg	5.150	5.150	9.800	9.800	14.700	19.600	19.600
	低碳钢焊条 J422(综合)		kg	9.240	11.361	12.527	13.419	14.700	16.653	18.533
	其他材料费		%	5.00	5.00	5.00	5.00	5.00	5.00	5.00
机械	载重汽车 8t		台班	0.200	0.200	0.300	0.300	0.400	0.800	0.800
	叉式起重机 5t		台班	1.300	1.400	1.500	1.800	2.000	1.000	1.000
	汽车式起重机 16t		台班	0.400	0.400	—	—	—	—	—
	汽车式起重机 25t		台班	—	—	0.400	0.600	—	—	—
	汽车式起重机 50t		台班	—	—	—	—	0.600	—	—
	汽车式起重机 75t		台班	—	—	—	—	—	0.650	0.650
	交流弧焊机 21kV·A		台班	2.600	2.850	3.000	3.400	3.600	3.700	4.000

计量单位：台

定额编号				1-6-69	1-6-70	1-6-71	1-6-72	1-6-73	1-6-74	1-6-75
项目				带宽1600(mm以内)						
				输送长度(m以内)						
				20	50	80	110	150	200	250
名称			单位	消耗量						
人工	合计工日		工日	123.044	170.644	235.954	283.054	342.781	417.471	502.320
	其中	普工	工日	24.609	34.129	47.191	56.611	68.556	83.494	100.464
		一般技工	工日	73.826	102.386	141.572	169.832	205.669	250.483	301.392
		高级技工	工日	24.609	34.129	47.191	56.611	68.556	83.494	100.464
材料	平垫铁(综合)		kg	75.902	86.254	93.500	106.950	120.749	138.012	155.234
	斜垫铁(综合)		kg	82.280	93.511	104.722	115.940	130.888	149.600	168.300
	热轧薄钢板 δ0.5~0.65		kg	7.150	10.930	15.200	18.000	24.000	32.000	39.000
	木板		m^3	0.031	0.044	0.055	0.070	0.093	0.123	0.150
	道木		m^3	0.014	0.014	0.014	0.014	0.014	0.014	0.014
	煤油		kg	19.766	26.355	38.215	48.757	63.252	68.523	109.373
	橡胶溶剂 120#		kg	28.200	28.200	53.000	53.000	80.000	107.000	107.000
	机油		kg	6.124	8.042	9.279	12.373	15.466	19.796	24.745
	黄油钙基脂		kg	23.034	26.405	33.709	39.327	48.316	60.676	74.159
	氧气		m^3	13.158	26.826	29.886	31.620	35.700	39.780	44.880
	乙炔气		kg	4.386	8.942	9.962	10.540	11.900	13.260	14.960
	生胶		kg	4.620	4.620	7.500	7.500	11.000	15.000	15.000
	熟胶		kg	6.700	6.700	13.000	13.000	19.000	25.500	26.000
	低碳钢焊条 J422(综合)		kg	12.012	14.805	16.275	17.850	18.900	22.050	24.150
	其他材料费		%	5.00	5.00	5.00	5.00	5.00	5.00	5.00
机械	载重汽车 8t		台班	0.300	0.400	0.500	0.600	1.000	1.000	1.500
	叉式起重机 5t		台班	3.000	3.300	3.500	4.000	4.000	4.300	4.500
	汽车式起重机 25t		台班	0.500	0.500	—	—	—	—	—
	汽车式起重机 50t		台班	—	—	0.500	—	—	—	—
	汽车式起重机 75t		台班	—	—	—	0.500	0.700	—	—
	汽车式起重机 100t		台班	—	—	—	—	—	0.800	0.900
	交流弧焊机 21kV·A		台班	3.200	3.500	4.100	4.500	5.000	5.500	6.000

计量单位：台

定额编号			1-6-76	1-6-77	1-6-78	1-6-79	1-6-80
项目			带宽2000(mm以内)				
			输送长度(m以内)				
			20	100	150	250	500
名称		单位	消耗量				
人工	合计工日	工日	135.075	321.116	369.366	537.416	665.656
	其中 普工	工日	27.015	64.223	73.873	107.483	133.131
	其中 一般技工	工日	81.045	192.670	221.620	322.450	399.394
	其中 高级技工	工日	27.015	64.223	73.873	107.483	133.131
材料	平垫铁(综合)	kg	87.933	117.301	134.550	151.800	255.313
	斜垫铁(综合)	kg	97.240	127.160	145.864	164.563	276.760
	热轧薄钢板 δ0.5～0.65	kg	7.150	18.000	24.000	39.000	45.100
	木板	m^3	0.031	0.070	0.093	0.150	0.200
	道木	m^3	0.014	0.014	0.014	0.014	0.015
	橡胶溶剂 120#	kg	28.200	53.000	80.000	107.000	113.500
	煤油	kg	19.766	48.757	63.252	109.373	113.076
	机油	kg	6.124	12.373	15.466	24.745	27.979
	黄油钙基脂	kg	23.034	39.327	48.316	74.159	83.905
	氧气	m^3	13.158	31.620	35.700	44.880	51.090
	乙炔气	kg	4.386	10.540	11.900	14.960	17.030
	生胶	kg	4.620	7.500	11.000	15.000	18.500
	熟胶	kg	6.700	13.000	19.000	26.000	30.500
	低碳钢焊条 J422(综合)	kg	12.012	17.850	18.900	24.150	29.460
	其他材料费	%	5.00	5.00	5.00	5.00	5.00
机械	叉式起重机 5t	台班	3.000	4.000	4.000	4.500	5.000
	载重汽车 8t	台班	0.500	0.800	1.200	1.600	2.000
	汽车式起重机 16t	台班	0.700	—	—	—	—
	汽车式起重机 25t	台班	—	1.300	1.800	—	—
	汽车式起重机 50t	台班	—	—	—	1.400	1.700
	交流弧焊机 21kV·A	台班	4.000	5.500	6.000	7.000	8.000

六、螺旋式输送机

计量单位:台

定额编号				1-6-81	1-6-82	1-6-83	1-6-84
项目				公称直径300(mm以内)			
				机身长度(m以内)			
				6	11	16	21
名称			单位	消耗量			
人工	合计工日		工日	10.869	13.816	17.964	22.034
	其中	普工	工日	2.174	2.763	3.593	4.407
		一般技工	工日	6.521	8.290	10.778	13.220
		高级技工	工日	2.174	2.763	3.593	4.407
材料	平垫铁(综合)		kg	6.840	9.120	11.423	21.202
	斜垫铁(综合)		kg	6.696	8.928	11.160	21.413
	热轧薄钢板 δ0.5~0.65		kg	0.280	0.410	0.600	0.780
	木板		m^3	0.006	0.006	0.008	0.008
	煤油		kg	3.663	4.454	5.232	6.023
	机油		kg	0.532	0.606	0.712	0.810
	黄油钙基脂		kg	1.494	1.641	1.820	2.011
	低碳钢焊条 J422(综合)		kg	0.462	0.735	1.113	1.449
	其他材料费		%	5.00	5.00	5.00	5.00
机械	叉式起重机 5t		台班	0.200	0.300	0.500	0.600
	交流弧焊机 21kV·A		台班	0.200	0.250	0.400	0.500
	电动单筒慢速卷扬机 50kN		台班	0.100	0.200	0.300	0.400

计量单位:台

定额编号				1-6-85	1-6-86	1-6-87	1-6-88
项目				公称直径600(mm以内)			
				机身长度(m以内)			
				8	14	20	26
名称			单位	消耗量			
人工	合计工日		工日	18.366	22.811	28.831	34.965
	其中	普工	工日	3.673	4.562	5.766	6.993
		一般技工	工日	11.020	13.687	17.299	20.979
		高级技工	工日	3.673	4.562	5.766	6.993
材料	平垫铁(综合)		kg	6.840	9.120	11.423	21.202
	斜垫铁(综合)		kg	6.696	8.928	11.160	21.413
	热轧薄钢板 δ0.5~0.65		kg	0.450	0.630	0.870	1.110
	木板		m^3	0.021	0.024	0.026	0.029
	煤油		kg	4.679	5.680	6.682	7.815
	机油		kg	0.742	0.854	1.002	1.151
	黄油钙基脂		kg	2.192	2.393	2.674	2.944
	低碳钢焊条 J422(综合)		kg	0.630	1.008	1.512	2.016
	其他材料费		%	5.00	5.00	5.00	5.00
机械	叉式起重机 5t		台班	0.300	0.500	0.700	0.800
	交流弧焊机 21kV·A		台班	0.200	0.250	0.400	0.600
	电动单筒慢速卷扬机 50kN		台班	0.200	0.300	0.400	0.500

七、皮带秤安装

计量单位:台

定额编号			1-6-89	1-6-90	1-6-91
项目			带宽(mm 以内)		
			650	1000	1400
名称		单位	消耗量		
人工	合计工日	工日	11.489	14.280	17.194
人工	其中 普工	工日	2.298	2.856	3.439
人工	其中 一般技工	工日	6.893	8.568	10.316
人工	其中 高级技工	工日	2.298	2.856	3.439
材料	热轧薄钢板 δ0.5~0.65	kg	0.500	0.600	0.600
材料	低碳钢焊条 J422 ϕ4.0	kg	0.378	0.504	0.630
材料	木板	m^3	0.004	0.005	0.006
材料	煤油	kg	3.953	4.612	4.612
材料	机油	kg	0.309	0.433	0.433
材料	黄油钙基脂	kg	1.573	1.798	1.798
材料	破布	kg	1.050	1.260	1.260
材料	其他材料费	%	3.00	3.00	3.00
机械	叉式起重机 5t	台班	0.100	0.200	0.300
机械	交流弧焊机 21kV·A	台班	0.300	0.300	0.400

第七章　风 机 安 装
（030108）

说　明

一、本章内容包括离心式通(引)风机,轴流通风机,离心式鼓风机、回转式鼓风机安装;离心式通(引)风机、轴流通风机、离心式鼓风机、回转式鼓风机的拆装检查。

1.离心式通(引)风机安装包括:中低压离心通风机、排尘离心通风机、耐腐蚀离心通风机、防爆离心通风机、高压离心通风机、锅炉离心通风机、抽烟通风机、多翼式离心通风机、硫磺鼓风机、恒温冷暖风机、暖风机、低噪音离心通风机、低噪音屋顶离心通风机的安装;

2.轴流通风机安装包括:工业用轴流通风机、冷却塔轴流通风机、防爆轴流通风机、可调轴流通风机、屋顶轴流通风机、隔爆型轴流式局部扇风机的安装;

3.离心式鼓风机、回转式鼓风机(罗茨鼓风机、HGY 型鼓风机、叶式鼓风机)安装;

4.离心式通(引)风机、轴流通风机、离心式鼓风机、回转式鼓风机的拆装检查。

二、本章包括以下工作内容:

1.风机安装。

(1)风机本体、底座、电动机、联轴节及与本体联体的附件、管道、润滑冷却装置等的清洗、刮研、组装、调试;

(2)联轴器、皮带、减震器及安全防护罩安装。

2.风机拆装检查。

设备本体及部件以及第一个阀门以内的管道等拆卸、清洗、检查、刮研、换油、调间隙及调配重、找正、找平、找中心、记录、组装复原。

三、本章不包括以下工作内容,应执行其他章节有关定额或规定。

1.风机安装。

(1)风机底座、防护罩、键、减振器的制作;

(2)电动机的抽芯检查、干燥、配线、调试。

2.风机拆装检查。

(1)设备本体的整(解)体安装;

(2)电动机安装及拆装、检查、调整、试验;

(3)设备本体以外的各种管道的检查、试验等工作。

四、塑料风机及耐酸陶瓷风机按离心式通(引)风机定额执行。

工程量计算规则

一、直联式风机按风机本体及电动机、变速器和底座的总重量计算。

二、非直联式风机，以风机本体和底座的总重量计算，不包括电动机重量，但电动机的安装已包括在定额内。

一、风 机 安 装

1. 离心式通(引)风机

计量单位:台

定额编号			1-7-1	1-7-2	1-7-3	1-7-4	1-7-5
项　目			设备重量(t 以内)				
			0.3	0.5	1.1	1.5	2.2
名　称		单位	消　耗　量				
人工	合计工日	工日	5.580	6.576	11.459	15.300	21.025
人工	其中 普工	工日	1.116	1.315	2.292	3.060	4.205
人工	其中 一般技工	工日	3.348	3.946	6.875	9.180	12.615
人工	其中 高级技工	工日	1.116	1.315	2.292	3.060	4.205
材料	平垫铁(综合)	kg	4.710	4.710	6.280	18.463	18.463
材料	斜垫铁(综合)	kg	4.692	4.692	6.256	17.480	17.480
材料	热轧薄钢板 δ1.6～1.9	kg	0.300	0.300	0.400	0.600	0.600
材料	紫铜板 δ0.25～0.5	kg	0.100	0.200	0.300	0.400	0.500
材料	木板	m^3	0.006	0.008	0.009	0.012	0.015
材料	煤油	kg	2.888	4.331	5.775	6.320	8.663
材料	机油	kg	0.824	0.824	1.237	1.850	2.473
材料	黄油钙基脂	kg	0.247	0.247	0.371	0.506	0.619
材料	氧气	m^3	1.020	1.020	1.020	1.360	1.530
材料	乙炔气	kg	0.340	0.340	0.340	0.453	0.510
材料	石棉橡胶板 高压 δ1～6	kg	0.300	0.300	0.400	0.500	0.600
材料	低碳钢焊条 J422(综合)	kg	0.210	0.210	0.315	0.433	0.525
材料	其他材料费	%	3.00	3.00	3.00	3.00	3.00
机械	交流弧焊机 21kV·A	台班	0.100	0.100	0.200	0.300	0.400
机械	叉式起重机 5t	台班	0.100	0.100	0.200	0.200	0.300

计量单位:台

定额编号			1-7-6	1-7-7	1-7-8	1-7-9
项目			设备重量(t以内)			
			3	5	7	10
名称		单位	消耗量			
人工	合计工日	工日	28.780	36.490	57.640	70.880
人工	其中 普工	工日	5.756	7.298	11.528	14.176
人工	其中 一般技工	工日	17.268	21.894	34.584	42.528
人工	其中 高级技工	工日	5.756	7.298	11.528	14.176
材料	平垫铁(综合)	kg	18.463	30.772	42.373	50.005
材料	斜垫铁(综合)	kg	17.480	27.968	38.512	46.020
材料	热轧薄钢板 δ1.6~1.9	kg	1.000	1.500	2.000	3.000
材料	紫铜板 δ0.25~0.5	kg	0.600	0.700	0.800	0.800
材料	木板	m^3	0.015	0.019	0.029	0.031
材料	道木	m^3	0.011	0.014	0.014	0.021
材料	煤油	kg	8.663	10.106	11.550	14.438
材料	机油	kg	2.473	4.122	4.946	6.595
材料	黄油钙基脂	kg	0.990	1.237	1.485	1.856
材料	氧气	m^3	2.040	3.060	3.060	4.080
材料	乙炔气	kg	0.680	1.020	1.020	1.360
材料	石棉橡胶板 高压 δ1~6	kg	1.000	1.500	2.000	3.000
材料	低碳钢焊条 J422(综合)	kg	0.525	0.840	1.050	1.575
材料	其他材料费	%	3.00	3.00	3.00	3.00
机械	叉式起重机 5t	台班	0.400	0.500	—	—
机械	汽车式起重机 16t	台班	—	—	0.500	0.500
机械	交流弧焊机 21kV·A	台班	0.300	0.400	0.500	0.550
机械	载重汽车 10t	台班	—	—	0.200	0.200

计量单位：台

定额编号			1-7-10	1-7-11	1-7-12	1-7-13
项目			设备重量(t以内)			
			15	20	30	40
名称		单位	消耗量			
人工	合计工日	工日	87.210	97.590	102.410	112.650
	其中 普工	工日	17.442	19.518	20.482	22.530
	其中 一般技工	工日	52.326	58.554	61.446	67.590
	其中 高级技工	工日	17.442	19.518	20.482	22.530
材料	平垫铁(综合)	kg	64.025	78.751	139.810	150.720
	斜垫铁(综合)	kg	57.024	73.240	123.970	138.300
	热轧薄钢板 δ1.6～1.9	kg	3.500	4.000	4.500	5.000
	紫铜板 δ0.25～0.5	kg	1.200	1.500	2.000	2.500
	木板	m^3	0.033	0.035	0.037	0.040
	道木	m^3	0.025	0.028	0.031	0.035
	煤油	kg	17.325	23.100	34.650	51.975
	机油	kg	8.244	9.893	12.861	16.718
	黄油钙基脂	kg	2.475	3.712	4.324	4.961
	氧气	m^3	6.120	9.180	9.680	10.200
	乙炔气	kg	2.040	3.060	4.080	5.100
	石棉橡胶板 高压 δ1～6	kg	3.000	4.000	5.000	5.500
	低碳钢焊条 J422(综合)	kg	1.890	2.100	2.310	2.510
	其他材料费	%	3.00	3.00	3.00	3.00
机械	平板拖车组 40t	台班	—	—	0.250	0.300
	载重汽车 15t	台班	0.200	0.250	—	—
	汽车式起重机 50t	台班	—	0.300	0.600	0.700
	汽车式起重机 25t	台班	0.500	0.250	—	—
	交流弧焊机 21kV·A	台班	0.600	0.700	0.760	0.820

2. 轴流通风机

计量单位:台

定额编号				1-7-14	1-7-15	1-7-16	1-7-17	1-7-18
项目				设备重量(t以内)				
				0.2	0.5	1	2	3
名称			单位	消耗量				
人工	合计工日		工日	4.494	6.650	9.260	14.676	20.544
	其中	普工	工日	0.899	1.330	1.852	2.935	4.109
		一般技工	工日	2.696	3.990	5.556	8.806	12.326
		高级技工	工日	0.899	1.330	1.852	2.935	4.109
材料	平垫铁(综合)		kg	4.710	4.710	6.280	18.460	18.460
	斜垫铁(综合)		kg	4.692	4.692	6.256	17.480	17.480
	热轧薄钢板 δ1.6~1.9		kg	0.300	0.300	0.500	0.800	1.000
	木板		m^3	0.006	0.006	0.010	0.010	0.010
	煤油		kg	1.444	2.166	2.888	5.775	7.219
	机油		kg	0.495	0.495	0.824	1.237	1.649
	黄油钙基脂		kg	0.147	0.282	0.371	0.495	0.495
	氧气		m^3	1.020	1.020	1.020	2.040	2.040
	乙炔气		kg	0.340	0.340	0.340	0.680	0.680
	低碳钢焊条 J422(综合)		kg	0.210	0.210	0.420	0.525	0.630
	其他材料费		%	3.00	3.00	3.00	3.00	3.00
机械	叉式起重机 5t		台班	0.100	0.100	0.200	0.200	0.400
	交流弧焊机 21kV·A		台班	0.100	0.100	0.100	0.200	0.200

计量单位:台

定额编号				1-7-19	1-7-20	1-7-21	1-7-22
项目				设备重量(t以内)			
				5	8	10	15
名称			单位	消耗量			
人工	合计工日		工日	40.614	62.094	75.881	99.396
	其中	普工	工日	8.123	12.419	15.176	19.879
		一般技工	工日	24.368	37.256	45.529	59.638
		高级技工	工日	8.123	12.419	15.176	19.879
材料	平垫铁(综合)		kg	30.772	42.373	50.005	73.853
	斜垫铁(综合)		kg	28.000	38.512	46.020	65.712
	热轧薄钢板 δ1.6~1.9		kg	1.000	1.500	2.000	3.000
	木板		m^3	0.014	0.023	0.028	0.044
	道木		m^3	0.014	0.021	0.021	0.028
	煤油		kg	8.663	11.550	14.438	18.769
	机油		kg	3.298	4.946	6.595	8.244
	黄油钙基脂		kg	0.619	1.237	1.485	2.475
	氧气		m^3	3.060	4.080	6.120	9.180
	乙炔气		kg	1.020	1.360	2.040	3.060
	石棉橡胶板 高压 δ1~6		kg	1.500	1.800	2.000	2.500
	低碳钢焊条 J422(综合)		kg	0.300	0.350	0.400	0.500
	其他材料费		%	3.00	3.00	3.00	3.00
机械	叉式起重机 5t		台班	0.500	—	—	—
	载重汽车 15t		台班	—	—	—	0.200
	汽车式起重机 16t		台班	—	0.350	—	—
	汽车式起重机 25t		台班	—	—	0.500	0.750
	交流弧焊机 21kV·A		台班	0.300	0.350	0.400	0.500
	载重汽车 10t		台班	—	0.200	0.200	—

计量单位:台

定额编号				1-7-23	1-7-24	1-7-25	1-7-26	1-7-27	1-7-28
项目				设备重量(t 以内)					
				20	30	40	50	60	70
名称			单位	消耗量					
人工	合计工日		工日	121.471	146.246	176.949	200.235	237.775	266.859
	其中	普工	工日	24.294	29.249	35.390	40.047	47.555	53.372
		一般技工	工日	72.883	87.748	106.169	120.141	142.665	160.115
		高级技工	工日	24.294	29.249	35.390	40.047	47.555	53.372
材料	平垫铁(综合)		kg	80.598	89.829	127.358	139.868	162.024	202.844
	斜垫铁(综合)		kg	75.230	80.696	103.530	127.448	161.400	200.900
	热轧薄钢板 δ1.6~1.9		kg	4.000	5.000	5.000	6.000	7.000	7.000
	木板		m^3	0.044	0.075	0.088	0.115	0.115	0.125
	道木		m^3	0.041	0.055	0.083	0.110	0.138	0.206
	煤油		kg	21.656	28.875	36.094	43.313	50.531	57.750
	机油		kg	9.893	12.366	14.839	16.488	20.610	24.732
	黄油钙基脂		kg	3.712	4.330	4.949	5.568	6.186	7.424
	氧气		m^3	9.180	12.240	18.360	18.360	24.480	24.480
	乙炔气		kg	3.060	4.080	6.120	6.120	8.160	8.160
	石棉橡胶板 高压 δ1~6		kg	3.000	3.200	3.500	3.800	4.000	4.500
	低碳钢焊条 J422(综合)		kg	4.200	6.300	8.400	10.500	12.600	14.700
	其他材料费		%	3.00	3.00	3.00	3.00	3.00	3.00
机械	汽车式起重机 25t		台班	0.300	0.300	0.300	0.300	0.300	0.500
	交流弧焊机 21kV·A		台班	0.800	1.000	1.200	1.500	2.000	2.300
	平板拖车组 30t		台班	—	—	—	—	0.500	0.500
	平板拖车组 20t		台班	—	0.250	0.300	0.500	—	—
	汽车式起重机 100t		台班	—	—	—	1.100	1.500	2.000
	平板拖车组 60t		台班	—	—	—	0.400	0.450	0.500
	载重汽车 15t		台班	0.250	—	—	—	—	—
	汽车式起重机 50t		台班	1.000	1.200	1.500	—	—	—
仪表	激光轴对中仪		台班	0.450	0.500	0.550	0.600	0.650	0.730

3. 回转式鼓风机

计量单位:台

定额编号			1-7-29	1-7-30	1-7-31	1-7-32
项目			设备重量(t以内)			
			0.5	1	2	3
名称		单位	消耗量			
人工	合计工日	工日	11.590	16.040	21.144	25.850
其中	普工	工日	2.318	3.208	4.229	5.170
	一般技工	工日	6.954	9.624	12.686	15.510
	高级技工	工日	2.318	3.208	4.229	5.170
材料	平垫铁(综合)	kg	6.280	13.565	16.956	16.956
	斜垫铁(综合)	kg	6.256	9.952	12.440	12.440
	热轧薄钢板 δ1.6~1.9	kg	0.400	0.500	0.800	0.800
	木板	m^3	0.006	0.010	0.015	0.024
	煤油	kg	5.775	6.641	8.374	9.818
	机油	kg	0.824	1.237	1.649	1.649
	黄油钙基脂	kg	0.619	0.990	1.237	1.237
	氧气	m^3	1.020	1.020	1.020	1.530
	乙炔气	kg	0.340	0.340	0.340	0.510
	石棉橡胶板 高压 δ1~6	kg	0.500	0.700	1.000	1.000
	低碳钢焊条 J422(综合)	kg	0.368	0.578	0.578	0.945
	其他材料费	%	3.00	3.00	3.00	3.00
机械	叉式起重机 5t	台班	0.200	0.200	0.300	0.300
	交流弧焊机 21kV·A	台班	0.100	0.200	0.200	0.300

计量单位：台

定额编号			1-7-33	1-7-34	1-7-35	1-7-36
项目			设备重量(t以内)			
			5	8	12	15
名称		单位	消耗量			
人工	合计工日	工日	34.731	51.819	67.009	90.406
	其中 普工	工日	6.946	10.364	13.402	18.081
	其中 一般技工	工日	20.839	31.091	40.205	54.244
	其中 高级技工	工日	6.946	10.364	13.402	18.081
材料	平垫铁(综合)	kg	20.310	20.310	36.926	87.920
	斜垫铁(综合)	kg	19.250	19.250	31.170	80.760
	热轧薄钢板 δ1.6～1.9	kg	1.000	1.000	1.800	2.300
	木板	m^3	0.028	0.031	0.034	0.038
	煤油	kg	11.550	14.438	15.881	18.769
	机油	kg	2.061	2.473	3.298	4.122
	黄油钙基脂	kg	1.671	1.856	2.227	2.475
	氧气	m^3	2.040	3.060	4.080	5.100
	乙炔气	kg	0.680	1.020	1.360	1.700
	石棉橡胶板 高压 δ1～6	kg	1.500	1.500	1.800	2.400
	低碳钢焊条 J422(综合)	kg	1.313	1.890	2.625	3.150
	其他材料费	%	3.00	3.00	3.00	3.00
机械	叉式起重机 5t	台班	0.500	—	—	—
	汽车式起重机 16t	台班	0.300	0.500	0.500	—
	汽车式起重机 25t	台班	—	0.250	0.300	0.800
	载重汽车 10t	台班	—	0.200	—	—
	载重汽车 15t	台班	—	—	0.250	0.250
	交流弧焊机 21kV·A	台班	0.400	0.450	0.500	0.800
仪表	激光轴对中仪	台班	—	0.300	0.350	0.400

4. 离心式鼓风机

(1)离心式鼓风机(带变速器)

计量单位:台

定额编号			1-7-37	1-7-38	1-7-39	1-7-40	1-7-41
项目			设备重量(t 以内)				
			0.5	1	3	5	7
名称		单位	消耗量				
人工	合计工日	工日	14.460	21.770	32.280	65.520	83.750
其中	普工	工日	2.892	4.354	6.456	13.104	16.750
	一般技工	工日	8.676	13.062	19.368	39.312	50.250
	高级技工	工日	2.892	4.354	6.456	13.104	16.750
材料	平垫铁(综合)	kg	5.652	10.362	18.463	23.079	46.158
	斜垫铁(综合)	kg	4.692	8.602	17.480	21.240	41.952
	热轧薄钢板 δ1.6~1.9	kg	0.200	0.300	0.300	0.300	0.300
	紫铜板 δ0.25~0.5	kg	0.206	0.206	0.206	0.206	0.206
	木板	m^3	0.018	0.018	0.018	0.018	0.036
	道木	m^3	0.041	0.041	0.041	0.041	0.055
	煤油	kg	15.366	16.741	18.116	19.491	21.656
	机油	kg	2.473	2.473	2.473	2.473	2.515
	黄油钙基脂	kg	0.619	0.619	0.619	0.990	1.361
	氧气	m^3	1.000	1.000	1.000	1.020	1.020
	乙炔气	kg	0.340	0.340	0.340	0.340	0.340
	石棉橡胶板 高压 δ1~6	kg	1.200	1.200	1.200	1.200	1.200
	青壳纸 δ0.1~1.0	kg	0.300	0.400	0.400	0.400	0.500
	研磨膏	盒	1.200	2.000	2.000	3.000	3.000
	铜丝布 16 目	m	0.300	0.300	0.400	0.400	0.400
	低碳钢焊条 J422(综合)	kg	1.050	1.050	1.313	1.313	1.470
	其他材料费	%	3.00	3.00	3.00	3.00	3.00
机械	叉式起重机 5t	台班	0.300	0.300	0.330	0.500	—
	载重汽车 10t	台班	—	—	—	—	0.300
	汽车式起重机 16t	台班	—	—	0.200	—	—
	汽车式起重机 25t	台班	—	—	—	0.500	0.800
	电动空气压缩机 $6m^3/min$	台班	—	—	—	0.100	0.100
	交流弧焊机 21kV·A	台班	0.200	0.200	0.250	0.300	0.400

计量单位：台

定额编号				1-7-42	1-7-43	1-7-44	1-7-45
项目				设备重量(t以内)			
				10	15	20	25
名称			单位	消耗量			
人工	合计工日		工日	117.580	156.970	185.420	194.560
	其中	普工	工日	23.516	31.394	37.084	38.912
		一般技工	工日	70.548	94.182	111.252	116.736
		高级技工	工日	23.516	31.394	37.084	38.912
材料	平垫铁(综合)		kg	50.005	69.030	85.550	154.739
	斜垫铁(综合)		kg	46.020	64.168	79.036	137.432
	热轧薄钢板 δ1.6～1.9		kg	0.400	0.600	0.600	0.600
	紫铜板 δ0.25～0.5		kg	0.210	0.210	0.260	0.260
	木板		m^3	0.064	0.083	0.099	0.125
	道木		m^3	0.066	0.083	0.110	0.117
	煤油		kg	33.062	43.313	62.081	66.413
	机油		kg	3.298	3.710	4.946	6.595
	黄油钙基脂		kg	1.608	1.856	2.475	3.093
	氧气		m^3	3.570	7.140	9.180	9.180
	乙炔气		kg	1.190	2.380	3.060	3.060
	石棉橡胶板 高压 δ1～6		kg	1.200	1.500	2.500	3.000
	青壳纸 δ0.1～1.0		kg	0.500	1.500	2.000	2.500
	研磨膏		盒	3.000	3.000	4.000	4.000
	铜丝布 16目		m	0.400	0.500	0.600	0.800
	低碳钢焊条 J422(综合)		kg	1.470	4.410	8.610	9.975
	其他材料费		%	3.00	3.00	3.00	3.00
机械	汽车式起重机 16t		台班	0.500	—	—	—
	汽车式起重机 25t		台班	0.500	0.750	—	—
	载重汽车 15t		台班	—	0.250	0.280	0.320
	载重汽车 10t		台班	0.230	—	—	—
	汽车式起重机 50t		台班	—	—	0.600	0.750
	电动空气压缩机 6m³/min		台班	0.100	0.100	0.100	0.100
	交流弧焊机 21kV·A		台班	0.600	1.500	2.000	2.000
仪表	激光轴对中仪		台班	0.350	0.400	0.450	0.500

（2）离心式鼓风机（不带变速器）

计量单位：台

定额编号			1-7-46	1-7-47	1-7-48	1-7-49	1-7-50
项目			设备重量（t以内）				
			0.5	1.0	2.0	3.0	5.0
名称		单位	消耗量				
人工	合计工日	工日	12.130	18.770	22.500	30.300	61.220
	其中 普工	工日	2.426	3.754	4.500	6.060	12.244
	其中 一般技工	工日	7.278	11.262	13.500	18.180	36.732
	其中 高级技工	工日	2.426	3.754	4.500	6.060	12.244
材料	平垫铁（综合）	kg	5.652	10.362	10.362	18.463	26.926
	斜垫铁（综合）	kg	4.692	8.602	8.602	17.480	24.472
	热轧薄钢板 δ1.6～1.9	kg	0.160	0.160	0.210	0.260	0.420
	紫铜板 δ0.25～0.5	kg	—	—	—	—	0.100
	木板	m^3	0.003	0.006	0.010	0.015	0.015
	道木	m^3	—	—	—	—	0.041
	煤油	kg	7.074	7.941	8.663	9.384	19.491
	机油	kg	0.412	0.907	1.154	1.319	3.298
	黄油钙基脂	kg	0.371	0.791	0.941	1.127	1.521
	氧气	m^3	—	—	—	—	0.398
	乙炔气	kg	—	—	—	—	0.133
	石棉橡胶板 高压 δ1～6	kg	0.500	0.600	0.660	0.300	1.200
	青壳纸 δ0.1～1.0	kg	—	—	—	—	0.400
	研磨膏	盒	—	—	—	—	2.000
	铜丝布	m	—	—	—	—	0.400
	低碳钢焊条 J422（综合）	kg	0.315	0.315	0.315	0.630	1.365
	其他材料费	%	3.00	3.00	3.00	3.00	3.00
机械	叉式起重机 5t	台班	0.200	0.210	0.210	0.300	0.520
	电动空气压缩机 $6m^3/min$	台班	0.100	0.100	0.100	0.100	0.100
	交流弧焊机 21kV·A	台班	0.100	0.100	0.100	0.200	0.300

计量单位:台

定额编号			1-7-51	1-7-52	1-7-53	1-7-54	1-7-55
项目			设备重量(t以内)				
			7.0	10	15	20	30
名称		单位	消耗量				
人工	合计工日	工日	73.690	106.450	135.790	165.880	196.240
	其中 普工	工日	14.738	21.290	27.158	33.176	39.248
	其中 一般技工	工日	44.214	63.870	81.474	99.528	117.744
	其中 高级技工	工日	14.738	21.290	27.158	33.176	39.248
材料	平垫铁(综合)	kg	36.542	46.158	54.698	153.434	200.097
	斜垫铁(综合)	kg	33.212	42.480	50.054	147.707	188.720
	热轧薄钢板 δ1.6~1.9	kg	0.420	0.520	1.200	1.620	3.000
	紫铜板 δ0.25~0.5	kg	0.150	0.150	0.500	0.500	0.500
	木板	m^3	0.038	0.063	0.075	0.100	0.125
	道木	m^3	0.055	0.061	0.091	0.111	0.138
	煤油	kg	20.934	27.431	43.601	52.264	64.969
	机油	kg	3.710	4.287	3.298	4.122	8.244
	黄油钙基脂	kg	1.521	1.521	1.856	1.980	2.475
	氧气	m^3	0.408	0.408	1.530	3.366	6.120
	乙炔气	kg	0.136	0.136	0.510	0.300	2.040
	石棉橡胶板 高压 δ1~6	kg	1.200	1.200	1.500	1.500	1.500
	青壳纸 δ0.1~1.0	kg	0.500	0.500	1.000	1.500	2.500
	研磨膏	盒	3.000	3.000	3.000	4.000	5.000
	铜丝布	m	0.400	0.400	0.500	0.600	1.000
	低碳钢焊条 J422(综合)	kg	1.365	1.680	4.095	8.610	10.500
	其他材料费	%	3.00	3.00	3.00	3.00	3.00
机械	叉式起重机 5t	台班	—	0.500	0.500	—	—
	汽车式起重机 16t	台班	0.500	0.500	—	—	—
	汽车式起重机 50t	台班	—	—	—	0.600	0.700
	平板拖车组 40t	台班	—	—	—	—	0.250
	载重汽车 15t	台班	—	—	0.200	0.250	—
	载重汽车 10t	台班	0.200	0.200	—	—	—
	汽车式起重机 25t	台班	—	—	0.650	—	—
	电动空气压缩机 $6m^3/min$	台班	0.100	0.100	0.100	0.100	0.500
	交流弧焊机 21kV·A	台班	0.400	0.600	1.000	2.500	4.000
仪表	激光轴对中仪	台班	—	0.350	0.400	0.450	0.500

计量单位:台

定额编号				1-7-56	1-7-57	1-7-58	1-7-59
项目				设备重量(t以内)			
				40	60	90	120
名称			单位	消耗量			
人工	合计工日		工日	215.300	282.100	424.560	532.190
	其中	普工	工日	43.060	56.420	84.912	106.438
		一般技工	工日	129.180	169.260	254.736	319.314
		高级技工	工日	43.060	56.420	84.912	106.438
材料	平垫铁(综合)		kg	212.452	271.296	291.392	311.488
	斜垫铁(综合)		kg	192.300	239.112	256.824	274.536
	热轧薄钢板 δ1.6~1.9		kg	5.000	6.000	8.000	10.000
	紫铜板 δ0.25~0.5		kg	1.000	1.200	1.800	2.000
	木板		m^3	0.150	0.163	0.188	0.250
	道木		m^3	0.138	0.151	0.165	0.179
	煤油		kg	72.188	86.625	115.500	145.819
	机油		kg	8.244	9.893	12.366	16.488
	黄油钙基脂		kg	3.712	4.330	4.949	6.186
	氧气		m^3	12.240	18.360	24.480	30.600
	乙炔气		kg	4.080	6.120	8.160	10.200
	石棉橡胶板 高压 δ1~6		kg	2.500	3.000	4.000	5.000
	青壳纸 δ0.1~1.0		kg	3.000	3.500	4.000	5.000
	研磨膏		盒	5.000	6.000	6.000	7.000
	铜丝布		m	1.200	1.200	1.400	2.000
	低碳钢焊条 J422(综合)		kg	12.600	14.700	16.800	21.000
	其他材料费		%	3.00	3.00	3.00	3.00
机械	平板拖车组 60t		台班	—	0.450	0.500	0.800
	平板拖车组 40t		台班	0.300	—	—	—
	汽车式起重机 120t		台班	—	—	2.000	2.500
	汽车式起重机 100t		台班	—	1.000	—	—
	汽车式起重机 50t		台班	0.750	—	—	—
	汽车式起重机 25t		台班	0.300	0.300	1.000	2.000
	电动空气压缩机 $6m^3/min$		台班	0.500	1.000	1.500	2.000
	交流弧焊机 21kV·A		台班	5.000	8.000	10.000	12.000
仪表	激光轴对中仪		台班	0.550	0.650	1.000	1.250

二、风机拆装检查

1. 离心式通(引)风机

计量单位:台

定额编号				1-7-60	1-7-61	1-7-62	1-7-63	1-7-64	1-7-65
项目				设备重量(t以内)					
				0.3	0.5	0.8	1.1	1.5	2.2
名称			单位	消耗量					
人工	合计工日		工日	1.800	2.900	4.500	5.900	8.050	11.600
	其中	普工	工日	0.360	0.580	0.900	1.180	1.610	2.320
		一般技工	工日	1.080	1.740	2.700	3.540	4.830	6.960
		高级技工	工日	0.360	0.580	0.900	1.180	1.610	2.320
材料	紫铜板 δ0.25~0.5		kg	0.020	0.030	0.040	0.050	0.050	0.100
	煤油		kg	1.000	1.000	1.200	1.600	2.000	2.500
	机油		kg	0.200	0.300	0.400	0.500	0.800	1.000
	黄油钙基脂		kg	0.200	0.300	0.400	0.400	0.500	0.700
	铁砂布 0#~2#		张	1.000	1.000	1.000	1.500	1.500	2.000
	研磨膏		盒	0.100	0.200	0.300	0.500	0.500	1.000
	密封胶		支	0.200	0.200	0.300	0.300	0.500	0.500
	其他材料费		%	6.00	6.00	6.00	6.00	6.00	6.00

计量单位:台

定额编号				1-7-66	1-7-67	1-7-68	1-7-69	1-7-70	1-7-71
项目				设备重量(t以内)					
				3	5	7	10	15	20
名称			单位	消耗量					
人工	合计工日		工日	16.100	24.800	34.800	44.200	60.800	80.200
	其中	普工	工日	3.220	4.960	6.960	8.840	12.160	16.040
		一般技工	工日	9.660	14.880	20.880	26.520	36.480	48.120
		高级技工	工日	3.220	4.960	6.960	8.840	12.160	16.040
材料	紫铜板 δ0.25~0.5		kg	0.150	0.250	0.350	0.500	0.750	1.000
	煤油		kg	3.000	5.000	7.000	10.000	15.000	20.000
	机油		kg	1.500	2.000	3.000	4.000	6.000	8.000
	黄油钙基脂		kg	0.800	1.000	1.400	2.000	3.000	4.000
	密封胶		支	0.750	1.000	1.000	1.000	1.500	2.000
	铁砂布 0#~2#		张	2.000	3.000	4.000	5.000	7.000	10.000
	研磨膏		盒	1.000	1.000	1.000	1.500	1.500	2.000
	其他材料费		%	6.00	6.00	6.00	6.00	6.00	6.00
机械	汽车式起重机 25t		台班	—	—	—	—	—	0.500
	汽车式起重机 16t		台班	—	—	—	0.500	0.600	—

2. 轴流通风机

计量单位：台

定额编号			1-7-72	1-7-73	1-7-74	1-7-75	1-7-76	1-7-77
项目			设备重量(t以内)					
			0.2	0.5	1	1.5	2	3
名称		单位	消耗量					
人工	合计工日	工日	1.500	2.900	5.400	8.100	11.300	15.800
	其中 普工	工日	0.300	0.580	1.080	1.620	2.260	3.160
	其中 一般技工	工日	0.900	1.740	3.240	4.860	6.780	9.480
	其中 高级技工	工日	0.300	0.580	1.080	1.620	2.260	3.160
材料	紫铜板 δ0.25～0.5	kg	0.020	0.030	0.040	0.050	0.100	0.200
	煤油	kg	1.000	1.500	2.000	3.000	4.000	5.000
	机油	kg	0.300	0.400	0.400	0.500	0.800	1.200
	黄油钙基脂	kg	0.200	0.300	0.400	0.500	0.600	0.900
	铁砂布 0#～2#	张	1.000	2.000	2.000	3.000	4.000	4.000
	研磨膏	盒	0.100	0.100	0.200	0.200	0.400	0.500
	密封胶	支	0.200	0.200	0.300	0.300	0.500	0.500
	其他材料费	%	6.00	6.00	6.00	6.00	6.00	6.00

计量单位：台

定额编号			1-7-78	1-7-79	1-7-80	1-7-81	1-7-82	1-7-83
项目			设备重量(t以内)					
			4	5	6	8	10	15
名称		单位	消耗量					
人工	合计工日	工日	19.200	23.600	28.000	33.700	43.300	60.500
	其中 普工	工日	3.840	4.720	5.600	6.740	8.660	12.100
	其中 一般技工	工日	11.520	14.160	16.800	20.220	25.980	36.300
	其中 高级技工	工日	3.840	4.720	5.600	6.740	8.660	12.100
材料	紫铜板 δ0.25～0.5	kg	0.300	0.300	0.300	0.400	0.500	0.600
	煤油	kg	6.000	8.000	10.000	10.000	12.000	15.000
	机油	kg	1.600	2.000	2.500	3.000	3.500	4.000
	密封胶	支	0.500	0.500	0.750	0.800	1.000	1.000
	黄油钙基脂	kg	1.200	1.500	1.800	2.000	2.500	3.000
	铁砂布 0#～2#	张	5.000	5.000	6.000	6.000	8.000	10.000
	研磨膏	盒	0.800	1.000	1.000	1.000	1.000	2.000
	其他材料费	%	6.00	6.00	6.00	6.00	6.00	6.00
机械	汽车式起重机 16t	台班	—	—	—	—	0.500	0.600

计量单位:台

定额编号				1-7-84	1-7-85	1-7-86	1-7-87	1-7-88	1-7-89
项目				设备重量(t以内)					
				20	30	40	50	60	70
名称			单位	消耗量					
人工	合计工日		工日	72.000	81.100	105.600	122.500	147.000	171.500
	其中	普工	工日	14.400	16.220	21.120	24.500	29.400	34.300
		一般技工	工日	43.200	48.660	63.360	73.500	88.200	102.900
		高级技工	工日	14.400	16.220	21.120	24.500	29.400	34.300
材料	紫铜板 δ0.25~0.5		kg	1.000	1.200	1.500	1.800	2.000	2.500
	煤油		kg	20.000	35.000	45.000	60.000	70.000	80.000
	机油		kg	8.000	12.000	16.000	20.000	24.000	30.000
	黄油钙基脂		kg	4.000	6.000	8.000	10.000	12.000	15.000
	密封胶		支	1.250	1.500	2.000	2.000	2.000	2.000
	铁砂布 0#~2#		张	15.000	20.000	25.000	30.000	35.000	40.000
	研磨膏		盒	3.000	3.000	4.000	5.000	6.000	7.000
	其他材料费		%	6.00	6.00	6.00	6.00	6.00	6.00
机械	汽车式起重机 25t		台班	0.500	0.600	0.700	0.750	0.850	0.900

3. 回转式鼓风机

计量单位:台

定额编号				1-7-90	1-7-91	1-7-92	1-7-93
项目				设备重量(t以内)			
				0.5	1	2	3
名称			单位	消耗量			
人工	合计工日		工日	3.000	5.600	10.200	15.400
	其中	普工	工日	0.600	1.120	2.040	3.080
		一般技工	工日	1.800	3.360	6.120	9.240
		高级技工	工日	0.600	1.120	2.040	3.080
材料	紫铜板 δ0.25~0.5		kg	0.020	0.050	0.100	0.150
	煤油		kg	1.500	2.000	4.000	5.000
	机油		kg	0.300	0.500	0.800	1.200
	黄油钙基脂		kg	0.200	0.300	0.500	0.600
	铁砂布 0#~2#		张	2.000	3.000	4.000	5.000
	研磨膏		盒	0.100	0.200	0.500	0.600
	密封胶		支	0.200	0.300	0.500	0.500
	其他材料费		%	6.00	6.00	6.00	6.00

计量单位:台

定 额 编 号				1-7-94	1-7-95	1-7-96	1-7-97
项　目				设备重量(t 以内)			
				5	8	12	15
名　称			单位	消　耗　量			
人工	合计工日		工日	25.000	38.000	43.500	58.600
	其中	普工	工日	5.000	7.600	8.700	11.720
		一般技工	工日	15.000	22.800	26.100	35.160
		高级技工	工日	5.000	7.600	8.700	11.720
材料	紫铜板 δ0.25~0.5		kg	0.250	0.400	0.600	0.750
	煤油		kg	6.000	10.000	15.000	20.000
	机油		kg	2.000	3.000	4.000	5.000
	黄油钙基脂		kg	1.000	1.500	2.000	3.000
	铁砂布 0#~2#		张	5.000	6.000	8.000	10.000
	研磨膏		盒	1.000	1.000	2.000	2.000
	密封胶		支	0.500	0.800	1.000	1.000
	其他材料费		%	6.00	6.00	6.00	6.00
机械	汽车式起重机 16t		台班	—	—	0.500	0.600

4. 离心式鼓风机

(1)离心式鼓风机(带变速器)

计量单位:台

定 额 编 号				1-7-98	1-7-99	1-7-100	1-7-101	1-7-102
项　目				设备重量(t 以内)				
				0.5	1	3	5	7
名　称			单位	消　耗　量				
人工	合计工日		工日	10.580	17.630	29.390	44.800	61.900
	其中	普工	工日	2.116	3.526	5.878	8.960	12.380
		一般技工	工日	6.348	10.578	17.634	26.880	37.140
		高级技工	工日	2.116	3.526	5.878	8.960	12.380
材料	紫铜板 δ0.25~0.5		kg	0.250	0.250	0.250	0.250	0.350
	煤油		kg	3.000	3.000	3.000	5.000	7.000
	机油		kg	1.500	1.500	2.000	2.000	3.000
	黄油钙基脂		kg	1.000	1.000	1.000	1.200	1.500
	铁砂布 0#~2#		张	—	—	—	5.000	8.000
	密封胶		支	0.300	0.500	0.500	0.750	0.750
	研磨膏		盒	0.500	0.500	1.000	1.000	1.500
	其他材料费		%	6.00	6.00	6.00	6.00	6.00

计量单位:台

定额编号			1-7-103	1-7-104	1-7-105	1-7-106
项目			设备重量(t以内)			
			10	15	20	25
名称		单位	消耗量			
人工	合计工日	工日	73.900	89.600	118.580	136.400
	其中 普工	工日	14.780	17.920	23.716	27.280
	其中 一般技工	工日	44.340	53.760	71.148	81.840
	其中 高级技工	工日	14.780	17.920	23.716	27.280
材料	紫铜板 δ0.25~0.5	kg	0.500	0.750	1.000	1.250
	煤油	kg	10.000	15.000	24.000	30.000
	机油	kg	4.000	6.000	10.000	13.000
	黄油钙基脂	kg	2.000	3.000	4.000	5.000
	铁砂布 0#~2#	张	10.000	20.000	25.000	30.000
	密封胶	支	1.000	1.000	1.500	1.500
	研磨膏	盒	2.000	3.000	4.000	4.000
	其他材料费	%	6.00	6.00	6.00	6.00
机械	汽车式起重机 25t	台班	—	—	0.550	0.650
	汽车式起重机 16t	台班	0.550	0.650	—	—
仪表	激光轴对中仪	台班	0.350	0.450	0.500	0.550

(2)离心式鼓风机(不带变速器)

计量单位:台

定额编号			1-7-107	1-7-108	1-7-109	1-7-110	1-7-111	1-7-112
项目			设备重量(t以内)					
			0.5	1.0	2.0	3.0	4.0	5.0
名称		单位	消耗量					
人工	合计工日	工日	4.800	9.200	15.800	22.100	29.200	34.600
	其中 普工	工日	0.960	1.840	3.160	4.420	5.840	6.920
	其中 一般技工	工日	2.880	5.520	9.480	13.260	17.520	20.760
	其中 高级技工	工日	0.960	1.840	3.160	4.420	5.840	6.920
材料	紫铜板 δ0.25~0.5	kg	0.030	0.050	0.100	0.150	0.250	0.250
	煤油	kg	1.000	1.600	2.500	4.000	5.000	6.000
	机油	kg	0.300	0.400	1.000	1.200	2.000	2.000
	黄油钙基脂	kg	0.200	0.300	0.600	0.900	1.200	1.500
	铁砂布 0#~2#	张	2.000	3.000	3.000	4.000	5.000	6.000
	研磨膏	盒	0.200	0.300	0.500	0.800	1.000	1.000
	密封胶	支	0.200	0.300	0.300	0.500	0.500	0.500
	其他材料费	%	6.00	6.00	6.00	6.00	6.00	6.00

计量单位:台

定额编号			1-7-113	1-7-114	1-7-115	1-7-116	1-7-117
项目			设备重量(t以内)				
			7.0	10	15	20	30
名称		单位	消耗量				
人工	合计工日	工日	56.100	63.500	86.000	107.000	134.500
	其中 普工	工日	11.220	12.700	17.200	21.400	26.900
	其中 一般技工	工日	33.660	38.100	51.600	64.200	80.700
	其中 高级技工	工日	11.220	12.700	17.200	21.400	26.900
材料	紫铜板 δ0.25~0.5	kg	0.350	0.500	0.750	0.800	1.200
	煤油	kg	8.000	12.000	16.000	25.000	35.000
	密封胶	支	0.500	1.000	1.000	2.000	2.000
	机油	kg	2.800	4.000	5.000	8.000	12.000
	黄油钙基脂	kg	1.800	2.500	3.000	4.000	5.000
	铁砂布 0#~2#	张	6.000	8.000	10.000	12.000	15.000
	研磨膏	盒	1.500	2.000	2.000	3.000	3.000
	其他材料费	%	6.00	6.00	6.00	6.00	6.00
机械	汽车式起重机 25t	台班	—	—	—	0.500	0.600
	汽车式起重机 16t	台班	—	0.500	0.600	—	—
仪表	激光轴对中仪	台班	—	0.350	0.400	0.450	0.450

计量单位:台

定额编号			1-7-118	1-7-119	1-7-120	1-7-121
项目			设备重量(t以内)			
			40	60	90	120
名称		单位	消耗量			
人工	合计工日	工日	151.100	192.850	254.410	338.220
	其中 普工	工日	30.220	38.570	50.882	67.644
	其中 一般技工	工日	90.660	115.710	152.646	202.932
	其中 高级技工	工日	30.220	38.570	50.882	67.644
材料	紫铜板 δ0.25~0.5	kg	1.800	2.000	2.500	3.000
	煤油	kg	50.000	80.000	100.000	150.000
	机油	kg	16.000	25.000	30.000	40.000
	黄油钙基脂	kg	6.000	6.000	9.000	12.000
	密封胶	支	2.000	2.500	2.500	3.000
	铁砂布 0#~2#	张	20.000	30.000	40.000	50.000
	研磨膏	盒	4.000	5.000	6.000	7.000
	其他材料费	%	6.00	6.00	6.00	6.00
机械	汽车式起重机 25t	台班	0.700	0.800	0.900	—
	汽车式起重机 50t	台班	—	—	—	0.500
仪表	激光轴对中仪	台班	0.500	0.600	0.800	1.000

第八章　泵　安　装
(030109)

说　　明

一、本章内容包括离心式泵，旋涡泵，往复泵，转子泵，真空泵，屏蔽泵的安装与拆装检查。

1. 离心式泵的安装与拆装检查。

(1)单级离心水泵、离心式耐腐蚀泵、多级离心泵、锅炉给水泵、冷凝水泵、热循环泵；

(2)离心油泵；

(3)离心式杂质泵；

(4)离心式深水泵、深井泵；

(5)DB 型高硅铁离心泵；

(6)蒸汽离心泵。

2. 旋涡泵的安装与拆装检查。

3. 往复泵的安装与拆装检查。

(1)电动往复泵：一般电动往复泵、高压柱塞泵(3～4 柱塞)、电动往复泵、高压柱塞泵(6～24 柱塞)；

(2)蒸汽往复泵：一般蒸汽往复泵、蒸汽往复油泵；

(3)计量泵。

4. 转子泵的安装与拆装检查。

(1)螺杆泵；

(2)齿轮油泵。

5. 真空泵的安装与拆装检查。

6. 屏蔽泵(轴流泵与螺旋泵)的安装与拆装检查。

二、本章包括以下工作内容：

1. 泵的安装包括：设备开箱检验、基础处理、垫铁设置、泵设备本体及附件(底座、电动机、联轴器、皮带等)吊装就位、找平找正、垫铁点焊、单机试车、配合检查验收。

2. 泵拆装检查包括：设备本体及部件以及第一个阀门以内的管道等拆卸、清洗、检查、刮研、换油、调间隙、找正、找平、找中心、记录、组装复原、配合检查验收。

3. 设备本体与本体联体的附件、管道、滤网、润滑冷却装置的清洗、组装。

4. 离心式深水泵的泵体吸水管、滤水网安装及扬水管与平面的垂直度测量。

5. 联轴器、减震器、减震台、皮带安装。

三、本章不包括以下工作内容：

1. 底座、联轴器、键的制作；

2. 泵排水管道组对安装；

3. 电动机的检查、干燥、配线、调试等；

4. 试运转时所需排水的附加工程(如修筑水沟、接排水管等)。

四、高速泵安装按离心式油泵安装子目人工、机械乘以系数 1.20；拆装检查时按离心式油泵拆检子目乘以系数 2.0。

五、深水泵橡胶轴与连接吸水管的螺栓按设备带有考虑。

工程量计算规则

一、直联式泵按泵本体、电动机以及底座的总重量。

二、非直联式泵按泵本体及底座的总重量计算。不包括电动机重量，但包括电动机的安装。

三、离心式深水泵按本体、电动机、底座及吸水管的总重量计算。

一、泵类设备安装

1.离 心 泵

(1)单级离心水泵及离心式耐腐蚀泵

计量单位:台

定额编号			1-8-1	1-8-2	1-8-3	1-8-4	1-8-5	1-8-6
项目			设备重量(t以内)					
			0.2	0.5	1.0	3.0	5.0	8.0
名称		单位	消耗量					
人工	合计工日	工日	4.389	6.105	9.924	19.200	22.739	32.370
人工	其中 普工	工日	0.878	1.221	1.985	3.840	6.148	6.474
人工	其中 一般技工	工日	2.633	3.663	5.954	11.520	12.443	19.422
人工	其中 高级技工	工日	0.878	1.221	1.985	3.840	4.148	6.474
材料	平垫铁(综合)	kg	4.500	4.500	5.625	8.460	14.160	19.320
材料	斜垫铁(综合)	kg	4.464	4.464	5.580	7.500	12.600	17.150
材料	热轧薄钢板 δ1.6~1.9	kg	0.200	0.300	0.400	0.450	0.500	0.600
材料	木板	m^3	0.003	0.006	0.009	0.019	0.025	0.040
材料	煤油	kg	0.560	0.788	0.945	1.890	2.625	3.570
材料	机油	kg	0.410	0.606	0.859	1.364	1.515	1.818
材料	黄油钙基脂	kg	0.150	0.202	0.556	0.909	0.909	1.303
材料	氧气	m^3	0.133	0.204	0.204	0.408	0.510	0.673
材料	乙炔气	kg	0.045	0.068	0.068	0.136	0.170	0.224
材料	砂纸	张	2.000	2.000	4.000	5.000	6.000	7.000
材料	紫铜板(综合)	kg	0.050	0.060	0.150	0.200	0.250	0.400
材料	金属滤网	m^2	0.063	0.065	0.068	0.070	0.090	0.100
材料	石棉板衬垫	kg	0.125	0.130	0.135	0.140	0.180	0.200
材料	低碳钢焊条 J422(综合)	kg	0.100	0.126	0.189	0.357	0.441	0.620
材料	其他材料费	%	3.00	3.00	3.00	3.00	3.00	3.00
机械	载重汽车 10t	台班	—	—	—	—	0.300	0.500
机械	叉式起重机 5t	台班	0.100	0.100	0.200	0.400	—	—
机械	汽车式起重机 16t	台班	—	—	—	—	0.500	0.500
机械	交流弧焊机 21kV·A	台班	0.100	0.100	0.100	0.300	0.400	0.500

计量单位:台

定额编号				1-8-7	1-8-8	1-8-9	1-8-10
项目				设备重量(t以内)			
				12	17	23	30
名称			单位	消耗量			
人工	合计工日		工日	41.715	48.894	63.639	73.995
	其中	普工	工日	8.343	9.779	12.728	14.799
		一般技工	工日	25.029	29.336	38.183	44.397
		高级技工	工日	8.343	9.779	12.728	14.799
材料	平垫铁(综合)		kg	24.840	49.720	54.240	63.280
	斜垫铁(综合)		kg	22.050	44.440	48.480	56.560
	热轧薄钢板 δ1.6～1.9		kg	0.700	0.760	0.800	0.900
	木板		m^3	0.056	0.076	0.088	0.100
	道木		m^3	0.010	0.010	0.012	0.017
	煤油		kg	4.095	4.830	5.040	5.460
	机油		kg	2.172	2.525	2.727	2.929
	黄油钙基脂		kg	1.535	1.697	1.737	1.778
	氧气		m^3	0.673	0.673	1.020	1.530
	乙炔气		kg	0.224	0.224	0.340	0.510
	石棉板衬垫		kg	0.240	0.300	0.360	0.400
	紫铜板(综合)		kg	0.600	0.950	1.100	1.500
	金属滤网		m^2	0.120	0.150	0.180	0.200
	砂纸		张	8.000	9.000	10.000	10.000
	低碳钢焊条 J422(综合)		kg	0.620	0.620	0.683	0.683
	其他材料费		%	3.00	3.00	3.00	3.00
机械	平板拖车组 20t		台班	0.500	0.500	—	—
	平板拖车组 40t		台班	—	—	0.700	1.000
	汽车式起重机 25t		台班	0.500	1.000	—	—
	汽车式起重机 75t		台班	—	—	—	1.000
	汽车式起重机 50t		台班	—	—	1.000	—
	交流弧焊机 21kV·A		台班	0.500	0.500	0.500	0.500
仪表	激光轴对中仪		台班	—	—	1.000	1.000

(2)多级离心泵

计量单位:台

定额编号			1-8-11	1-8-12	1-8-13	1-8-14	1-8-15
项目			设备重量(t以内)				
			0.3	0.5	1.0	3.0	5.0
名称		单位	消耗量				
人工	合计工日	工日	7.314	10.211	12.436	20.286	31.481
	其中 普工	工日	1.463	2.042	2.487	4.057	6.296
	其中 一般技工	工日	4.388	6.127	7.462	12.172	18.889
	其中 高级技工	工日	1.463	2.042	2.487	4.057	6.296
材料	平垫铁(综合)	kg	4.500	4.500	5.625	8.460	19.320
	斜垫铁(综合)	kg	4.464	4.464	5.580	7.500	17.150
	热轧薄钢板 $\delta1.6\sim1.9$	kg	0.120	0.160	0.200	0.260	0.400
	木板	m^3	0.004	0.006	0.009	0.016	0.030
	煤油	kg	1.300	1.418	1.733	3.150	4.410
	机油	kg	0.600	0.859	0.980	1.485	1.970
	黄油钙基脂	kg	0.200	0.232	0.404	0.717	1.101
	氧气	m^3	0.204	0.275	0.347	0.765	0.765
	乙炔气	kg	0.068	0.092	0.115	0.255	0.255
	金属滤网	m^2	0.063	0.065	0.068	0.070	0.090
	砂纸	张	2.000	2.000	4.000	5.000	6.000
	紫铜板(综合)	kg	0.050	0.060	0.120	0.200	0.250
	石棉板衬垫	kg	0.125	0.125	0.130	0.135	0.180
	低碳钢焊条 J422(综合)	kg	0.300	0.326	0.410	0.714	0.735
	道木	m^3	—	—	—	—	0.004
	其他材料费	%	3.00	3.00	3.00	3.00	3.00
机械	叉式起重机 5t	台班	0.100	0.100	0.200	0.400	—
	交流弧焊机 21kV·A	台班	0.200	0.200	0.200	0.300	0.400
	载重汽车 10t	台班	—	—	—	—	0.500
	汽车式起重机 25t	台班	—	—	—	—	0.500

计量单位:台

定额编号				1-8-16	1-8-17	1-8-18	1-8-19	1-8-20
项目				设备重量(t以内)				
				8.0	10	15	20	25
名称			单位	消耗量				
人工	合计工日		工日	39.536	61.436	75.520	96.616	111.935
	其中	普工	工日	7.907	12.287	15.104	19.323	22.387
		一般技工	工日	23.722	36.862	45.312	57.970	67.161
		高级技工	工日	7.907	12.287	15.104	19.323	22.387
材料	平垫铁(综合)		kg	24.840	45.200	49.720	54.240	67.800
	斜垫铁(综合)		kg	22.050	40.400	44.440	48.480	60.600
	热轧薄钢板 δ1.6~1.9		kg	0.450	0.800	1.200	1.600	2.000
	木板		m^3	0.035	0.038	0.044	0.050	0.063
	煤油		kg	5.880	10.500	15.750	21.000	26.250
	机油		kg	2.828	3.030	3.535	4.040	6.060
	黄油钙基脂		kg	1.869	2.020	2.222	2.525	2.828
	氧气		m^3	1.530	3.060	6.120	6.450	6.840
	乙炔气		kg	0.510	1.020	2.040	2.150	2.280
	金属滤网		m^2	0.100	0.120	0.150	0.200	0.220
	砂纸		张	7.000	8.000	9.000	10.000	10.000
	紫铜板(综合)		kg	0.400	0.600	0.950	1.100	2.000
	石棉板衬垫		kg	0.200	0.240	0.300	0.360	0.040
	低碳钢焊条 J422(综合)		kg	1.050	1.680	2.100	2.625	3.360
	道木		m^3	0.008	0.010	0.014	0.017	0.028
	其他材料费		%	3.00	3.00	3.00	3.00	3.00
机械	交流弧焊机 21kV·A		台班	0.500	1.000	1.500	1.500	2.000
	平板拖车组 40t		台班	—	—	—	0.500	0.700
	平板拖车组 20t		台班	—	—	0.500	—	—
	载重汽车 15t		台班	—	0.500	—	—	—
	载重汽车 10t		台班	0.500	—	—	—	—
	汽车式起重机 25t		台班	0.500	0.500	0.500	—	—
	汽车式起重机 75t		台班	—	—	—	—	1.000
	汽车式起重机 50t		台班	—	—	—	1.000	—
仪表	激光轴对中仪		台班	—	—	—	1.000	1.000

(3)锅炉给水泵、冷凝水泵、热循环水泵

计量单位:台

定额编号				1-8-21	1-8-22	1-8-23	1-8-24
项目				设备重量(t以内)			
				0.5	1.0	3.5	5.0
名称			单位	消耗量			
人工	合计工日		工日	9.204	11.355	20.259	24.429
	其中	普工	工日	1.841	2.271	4.052	4.886
		一般技工	工日	5.522	6.813	12.155	14.657
		高级技工	工日	1.841	2.271	4.052	4.886
材料	平垫铁(综合)		kg	5.625	5.625	7.050	16.560
	斜垫铁(综合)		kg	5.580	5.580	6.250	14.700
	热轧薄钢板 δ1.6～1.9		kg	0.080	0.120	0.180	0.190
	木板		m^3	0.006	0.009	0.019	0.025
	煤油		kg	1.103	1.197	1.785	2.100
	机油		kg	0.970	1.212	1.818	2.071
	黄油钙基脂		kg	0.131	0.222	0.303	0.404
	氧气		m^3	0.275	0.347	0.561	0.765
	乙炔气		kg	0.092	0.115	0.187	0.255
	石棉板衬垫		kg	0.125	0.130	0.135	0.140
	金属滤网		m^2	0.063	0.065	0.068	0.070
	紫铜板(综合)		kg	0.050	0.060	0.150	0.200
	砂纸		张	2.000	2.000	4.000	5.000
	低碳钢焊条 J422(综合)		kg	0.326	0.420	0.641	0.735
	其他材料费		%	3.00	3.00	3.00	3.00
机械	叉式起重机 5t		台班	0.100	0.200	0.400	—
	交流弧焊机 21kV·A		台班	0.100	0.100	0.400	0.500
	汽车式起重机 16t		台班	—	—	—	0.500
	载重汽车 10t		台班	—	—	—	0.300

计量单位:台

定额编号				1-8-25	1-8-26	1-8-27	1-8-28	1-8-29
项目				设备重量(t以内)				
				7.0	10	15	20	25
名称			单位	消耗量				
人工	合计工日		工日	27.780	42.429	53.565	88.974	100.710
	其中	普工	工日	5.556	8.486	10.713	17.795	20.142
		一般技工	工日	16.668	25.457	32.139	53.384	60.426
		高级技工	工日	5.556	8.486	10.713	17.795	20.142
材料	平垫铁(综合)		kg	16.560	36.160	49.720	54.240	67.800
	斜垫铁(综合)		kg	14.700	32.320	44.440	48.480	60.600
	热轧薄钢板 δ1.6~1.9		kg	0.250	0.300	0.400	0.450	0.530
	木板		m^3	0.025	0.038	0.038	0.040	0.050
	煤油		kg	3.150	3.675	5.250	5.430	6.230
	机油		kg	2.424	3.030	3.535	3.920	4.380
	黄油钙基脂		kg	0.505	0.808	1.010	1.100	1.370
	氧气		m^3	0.765	3.060	6.120	6.450	6.840
	乙炔气		kg	0.255	1.020	2.040	3.140	4.130
	石棉板衬垫		kg	0.180	0.200	0.240	0.300	0.360
	金属滤网		m^2	0.090	0.100	0.120	0.150	0.200
	紫铜板(综合)		kg	0.250	0.400	0.600	0.950	1.100
	砂纸		张	6.000	7.000	8.000	9.000	10.000
	低碳钢焊条 J422(综合)		kg	0.735	0.840	1.050	1.270	1.480
	道木		m^3	—	0.020	0.025	0.030	0.030
	其他材料费		%	3.00	3.00	3.00	3.00	3.00
机械	交流弧焊机 21kV·A		台班	0.500	0.500	1.000	1.000	1.000
	汽车式起重机 75t		台班	—	—	—	—	1.000
	汽车式起重机 50t		台班	—	—	—	1.000	—
	汽车式起重机 16t		台班	0.500	—	—	—	—
	平板拖车组 20t		台班	—	—	0.500	—	—
	载重汽车 15t		台班	—	0.500	—	—	—
	载重汽车 10t		台班	0.300	—	—	—	—
	汽车式起重机 25t		台班	—	0.500	0.500	—	—
	平板拖车组 40t		台班	—	—	—	0.500	0.700

(4)离心式油泵

计量单位:台

定额编号			1-8-30	1-8-31	1-8-32	1-8-33	1-8-34
项　目			设备重量(t 以内)				
			0.5	1.0	3.0	5.0	7.0
名　称		单位	消　耗　量				
人工	合计工日	工日	7.149	10.320	24.510	31.824	38.829
人工	其中 普工	工日	1.430	2.064	4.902	6.365	7.766
人工	其中 一般技工	工日	4.289	6.192	14.706	19.094	23.297
人工	其中 高级技工	工日	1.430	2.064	4.902	6.365	7.766
材料	平垫铁(综合)	kg	5.625	5.625	7.050	16.560	16.560
材料	斜垫铁(综合)	kg	5.580	5.580	6.250	14.700	14.700
材料	热轧薄钢板 δ1.6~1.9	kg	0.180	0.200	0.230	0.260	0.320
材料	紫铜电焊条 T107 φ3.2	kg	0.100	0.160	0.200	0.220	0.260
材料	铜焊粉 气剂 301 瓶装	kg	0.050	0.080	0.100	0.110	0.130
材料	木板	m^3	0.006	0.008	0.011	0.014	0.019
材料	煤油	kg	1.680	2.562	2.940	3.675	4.410
材料	机油	kg	0.879	1.212	1.515	1.919	2.424
材料	黄油钙基脂	kg	0.465	0.707	1.656	2.091	2.666
材料	氧气	m^3	0.224	0.388	0.520	0.612	0.877
材料	乙炔气	kg	0.074	0.130	0.173	0.204	0.293
材料	聚酯乙烯泡沫塑料	kg	0.022	0.055	0.110	0.165	0.220
材料	青壳纸 δ0.1~1.0	kg	0.840	0.980	1.100	1.500	1.800
材料	砂纸	张	2.000	2.000	4.000	5.000	6.000
材料	金属滤网	m^2	0.063	0.065	0.068	0.070	0.090
材料	紫铜板(综合)	kg	0.050	0.060	0.150	0.200	0.250
材料	石棉板衬垫	kg	0.125	0.130	0.135	0.140	0.180
材料	低碳钢焊条 J422(综合)	kg	0.179	0.210	0.420	0.672	0.882
材料	其他材料费	%	3.00	3.00	3.00	3.00	3.00
机械	载重汽车 10t	台班	—	—	—	0.300	0.300
机械	叉式起重机 5t	台班	0.100	0.200	0.400	—	—
机械	汽车式起重机 16t	台班	—	—	—	0.500	0.500
机械	交流弧焊机 21kV·A	台班	0.100	0.100	0.400	0.500	0.500

计量单位:台

定额编号			1-8-35	1-8-36	1-8-37	1-8-38
项目			设备重量(t以内)			
			10	15	20	25
名称		单位	消耗量			
人工	合计工日	工日	50.475	60.075	69.450	81.549
人工	其中 普工	工日	10.095	12.015	13.890	16.310
人工	其中 一般技工	工日	30.285	36.045	41.670	48.929
人工	其中 高级技工	工日	10.095	12.015	13.890	16.310
材料	平垫铁(综合)	kg	36.160	49.720	54.240	67.800
材料	斜垫铁(综合)	kg	32.320	44.440	48.480	60.600
材料	热轧薄钢板 δ1.6~1.9	kg	0.400	0.440	0.480	0.540
材料	紫铜电焊条 T107 ϕ3.2	kg	0.300	0.340	0.380	0.420
材料	铜焊粉 气剂 301 瓶装	kg	0.150	0.170	0.220	0.280
材料	木板	m^3	0.250	0.310	0.380	0.440
材料	煤油	kg	4.620	4.800	5.600	0.680
材料	机油	kg	3.150	3.850	4.120	4.860
材料	黄油钙基脂	kg	3.160	3.890	4.150	4.620
材料	氧气	m^3	0.972	1.020	1.440	1.800
材料	乙炔气	kg	0.345	0.422	0.560	0.670
材料	聚酯乙烯泡沫塑料	kg	0.305	0.379	0.402	0.530
材料	青壳纸 δ0.1~1.0	kg	2.000	2.200	2.400	2.600
材料	砂纸	张	7.000	8.000	9.000	10.000
材料	金属滤网	m^2	0.100	0.120	0.150	0.200
材料	紫铜板(综合)	kg	0.400	0.600	0.950	1.100
材料	石棉板衬垫	kg	0.200	0.240	0.300	0.360
材料	低碳钢焊条 J422(综合)	kg	0.954	1.120	1.560	1.980
材料	其他材料费	%	3.00	3.00	3.00	3.00
机械	载重汽车 15t	台班	0.500	—	—	—
机械	平板拖车组 20t	台班	—	0.500	—	—
机械	平板拖车组 40t	台班	—	—	0.500	0.700
机械	汽车式起重机 25t	台班	0.500	0.500	—	—
机械	汽车式起重机 75t	台班	—	—	—	1.000
机械	汽车式起重机 50t	台班	—	—	1.000	—
机械	交流弧焊机 21kV·A	台班	0.500	0.800	0.800	1.000

(5)离心式杂质泵

计量单位:台

定额编号			1-8-39	1-8-40	1-8-41	1-8-42	1-8-43	1-8-44	1-8-45
项　目			设备重量(t 以内)						
			0.5	1.0	3.0	5.0	10	15	20
名　称		单位	消　耗　量						
人工	合计工日	工日	6.534	8.829	14.355	25.719	35.880	62.325	86.799
人工	其中 普工	工日	1.307	1.766	2.871	5.144	7.176	12.465	17.360
人工	其中 一般技工	工日	3.920	5.297	8.613	15.431	21.528	37.395	52.079
人工	其中 高级技工	工日	1.307	1.766	2.871	5.144	7.176	12.465	17.360
材料	平垫铁(综合)	kg	5.625	5.625	7.050	19.320	36.160	49.720	52.240
材料	斜垫铁(综合)	kg	5.580	5.580	6.250	17.150	32.320	44.440	48.480
材料	热轧薄钢板 δ1.6～1.9	kg	0.170	0.190	0.380	0.480	0.660	1.600	2.400
材料	木板	m^3	0.005	0.008	0.015	0.026	0.056	0.088	0.125
材料	煤油	kg	0.840	1.575	2.258	2.993	3.675	10.500	16.800
材料	机油	kg	1.061	1.465	2.020	2.424	2.828	3.636	5.050
材料	黄油钙基脂	kg	0.303	0.505	0.808	1.010	1.515	1.818	2.020
材料	氧气	m^3	0.184	0.214	0.459	0.765	0.867	3.060	6.120
材料	乙炔气	kg	0.061	0.071	0.153	0.255	0.289	1.020	2.040
材料	砂纸	张	2.000	2.000	4.000	5.000	8.000	9.000	10.000
材料	金属滤网	m^2	0.063	0.065	0.068	0.070	0.120	0.150	0.200
材料	紫铜板(综合)	kg	0.050	0.060	0.150	0.200	0.600	0.950	1.100
材料	石棉板衬垫	kg	0.125	0.130	0.135	0.140	0.240	0.300	0.360
材料	低碳钢焊条 J422(综合)	kg	0.189	0.242	0.242	0.714	0.798	1.680	2.520
材料	其他材料费	%	3.00	3.00	3.00	3.00	3.00	3.00	3.00
机械	载重汽车 10t	台班	—	—	—	0.300	—	—	—
机械	载重汽车 15t	台班	—	—	—	—	0.500	—	—
机械	平板拖车组 20t	台班	—	—	—	—	—	0.500	—
机械	平板拖车组 40t	台班	—	—	—	—	—	—	0.500
机械	叉式起重机 5t	台班	0.100	0.200	0.400	—	—	—	—
机械	汽车式起重机 16t	台班	—	—	—	0.500	—	—	—
机械	汽车式起重机 25t	台班	—	—	—	—	0.500	0.500	—
机械	汽车式起重机 50t	台班	—	—	—	—	—	—	1.000
机械	交流弧焊机 21kV·A	台班	0.100	0.100	0.200	0.500	0.500	1.000	1.000
仪表	激光轴对中仪	台班	—	—	—	—	—	—	1.000

(6)离心式深水泵

计量单位:台

定额编号				1-8-46	1-8-47	1-8-48	1-8-49	1-8-50
项目				设备重量(t以内)				
				1.0	2.0	4.0	6.0	8.0
名称			单位	消耗量				
人工	合计工日		工日	23.205	26.859	36.150	45.474	56.580
	其中	普工	工日	4.641	5.372	7.230	9.095	11.316
		一般技工	工日	13.923	16.115	21.690	27.284	33.948
		高级技工	工日	4.641	5.372	7.230	9.095	11.316
材料	平垫铁(综合)		kg	5.625	8.460	16.560	19.320	22.080
	斜垫铁(综合)		kg	5.580	7.500	14.700	17.150	19.600
	热轧薄钢板 $\delta 1.6 \sim 1.9$		kg	0.160	0.190	0.260	0.330	2.000
	木板		m^3	0.004	0.006	0.008	0.009	0.013
	煤油		kg	3.413	3.780	4.200	4.883	6.300
	机油		kg	1.111	1.212	1.566	2.071	3.535
	黄油钙基脂		kg	0.717	0.818	1.111	1.515	1.818
	氧气		m^3	0.275	0.275	0.479	0.898	1.530
	乙炔气		kg	0.092	0.092	0.160	0.299	0.510
	砂纸		张	2.000	4.000	5.000	8.000	9.000
	金属滤网		m^2	0.065	0.068	0.070	0.120	0.150
	紫铜板(综合)		kg	0.060	0.150	0.200	0.600	0.950
	石棉板衬垫		kg	0.130	0.135	0.140	0.240	0.300
	低碳钢焊条 J422(综合)		kg	0.326	0.326	0.326	0.357	1.050
	其他材料费		%	3.00	3.00	3.00	3.00	3.00
机械	载重汽车 10t		台班	—	—	0.300	0.300	0.300
	叉式起重机 5t		台班	0.500	0.500	—	—	—
	汽车式起重机 16t		台班	—	—	0.500	0.500	0.500
	交流弧焊机 21kV·A		台班	0.200	0.200	0.400	0.500	1.000

(7)DB 型高硅铁离心泵

计量单位:台

定额编号				1-8-51	1-8-52	1-8-53	1-8-54	1-8-55	1-8-56
项目				设备型号					
				DB25G－41	DB50G－40	DB65－40	DBG80－60	DBG100－35	DB150－35
名称			单位	消耗量					
人工	合计工日		工日	5.610	8.295	10.704	12.645	15.960	20.760
	其中	普工	工日	1.122	1.659	2.141	2.529	3.192	4.152
		一般技工	工日	3.366	4.977	6.422	7.587	9.576	12.456
		高级技工	工日	1.122	1.659	2.141	2.529	3.192	4.152
材料	平垫铁(综合)		kg	5.625	5.625	5.625	5.625	16.560	16.560
	斜垫铁(综合)		kg	5.580	5.580	5.580	5.580	14.700	14.700
	木板		m^3	0.006	0.006	0.006	0.008	0.008	0.008
	煤油		kg	1.050	1.050	1.050	1.575	2.100	3.150
	机油		kg	0.303	0.303	0.303	0.505	1.010	1.010
	黄油钙基脂		kg	0.202	0.202	0.202	0.303	0.505	0.505
	氧气		m^3	2.550	2.550	2.550	3.060	3.060	3.060
	乙炔气		kg	0.850	0.850	0.850	1.000	1.020	1.020
	砂纸		张	2.000	2.000	4.000	5.000	8.000	9.000
	金属滤网		m^2	0.063	0.065	0.068	0.070	0.120	0.150
	紫铜板(综合)		kg	0.050	0.060	0.150	0.200	0.600	0.950
	石棉板衬垫		kg	0.125	0.130	0.135	0.140	0.240	0.300
	低碳钢焊条 J422(综合)		kg	0.525	0.525	1.050	1.050	1.050	1.050
	其他材料费		%	3.00	3.00	3.00	3.00	3.00	3.00
机械	叉式起重机 5t		台班	0.500	0.500	0.500	0.500	—	—
	汽车式起重机 16t		台班	—	—	—	—	0.500	0.500
	载重汽车 10t		台班	—	—	—	—	0.300	0.300
	交流弧焊机 21kV·A		台班	0.500	0.500	0.500	0.500	0.500	0.500

(8)蒸汽离心泵

计量单位:台

定额编号				1-8-57	1-8-58	1-8-59	1-8-60	1-8-61	1-8-62
项目				设备重量(t以内)					
				0.5	1.0	3.0	5.0	7.0	10
名称			单位	消耗量					
人工	合计工日		工日	8.325	10.704	23.754	35.364	46.809	68.175
	其中	普工	工日	1.665	2.141	4.751	7.073	9.362	13.635
		一般技工	工日	4.995	6.422	14.252	21.218	28.085	40.905
		高级技工	工日	1.665	2.141	4.751	7.073	9.362	13.635
材料	平垫铁(综合)		kg	4.500	4.500	7.050	16.560	16.560	36.160
	斜垫铁(综合)		kg	4.464	4.464	6.250	14.700	14.700	32.320
	热轧薄钢板 δ1.6~1.9		kg	0.350	0.450	0.600	0.750	0.850	1.150
	木板		m^3	0.009	0.018	0.028	0.036	0.044	0.069
	道木		m^3	—	—	—	0.014	0.021	0.023
	煤油		kg	0.315	0.630	1.575	2.100	2.625	3.360
	机油		kg	0.202	0.404	1.212	1.515	2.020	2.525
	黄油钙基脂		kg	—	0.202	0.455	0.758	1.061	1.515
	氧气		m^3	0.245	0.612	0.918	1.224	1.836	2.448
	乙炔气		kg	0.082	0.204	0.306	0.408	0.612	0.816
	青壳纸 δ0.1~1.0		kg	0.100	0.100	0.300	0.500	0.700	1.000
	砂纸		张	2.000	2.000	4.000	5.000	8.000	9.000
	金属滤网		m^2	0.063	0.065	0.068	0.070	0.120	0.150
	紫铜板(综合)		kg	0.050	0.060	0.150	0.200	0.600	0.950
	石棉板衬垫		kg	0.125	0.130	0.135	0.140	0.240	0.300
	低碳钢焊条 J422(综合)		kg	0.315	0.525	0.840	1.050	1.680	2.520
	其他材料费		%	3.00	3.00	3.00	3.00	3.00	3.00
机械	载重汽车 15t		台班	—	—	—	—	—	0.500
	载重汽车 10t		台班	—	—	—	0.300	0.300	—
	汽车式起重机 16t		台班	—	—	—	0.500	0.500	—
	汽车式起重机 25t		台班	—	—	—	—	—	0.500
	交流弧焊机 21kV·A		台班	0.200	0.300	0.500	0.500	1.000	1.500
	叉式起重机 5t		台班	0.100	0.500	0.700	—	—	—

2.旋　涡　泵

计量单位:台

定额编号				1-8-63	1-8-64	1-8-65	1-8-66	1-8-67	1-8-68
项目				设备重量(t以内)					
				0.2	0.5	1.0	2.0	3.0	5.0
名称			单位	消耗量					
人工	合计工日		工日	5.469	7.560	10.905	14.115	18.495	23.634
	其中	普工	工日	1.094	1.512	2.181	2.823	3.699	4.727
		一般技工	工日	3.281	4.536	6.543	8.469	11.097	14.180
		高级技工	工日	1.094	1.512	2.181	2.823	3.699	4.727
材料	平垫铁(综合)		kg	4.500	4.500	5.625	8.460	8.460	19.320
	斜垫铁(综合)		kg	4.464	4.464	5.580	7.500	7.500	17.150
	木板		m^3	0.004	0.006	0.008	0.009	0.011	0.013
	煤油		kg	0.872	1.260	1.470	2.100	3.150	4.200
	机油		kg	0.455	0.657	0.758	1.010	1.515	2.020
	黄油钙基脂		kg	0.303	0.404	0.505	0.808	1.212	1.515
	氧气		m^3	0.122	0.184	0.245	1.020	2.040	3.060
	乙炔气		kg	0.041	0.061	0.082	0.340	0.680	1.020
	砂纸		张	2.000	2.000	4.000	5.000	8.000	9.000
	金属滤网		m^2	0.063	0.065	0.068	0.070	0.120	0.150
	紫铜板(综合)		kg	0.050	0.060	0.150	0.200	0.600	0.950
	石棉板衬垫		kg	0.125	0.130	0.135	0.140	0.240	0.300
	低碳钢焊条 J422(综合)		kg	0.126	0.189	0.252	0.315	0.420	0.500
	其他材料费		%	3.00	3.00	3.00	3.00	3.00	3.00
机械	叉式起重机 5t		台班	0.100	0.100	0.500	0.500	0.500	—
	汽车式起重机 16t		台班	—	—	—	—	—	0.500
	交流弧焊机 21kV·A		台班	0.100	0.100	0.200	0.500	0.500	0.500
	载重汽车 10t		台班	—	—	—	—	—	0.300

3. 电动往复泵

计量单位:台

定额编号			1-8-69	1-8-70	1-8-71	1-8-72	1-8-73	1-8-74
项目			设备重量(t 以内)					
			0.5	0.7	1.0	3.0	5.0	7.0
名称		单位	消耗量					
人工	合计工日	工日	11.115	13.335	16.944	28.845	37.644	59.304
	其中 普工	工日	2.223	2.667	3.389	5.769	7.529	11.861
	其中 一般技工	工日	6.669	8.001	10.166	17.307	22.586	35.582
	其中 高级技工	工日	2.223	2.667	3.389	5.769	7.529	11.861
材料	平垫铁(综合)	kg	4.500	4.500	5.625	7.050	19.320	19.320
	斜垫铁(综合)	kg	4.464	4.464	5.580	6.250	17.150	17.150
	热轧薄钢板 δ1.6~1.9	kg	0.300	0.300	0.400	0.400	0.500	0.500
	木板	m^3	0.005	0.006	0.008	0.010	0.010	0.014
	煤油	kg	2.940	3.308	3.675	4.200	5.250	6.300
	机油	kg	1.010	1.162	1.333	1.515	1.515	2.020
	黄油钙基脂	kg	0.465	0.525	0.889	1.010	1.010	1.515
	氧气	m^3	0.184	0.214	0.275	0.357	0.408	0.459
	乙炔气	kg	0.061	0.071	0.092	0.119	0.136	0.153
	砂纸	张	2.000	2.000	4.000	5.000	8.000	9.000
	金属滤网	m^2	0.063	0.065	0.068	0.070	0.120	0.150
	紫铜板(综合)	kg	0.050	0.060	0.150	0.200	0.600	0.950
	石棉板衬垫	kg	0.125	0.130	0.135	0.140	0.240	0.300
	低碳钢焊条 J422(综合)	kg	0.189	0.210	0.210	0.525	1.050	1.050
	其他材料费	%	3.00	3.00	3.00	3.00	3.00	3.00
机械	叉式起重机 5t	台班	0.100	0.100	0.500	0.700	—	—
	载重汽车 10t	台班	—	—	—	—	0.300	0.300
	汽车式起重机 16t	台班	—	—	—	—	0.500	0.500
	交流弧焊机 21kV·A	台班	0.100	0.100	0.100	0.400	0.500	0.500

4.柱　塞　泵

(1)高压柱塞泵(3～4柱塞)

计量单位:台

定额编号				1-8-75	1-8-76	1-8-77	1-8-78
项　目				设备重量(t以内)			
				1.0	2.5	5.0	8.0
名　称			单位	消　耗　量			
人工	合计工日		工日	13.704	26.589	30.270	45.234
人工	其中	普工	工日	2.741	5.318	6.054	9.047
人工	其中	一般技工	工日	8.222	15.953	18.162	27.140
人工	其中	高级技工	工日	2.741	5.318	6.054	9.047
材料	平垫铁(综合)		kg	5.625	7.050	16.560	16.560
材料	斜垫铁(综合)		kg	5.580	6.250	14.700	14.700
材料	热轧薄钢板 δ1.6～1.9		kg	0.200	0.200	0.350	0.350
材料	木板		m^3	0.003	0.006	0.010	0.013
材料	煤油		kg	8.400	11.550	0.140	13.650
材料	机油		kg	1.010	1.414	1.616	1.818
材料	黄油钙基脂		kg	1.010	1.515	2.020	2.222
材料	氧气		m^3	1.020	1.020	1.224	1.530
材料	乙炔气		kg	0.340	0.340	0.408	0.510
材料	砂纸		张	2.000	2.000	4.000	5.000
材料	金属滤网		m^2	0.063	0.065	0.068	0.070
材料	紫铜板(综合)		kg	0.050	0.060	0.150	0.200
材料	石棉板衬垫		kg	0.125	0.130	0.135	0.140
材料	低碳钢焊条 J422(综合)		kg	1.050	1.575	1.890	3.150
材料	其他材料费		%	3.00	3.00	3.00	3.00
机械	载重汽车 10t		台班	—	—	0.300	0.300
机械	叉式起重机 5t		台班	0.200	0.400	—	—
机械	汽车式起重机 16t		台班	—	—	0.500	0.500
机械	交流弧焊机 21kV·A		台班	0.500	0.500	0.500	1.000

计量单位:台

定额编号			1-8-79	1-8-80	1-8-81	1-8-82
项目			设备重量(t 以内)			
			10.0	16.0	25.5	35.0
名称		单位	消耗量			
人工	合计工日	工日	49.275	81.855	113.709	143.754
	其中 普工	工日	9.855	16.371	22.742	28.751
	其中 一般技工	工日	29.565	49.113	68.225	86.252
	其中 高级技工	工日	9.855	16.371	22.742	28.751
材料	平垫铁(综合)	kg	36.160	49.720	63.280	165.120
	斜垫铁(综合)	kg	32.320	44.440	56.560	147.520
	热轧薄钢板 δ1.6~1.9	kg	0.400	0.500	0.800	0.800
	热轧厚钢板 δ31 以外	kg	14.000	16.000	22.000	25.000
	木板	m^3	0.013	0.019	0.025	0.025
	道木	m^3	0.083	0.110	0.110	0.165
	煤油	kg	14.700	16.800	21.000	25.200
	机油	kg	2.020	3.030	5.050	6.060
	黄油钙基脂	kg	2.222	2.525	3.030	3.535
	氧气	m^3	1.530	2.040	2.040	2.550
	乙炔气	kg	0.510	0.680	0.680	0.850
	橡胶板 δ5~10	kg	1.600	2.000	2.500	3.000
	砂纸	张	8.000	9.000	10.000	15.000
	金属滤网	m^2	0.120	0.150	0.200	0.250
	紫铜板(综合)	kg	0.600	0.950	1.100	1.150
	石棉板衬垫	kg	0.240	0.300	0.360	0.420
	低碳钢焊条 J422(综合)	kg	3.675	4.200	4.725	5.250
	其他材料费	%	3.00	3.00	3.00	3.00
机械	平板拖车组 40t	台班	—	—	0.700	0.700
	载重汽车 15t	台班	0.500	—	—	—
	平板拖车组 20t	台班	—	0.500	—	—
	汽车式起重机 25t	台班	0.600	—	—	—
	汽车式起重机 75t	台班	—	—	1.000	1.000
	汽车式起重机 50t	台班	—	0.800	—	—
	交流弧焊机 21kV·A	台班	1.000	1.000	1.000	1.200
仪表	激光轴对中仪	台班	—	—	—	1.000

(2)高压柱塞泵(6～24柱塞)

计量单位:台

定额编号			1-8-83	1-8-84	1-8-85	1-8-86
项目			设备重量(t以内)			
			5.0	10	15	18
名称		单位	消耗量			
人工	合计工日	工日	40.239	64.250	99.000	115.450
人工	其中 普工	工日	8.048	12.850	19.800	23.090
人工	其中 一般技工	工日	24.143	38.550	59.400	69.270
人工	其中 高级技工	工日	8.048	12.850	19.800	23.090
材料	平垫铁(综合)	kg	19.320	36.160	49.720	54.240
材料	斜垫铁(综合)	kg	17.150	32.320	44.440	48.480
材料	热轧薄钢板 δ1.6～1.9	kg	0.500	0.800	1.000	1.000
材料	木板	m^3	0.035	0.053	0.075	0.085
材料	道木	m^3	0.058	0.085	0.087	0.087
材料	煤油	kg	10.500	12.600	18.900	21.000
材料	机油	kg	1.515	1.818	2.525	3.030
材料	黄油钙基脂	kg	0.505	0.505	0.606	0.606
材料	氧气	m^3	2.040	2.550	3.570	4.080
材料	乙炔气	kg	0.680	0.850	1.190	1.360
材料	青壳纸 δ0.1～1.0	kg	0.200	0.250	0.350	0.400
材料	砂纸	张	4.000	6.000	9.000	9.000
材料	金属滤网	m^2	0.068	0.120	0.150	0.150
材料	紫铜板(综合)	kg	0.150	0.600	0.950	0.950
材料	石棉板衬垫	kg	0.135	0.240	0.300	0.300
材料	低碳钢焊条 J422(综合)	kg	3.255	3.465	4.200	4.725
材料	其他材料费	%	3.00	3.00	3.00	3.00
机械	载重汽车 10t	台班	0.300	—	—	—
机械	平板拖车组 20t	台班	—	0.500	0.500	—
机械	汽车式起重机 16t	台班	0.500	—	—	—
机械	平板拖车组 40t	台班	—	—	—	0.500
机械	汽车式起重机 25t	台班	—	0.500	1.000	—
机械	汽车式起重机 50t	台班	—	—	—	1.000
机械	交流弧焊机 21kV·A	台班	1.000	1.000	1.500	1.500
仪表	激光轴对中仪	台班	—	—	—	1.000

5. 蒸汽往复泵

计量单位:台

定额编号				1-8-87	1-8-88	1-8-89	1-8-90	1-8-91
项目				设备重量(t以内)				
				0.5	1.0	3.0	5.0	7.0
名称			单位	消耗量				
人工	合计工日		工日	11.460	15.520	22.880	28.900	48.440
	其中	普工	工日	2.292	3.104	4.576	5.780	9.688
		一般技工	工日	6.876	9.312	13.728	17.340	29.064
		高级技工	工日	2.292	3.104	4.576	5.780	9.688
材料	平垫铁(综合)		kg	6.750	6.750	7.875	22.080	24.840
	斜垫铁(综合)		kg	6.696	6.696	7.812	19.600	22.050
	热轧薄钢板 δ1.6~1.9		kg	0.400	0.400	0.400	0.400	0.600
	木板		m^3	0.005	0.005	0.010	0.010	0.023
	道木		m^3	—	—	—	—	0.003
	煤油		kg	3.045	3.308	4.043	4.358	6.300
	机油		kg	1.061	1.192	1.717	1.919	2.222
	黄油钙基脂		kg	0.505	0.596	0.758	0.808	1.212
	氧气		m^3	0.510	0.816	1.224	1.530	2.040
	乙炔气		kg	0.170	0.272	0.408	0.510	0.680
	砂纸		张	2.000	2.000	5.000	5.000	6.000
	金属滤网		m^2	0.065	0.070	0.068	0.120	0.150
	紫铜板(综合)		kg	0.050	0.060	0.200	0.300	0.600
	石棉板衬垫		kg	0.125	0.130	0.140	0.160	0.240
	低碳钢焊条 J422(综合)		kg	0.179	0.179	0.179	0.315	0.420
	其他材料费		%	3.00	3.00	3.00	3.00	3.00
机械	载重汽车 10t		台班	—	—	—	0.300	0.300
	叉式起重机 5t		台班	0.100	0.200	0.500	—	—
	汽车式起重机 16t		台班	—	—	—	0.500	0.500
	交流弧焊机 21kV·A		台班	0.100	0.100	0.400	0.500	0.500

计量单位:台

定额编号				1-8-92	1-8-93	1-8-94	1-8-95	1-8-96
项　目				设备重量(t以内)				
				10	15	20	25	30
名　称			单位	消　耗　量				
人工	合计工日		工日	70.300	94.350	127.070	151.730	187.110
	其中	普工	工日	14.060	18.870	25.414	30.346	37.422
		一般技工	工日	42.180	56.610	76.242	91.038	112.266
		高级技工	工日	14.060	18.870	25.414	30.346	37.422
材料	平垫铁(综合)		kg	54.240	54.240	63.280	67.800	115.584
	斜垫铁(综合)		kg	48.480	48.480	56.560	60.600	103.264
	热轧薄钢板 δ1.6～1.9		kg	0.800	1.200	1.500	1.500	2.200
	木板		m^3	0.025	0.031	0.044	0.069	0.081
	道木		m^3	0.004	0.004	0.007	0.011	0.014
	煤油		kg	8.400	10.500	15.750	21.000	26.250
	机油		kg	3.030	3.535	4.040	5.050	10.100
	黄油钙基脂		kg	1.515	2.020	2.020	3.030	4.040
	氧气		m^3	2.244	2.652	3.060	3.468	3.672
	乙炔气		kg	0.748	0.884	1.020	1.156	1.224
	砂纸		张	8.000	10.000	12.000	14.000	16.000
	金属滤网		m^2	0.150	0.200	0.220	0.250	0.280
	紫铜板(综合)		kg	0.950	1.000	1.200	1.300	1.500
	石棉板衬垫		kg	0.300	0.300	0.320	0.340	0.380
	低碳钢焊条 J422(综合)		kg	0.420	0.420	1.260	1.785	2.667
	其他材料费		%	3.00	3.00	3.00	3.00	3.00
机械	汽车式起重机 25t		台班	0.500	0.500	—	—	—
	汽车式起重机 50t		台班	—	—	1.000	1.000	1.000
	载重汽车 15t		台班	0.500	—	—	—	—
	平板拖车组 20t		台班	—	0.500	—	—	—
	平板拖车组 40t		台班	—	—	0.500	0.500	0.700
	交流弧焊机 21kV·A		台班	0.500	0.500	0.500	1.000	1.500
仪表	激光轴对中仪		台班	—	—	1.000	1.000	1.000

6.计　量　泵

计量单位:台

定额编号			1-8-97	1-8-98	1-8-99	1-8-100
项目			设备重量(t以内)			
			0.2	0.4	0.7	1.0
名称		单位	消耗量			
人工	合计工日	工日	6.630	9.960	14.960	17.510
人工	其中 普工	工日	1.326	1.992	2.992	3.502
人工	其中 一般技工	工日	3.978	5.976	8.976	10.506
人工	其中 高级技工	工日	1.326	1.992	2.992	3.502
材料	平垫铁(综合)	kg	4.500	4.500	4.500	7.875
材料	斜垫铁(综合)	kg	4.464	4.464	4.464	7.812
材料	热轧薄钢板 δ1.6~1.9	kg	0.500	0.500	0.500	0.600
材料	木板	m^3	0.006	0.008	0.008	0.008
材料	煤油	kg	1.050	1.050	1.575	2.100
材料	机油	kg	0.202	0.202	0.303	0.404
材料	黄油钙基脂	kg	0.101	0.101	0.303	0.505
材料	氧气	m^3	2.040	2.040	2.040	3.060
材料	乙炔气	kg	0.680	0.680	0.680	1.020
材料	砂纸	张	2.000	4.000	4.000	4.000
材料	金属滤网	m^2	0.063	0.065	0.065	0.065
材料	紫铜板(综合)	kg	0.050	0.060	0.060	0.060
材料	石棉板衬垫	kg	0.125	0.150	0.150	0.150
材料	低碳钢焊条 J422(综合)	kg	0.210	0.210	0.315	0.420
材料	其他材料费	%	3.00	3.00	3.00	3.00
机械	叉式起重机 5t	台班	0.100	0.100	0.100	0.200
机械	交流弧焊机 21kV·A	台班	0.200	0.200	0.200	0.200

7. 螺杆泵及齿轮油泵

计量单位:台

定额编号				1-8-101	1-8-102	1-8-103	1-8-104
项目				螺杆泵			
				设备重量(t以内)			
				0.5	1.0	3.0	5.0
名称			单位	消耗量			
人工	合计工日		工日	13.480	17.670	34.360	49.450
	其中	普工	工日	2.696	3.534	6.872	9.890
		一般技工	工日	8.088	10.602	20.616	29.670
		高级技工	工日	2.696	3.534	6.872	9.890
材料	平垫铁(综合)		kg	4.500	7.875	9.000	22.080
	斜垫铁(综合)		kg	4.464	7.812	8.928	19.600
	热轧薄钢板 δ1.6~1.9		kg	0.300	0.300	0.300	0.400
	木板		m^3	0.005	0.009	0.014	0.015
	煤油		kg	1.050	1.050	1.575	2.100
	机油		kg	1.010	1.010	1.515	1.515
	黄油钙基脂		kg	0.202	0.303	0.303	0.404
	氧气		m^3	2.040	3.060	3.060	3.060
	乙炔气		kg	0.063	1.020	1.020	1.020
	青壳纸 δ0.1~1.0		kg	0.100	0.200	0.300	0.400
	砂纸		张	4.000	4.000	5.000	5.000
	金属滤网		m^2	0.063	0.065	0.070	0.070
	紫铜板(综合)		kg	0.050	0.060	0.200	0.150
	石棉板衬垫		kg	0.150	0.150	0.150	0.150
	低碳钢焊条 J422(综合)		kg	0.210	0.210	0.315	0.525
	其他材料费		%	3.00	3.00	3.00	3.00
机械	叉式起重机 5t		台班	0.100	0.200	0.400	—
	载重汽车 10t		台班	—	—	—	0.300
	汽车式起重机 16t		台班	—	—	—	0.500
	交流弧焊机 21kV·A		台班	0.300	0.300	0.500	0.500

计量单位:台

定额编号			1-8-105	1-8-106	1-8-107	1-8-108
项目			螺杆泵		齿轮油泵	
			设备重量(t以内)			
			7.0	10	0.5	1.0
名称		单位	消耗量			
人工	合计工日	工日	77.540	98.750	4.340	5.910
	其中 普工	工日	15.508	19.750	0.868	1.182
	其中 一般技工	工日	46.524	59.250	2.604	3.546
	其中 高级技工	工日	15.508	19.750	0.868	1.182
材料	平垫铁(综合)	kg	22.840	45.200	4.500	7.875
	斜垫铁(综合)	kg	22.050	40.400	4.464	7.812
	热轧薄钢板 δ1.6~1.9	kg	0.500	0.700	0.200	0.200
	紫铜电焊条 T107 ϕ3.2	kg	—	—	0.100	0.100
	铜焊粉 气剂 301 瓶装	kg	—	—	0.050	0.050
	木板	m^3	0.018	0.019	0.050	0.050
	煤油	kg	3.150	5.250	0.500	0.788
	机油	kg	2.020	2.020	0.440	0.606
	黄油钙基脂	kg	0.404	0.505	0.202	0.202
	氧气	m^3	4.080	4.080	1.020	1.020
	乙炔气	kg	1.360	1.360	0.063	0.340
	青壳纸 δ0.1~1.0	kg	0.400	0.400	0.400	0.400
	砂纸	张	6.000	9.000	4.000	4.000
	金属滤网	m^2	0.120	0.150	0.065	0.065
	紫铜板(综合)	kg	0.600	0.950	0.060	0.060
	石棉板衬垫	kg	0.240	0.300	0.150	0.150
	低碳钢焊条 J422(综合)	kg	0.525	0.840	0.147	0.147
	其他材料费	%	3.00	3.00	3.00	3.00
机械	叉式起重机 5t	台班	—	—	0.100	0.100
	汽车式起重机 25t	台班	—	0.500	—	—
	载重汽车 15t	台班	—	0.500	—	—
	载重汽车 10t	台班	0.300	—	—	—
	汽车式起重机 16t	台班	0.500	—	—	—
	交流弧焊机 21kV·A	台班	0.500	0.500	0.200	0.200

8.真　空　泵

计量单位:台

定额编号			1-8-109	1-8-110	1-8-111	1-8-112	1-8-113	1-8-114	1-8-115
项　目			设备重量(t以内)						
			0.2	0.5	1.0	2.0	3.5	5.0	7.0
名　称		单位	消　耗　量						
人工	合计工日	工日	7.010	9.160	11.660	18.160	32.310	41.720	55.320
	其中 普工	工日	1.402	1.832	2.332	3.632	6.462	8.344	11.064
	其中 一般技工	工日	4.206	5.496	6.996	10.896	19.386	25.032	33.192
	其中 高级技工	工日	1.402	1.832	2.332	3.632	6.462	8.344	11.064
材料	平垫铁(综合)	kg	4.500	4.516	7.875	8.460	9.000	22.080	24.840
	斜垫铁(综合)	kg	4.464	4.464	7.812	7.500	8.928	19.600	22.050
	热轧薄钢板 δ1.6~1.9	kg	—	—	—	0.200	0.300	0.300	0.500
	木板	m^3	0.005	0.005	0.009	0.014	0.019	0.020	0.025
	煤油	kg	0.670	0.840	1.050	1.365	3.150	5.250	7.350
	机油	kg	0.580	0.606	0.707	0.909	1.515	2.020	3.030
	黄油钙基脂	kg	0.123	0.152	0.202	0.303	0.808	1.212	1.818
	氧气	m^3	0.104	0.122	0.184	0.214	0.510	0.714	0.918
	乙炔气	kg	0.041	0.041	0.061	0.071	0.170	0.238	0.306
	青壳纸 δ0.1~1.0	kg	0.100	0.100	0.100	0.100	0.200	0.200	0.200
	砂纸	张	2.000	4.000	4.000	5.000	8.000	9.000	10.000
	金属滤网	m^2	0.063	0.065	0.065	0.070	0.120	0.120	0.120
	紫铜板(综合)	kg	0.050	0.060	0.060	0.080	0.090	0.150	0.600
	石棉板衬垫	kg	0.125	0.150	0.150	0.150	0.240	0.135	0.240
	低碳钢焊条 J422(综合)	kg	0.103	0.126	0.189	0.242	0.315	0.420	0.525
	其他材料费	%	3.00	3.00	3.00	3.00	3.00	3.00	3.00
机械	载重汽车 10t	台班	—	—	—	—	—	0.300	0.300
	叉式起重机 5t	台班	0.100	0.100	0.200	0.300	0.500	—	—
	汽车式起重机 16t	台班	—	—	—	—	—	0.500	0.500
	交流弧焊机 21kV·A	台班	0.100	0.100	0.100	0.200	0.400	0.500	0.700

9.屏　蔽　泵

计量单位:台

定额编号				1-8-116	1-8-117	1-8-118	1-8-119
项　目				设备重量(t 以内)			
				0.3	0.5	0.7	1.0
名　称			单位	消　耗　量			
人工	合计工日		工日	9.790	12.230	15.290	16.330
	其中	普工	工日	1.958	2.446	3.058	3.266
		一般技工	工日	5.874	7.338	9.174	9.798
		高级技工	工日	1.958	2.446	3.058	3.266
材料	平垫铁(综合)		kg	4.500	4.500	4.500	7.875
	斜垫铁(综合)		kg	4.464	4.464	4.464	7.812
	热轧薄钢板 δ1.6～1.9		kg	0.500	0.500	0.500	0.600
	木板		m^3	0.006	0.006	0.008	0.008
	煤油		kg	0.525	1.050	1.050	2.100
	机油		kg	0.202	0.202	0.303	0.707
	黄油钙基脂		kg	0.101	0.202	0.202	0.505
	氧气		m^3	1.020	1.020	1.020	2.040
	乙炔气		kg	0.340	0.340	0.340	0.680
	砂纸		张	2.000	4.000	4.000	4.000
	金属滤网		m^2	0.063	0.065	0.065	0.065
	紫铜板(综合)		kg	0.050	0.600	0.600	0.600
	石棉板衬垫		kg	0.125	0.150	0.150	0.150
	低碳钢焊条 J422(综合)		kg	0.210	0.210	0.210	0.315
	其他材料费		%	3.00	3.00	3.00	3.00
机械	叉式起重机 5t		台班	0.100	0.100	0.100	0.100
	交流弧焊机 21kV·A		台班	0.300	0.100	0.500	0.500

二、泵拆装检查

1.离　心　泵

(1)单级离心泵及离心式耐腐蚀泵

计量单位:台

定额编号				1-8-120	1-8-121	1-8-122	1-8-123
项目				设备重量(t以内)			
				0.5	1.0	3.0	5.0
名称			单位	消耗量			
人工	合计工日		工日	3.900	7.800	15.150	20.625
	其中	普工	工日	0.780	1.560	3.030	4.125
		一般技工	工日	2.340	4.680	9.090	12.375
		高级技工	工日	0.780	1.560	3.030	4.125
材料	紫铜板 δ0.25～0.5		kg	0.050	0.050	0.200	0.250
	煤油		kg	1.200	1.500	3.000	5.000
	机油		kg	0.200	0.400	1.200	2.000
	黄油钙基脂		kg	0.200	0.500	1.000	1.600
	石棉橡胶板 高压 δ1～6		kg	0.500	1.000	2.000	2.500
	铁砂布 0#～2#		张	1.000	2.000	4.000	5.000
	研磨膏		盒	0.200	0.300	1.000	1.000
	其他材料费		%	5.00	5.00	5.00	5.00
机械	汽车式起重机 8t		台班	—	—	—	0.600

计量单位:台

定额编号				1-8-124	1-8-125	1-8-126	1-8-127	1-8-128
项目				设备重量(t以内)				
				8.0	12	17	23	30
名称			单位	消耗量				
人工	合计工日		工日	33.675	42.150	55.050	72.825	89.250
	其中	普工	工日	6.735	8.430	11.010	14.565	17.850
		一般技工	工日	20.205	25.290	33.030	43.695	53.550
		高级技工	工日	6.735	8.430	11.010	14.565	17.850
材料	紫铜板 δ0.25～0.5		kg	0.400	0.600	0.950	1.100	1.500
	煤油		kg	8.000	12.000	18.000	25.000	36.000
	机油		kg	3.200	4.000	5.000	6.000	8.000
	黄油钙基脂		kg	2.400	3.200	4.000	4.500	5.000
	石棉橡胶板 高压 δ1～6		kg	3.000	3.000	3.500	4.000	4.500
	铁砂布 0#～2#		张	5.000	6.000	8.000	10.000	12.000
	研磨膏		盒	1.500	1.500	2.000	2.000	3.000
	其他材料费		%	5.00	5.00	5.00	5.00	5.00
机械	汽车式起重机 25t		台班	—	—	1.600	2.000	2.500
	汽车式起重机 8t		台班	1.000	—	—	—	—
	汽车式起重机 16t		台班	—	1.250	—	—	—

(2)多级离心泵

计量单位:台

定额编号				1-8-129	1-8-130	1-8-131	1-8-132
项目				设备重量(t以内)			
				0.5	1.0	3.0	5.0
名称			单位	消耗量			
人工	合计工日		工日	4.800	9.450	21.975	28.950
	其中	普工	工日	0.960	1.890	4.395	5.790
		一般技工	工日	2.880	5.670	13.185	17.370
		高级技工	工日	0.960	1.890	4.395	5.790
材料	紫铜板 δ0.25~0.5		kg	0.050	0.050	0.150	0.300
	煤油		kg	1.000	2.000	4.000	6.000
	机油		kg	0.200	0.400	1.200	2.400
	黄油钙基脂		kg	0.200	0.400	1.000	1.500
	石棉橡胶板 高压 δ1~6		kg	0.500	1.000	2.000	2.500
	铁砂布 0#~2#		张	1.000	2.000	4.000	5.000
	研磨膏		盒	0.200	0.300	0.500	1.000
	其他材料费		%	5.00	5.00	5.00	5.00
机械	汽车式起重机 8t		台班	—	—	—	0.600

计量单位:台

定额编号				1-8-133	1-8-134	1-8-135	1-8-136	1-8-137
项目				设备重量(t以内)				
				8.0	10	15	20	25
名称			单位	消耗量				
人工	合计工日		工日	38.400	47.700	60.375	78.600	109.050
	其中	普工	工日	7.680	9.540	12.075	15.720	21.810
		一般技工	工日	23.040	28.620	36.225	47.160	65.430
		高级技工	工日	7.680	9.540	12.075	15.720	21.810
材料	紫铜板 δ0.25~0.5		kg	0.050	0.500	0.750	1.000	0.900
	煤油		kg	8.000	10.000	16.000	20.000	30.000
	机油		kg	3.200	4.000	6.000	8.000	12.000
	黄油钙基脂		kg	1.800	2.000	2.500	3.000	4.000
	石棉橡胶板 高压 δ1~6		kg	3.000	3.000	4.000	5.000	5.000
	铁砂布 0#~2#		张	6.000	8.000	8.000	12.000	15.000
	研磨膏		盒	1.200	1.500	2.000	2.000	3.000
	其他材料费		%	5.00	5.00	5.00	5.00	5.00
机械	汽车式起重机 25t		台班	—	—	1.500	2.000	2.500
	汽车式起重机 8t		台班	1.000	—	—	—	—
	汽车式起重机 16t		台班	—	1.250	—	—	—

(3)锅炉给水泵、冷凝水泵、热循环水泵

计量单位:台

定额编号			1-8-138	1-8-139	1-8-140
项目			设备重量(t以内)		
			0.5	1.0	3.5
名称		单位	消耗量		
人工	合计工日	工日	6.750	13.125	23.250
	其中 普工	工日	1.350	2.625	4.650
	其中 一般技工	工日	4.050	7.875	13.950
	其中 高级技工	工日	1.350	2.625	4.650
材料	紫铜板 δ0.25~0.5	kg	0.030	0.050	0.200
	煤油	kg	1.000	2.000	4.000
	机油	kg	0.200	0.400	1.600
	黄油钙基脂	kg	0.200	0.400	1.200
	石棉橡胶板 高压 δ1~6	kg	0.500	1.000	1.500
	铁砂布 0#~2#	张	2.000	2.000	4.000
	青壳纸 δ0.1~1.0	kg	0.500	0.600	1.000
	研磨膏	盒	0.200	0.300	0.800
	其他材料费	%	5.00	5.00	5.00

计量单位:台

定额编号			1-8-141	1-8-142	1-8-143	1-8-144	1-8-145	1-8-146
项目			设备重量(t以内)					
			5.0	7.0	10	15	20	25
名称		单位	消耗量					
人工	合计工日	工日	40.500	51.525	62.625	73.125	78.225	83.589
	其中 普工	工日	8.100	10.305	12.525	14.625	15.645	16.718
	其中 一般技工	工日	24.300	30.915	37.575	43.875	46.935	50.153
	其中 高级技工	工日	8.100	10.305	12.525	14.625	15.645	16.718
材料	紫铜板 δ0.25~0.5	kg	0.250	0.350	0.500	0.700	0.900	1.200
	煤油	kg	6.000	8.000	12.000	16.000	18.000	20.000
	机油	kg	2.000	3.000	4.000	6.000	8.000	10.000
	黄油钙基脂	kg	1.600	2.000	2.500	3.000	3.500	4.000
	石棉橡胶板 高压 δ1~6	kg	2.000	2.500	3.000	3.500	4.000	4.500
	铁砂布 0#~2#	张	4.000	5.000	6.000	7.000	8.000	9.000
	青壳纸 δ0.1~1.0	kg	—	1.200	1.500	2.000	2.500	3.000
	研磨膏	盒	1.000	1.000	1.500	2.000	3.000	3.500
	其他材料费	%	5.00	5.00	5.00	5.00	5.00	5.00
机械	汽车式起重机 8t	台班	0.600	0.800	—	—	—	—
	汽车式起重机 16t	台班	—	—	1.250	1.500	2.000	2.500

(4)离心式油泵

计量单位:台

定额编号				1-8-147	1-8-148	1-8-149	1-8-150	1-8-151
项目				设备重量(t以内)				
				0.5	1.0	3.0	5.0	7.0
名称			单位	消耗量				
人工	合计工日		工日	6.075	12.150	23.925	39.450	50.850
	其中	普工	工日	1.215	2.430	4.785	7.890	10.170
		一般技工	工日	3.645	7.290	14.355	23.670	30.510
		高级技工	工日	1.215	2.430	4.785	7.890	10.170
材料	紫铜板 δ0.25~0.5		kg	0.030	0.050	0.150	0.250	0.350
	煤油		kg	1.000	1.500	3.000	5.000	8.000
	机油		kg	0.350	0.500	1.000	2.000	3.000
	黄油钙基脂		kg	0.200	0.400	0.800	1.500	1.800
	石棉橡胶板 高压 δ1~6		kg	0.500	1.000	1.500	2.000	2.000
	铁砂布 0#~2#		张	1.000	2.000	2.000	4.000	5.000
	研磨膏		盒	0.200	0.400	0.500	1.000	1.000
	其他材料费		%	5.00	5.00	5.00	5.00	5.00
机械	汽车式起重机 8t		台班	—	—	—	0.600	1.000

计量单位:台

定额编号				1-8-152	1-8-153	1-8-154	1-8-155
项目				设备重量(t以内)			
				10.0	15.0	20.0	25.0
名称			单位	消耗量			
人工	合计工日		工日	59.220	67.950	81.225	87.300
	其中	普工	工日	11.844	13.590	16.245	17.460
		一般技工	工日	35.532	40.770	48.735	52.380
		高级技工	工日	11.844	13.590	16.245	17.460
材料	紫铜板 δ0.25~0.5		kg	0.450	0.500	0.550	0.600
	煤油		kg	10.000	12.000	14.000	16.000
	机油		kg	4.000	5.000	5.500	6.000
	黄油钙基脂		kg	2.000	2.300	2.800	3.200
	石棉橡胶板 高压 δ1~6		kg	2.000	3.000	4.000	5.000
	铁砂布 0#~2#		张	5.000	6.000	7.000	8.000
	研磨膏		盒	1.000	1.500	1.500	1.500
	其他材料费		%	5.00	5.00	5.00	5.00
机械	汽车式起重机 25t		台班	—	—	2.000	2.500
	汽车式起重机 16t		台班	1.250	1.500	—	—

(5)离心式杂质泵

计量单位:台

定额编号			1-8-156	1-8-157	1-8-158	1-8-159	1-8-160	1-8-161	1-8-162
项目			设备重量(t以内)						
			0.5	1.0	3.0	5.0	10	15	20
名称		单位	消耗量						
人工	合计工日	工日	7.050	13.950	22.500	45.900	62.025	71.850	96.525
其中	普工	工日	1.410	2.790	4.500	9.180	12.405	14.370	19.305
	一般技工	工日	4.230	8.370	13.500	27.540	37.215	43.110	57.915
	高级技工	工日	1.410	2.790	4.500	9.180	12.405	14.370	19.305
材料	紫铜板 δ0.25~0.5	kg	0.030	0.050	0.100	0.250	0.500	0.450	1.000
	煤油	kg	1.000	1.500	2.000	5.000	10.000	15.000	20.000
	机油	kg	0.200	0.400	0.800	2.000	4.000	6.000	8.000
	黄油钙基脂	kg	0.200	0.400	0.500	1.000	2.400	2.500	3.000
	石棉橡胶板 高压 δ1~6	kg	0.500	1.000	1.200	2.000	2.500	3.000	4.000
	铁砂布 0#~2#	张	1.000	2.000	3.000	5.000	6.000	8.000	10.000
	研磨膏	盒	0.200	0.300	0.400	1.000	1.500	2.000	3.000
	其他材料费	%	5.00	5.00	5.00	5.00	5.00	5.00	5.00
机械	汽车式起重机 25t	台班	—	—	—	—	—	—	2.000
	汽车式起重机 8t	台班	—	—	—	0.600	—	—	—
	汽车式起重机 16t	台班	—	—	—	—	1.000	1.250	—

(6)离心式深水泵

计量单位:台

定额编号			1-8-163	1-8-164	1-8-165	1-8-166	1-8-167
项目			设备重量(t以内)				
			1.0	2.0	4.0	6.0	8.0
名称		单位	消耗量				
人工	合计工日	工日	10.650	12.300	18.150	22.725	32.565
其中	普工	工日	2.130	2.460	3.630	4.545	6.513
	一般技工	工日	6.390	7.380	10.890	13.635	19.539
	高级技工	工日	2.130	2.460	3.630	4.545	6.513
材料	煤油	kg	2.000	3.000	5.000	8.000	10.000
	机油	kg	0.800	1.200	2.000	3.000	4.000
	黄油钙基脂	kg	0.400	0.800	1.000	1.200	1.200
	石棉橡胶板 高压 δ1~6	kg	0.500	0.800	1.000	1.500	1.500
	铁砂布 0#~2#	张	1.000	2.000	3.000	3.000	4.000
	其他材料费	%	5.00	5.00	5.00	5.00	5.00
机械	汽车式起重机 8t	台班	—	—	—	1.000	1.250

(7)DB 型高硅铁离心泵

计量单位:台

定额编号			1-8-168	1-8-169	1-8-170	1-8-171	1-8-172	1-8-173
项目			设备型号					
			DB25G-41	DB50G-40	DB65-40	DBG80-60	DBG100-35	DB150-35
名称		单位	消耗量					
人工	合计工日	工日	1.875	2.700	3.375	4.050	4.950	6.450
其中	普工	工日	0.375	0.540	0.675	0.810	0.990	1.290
	一般技工	工日	1.125	1.620	2.025	2.430	2.970	3.870
	高级技工	工日	0.375	0.540	0.675	0.810	0.990	1.290
材料	煤油	kg	2.000	2.000	3.000	4.000	5.000	0.450
	机油	kg	0.800	0.800	1.000	1.200	1.500	2.000
	黄油钙基脂	kg	0.400	0.600	0.800	0.800	1.000	1.600
	石棉橡胶板 高压 δ1~6	kg	0.500	0.500	0.800	0.800	1.000	1.000
	铁砂布 0#~2#	张	1.000	1.000	2.000	2.000	3.000	3.000
	其他材料费	%	5.00	5.00	5.00	5.00	5.00	5.00

(8)蒸汽离心泵

计量单位:台

定额编号			1-8-174	1-8-175	1-8-176	1-8-177	1-8-178	1-8-179
项目			设备重量(t以内)					
			0.5	1.0	3.0	5.0	7.0	10
名称		单位	消耗量					
人工	合计工日	工日	7.350	13.875	29.100	42.600	54.900	64.050
其中	普工	工日	1.470	2.775	5.820	8.520	10.980	12.810
	一般技工	工日	4.410	8.325	17.460	25.560	32.940	38.430
	高级技工	工日	1.470	2.775	5.820	8.520	10.980	12.810
材料	煤油	kg	1.000	3.000	5.000	7.000	10.000	12.000
	机油	kg	0.200	0.400	1.200	2.000	3.000	3.000
	二硫化钼粉	kg	0.200	0.400	1.000	1.200	1.500	1.800
	石棉橡胶板 高压 δ1~6	kg	0.500	0.800	1.000	1.200	1.500	2.000
	铁砂布 0#~2#	张	0.500	1.000	1.500	2.000	2.000	3.000
	青壳纸 δ0.1~1.0	kg	0.500	0.500	1.200	1.500	2.000	3.000
	其他材料费	%	5.00	5.00	5.00	5.00	5.00	5.00
机械	汽车式起重机 8t	台班	—	—	—	0.600	0.800	—
	汽车式起重机 16t	台班	—	—	—	—	—	1.000

2. 旋　涡　泵

计量单位：台

定 额 编 号				1-8-180	1-8-181	1-8-182	1-8-183	1-8-184	1-8-185
项　目				设备重量(t 以内)					
				0.2	0.5	1.0	2.0	3.0	5.0
名　称			单位	消　耗　量					
人工	合计工日		工日	1.500	5.250	10.050	18.450	25.350	37.800
	其中	普工	工日	0.300	1.050	2.010	3.690	5.070	7.560
		一般技工	工日	0.900	3.150	6.030	11.070	15.210	22.680
		高级技工	工日	0.300	1.050	2.010	3.690	5.070	7.560
材料	煤油		kg	0.500	1.000	1.500	2.000	3.000	5.000
	机油		kg	0.200	0.300	0.400	0.800	1.200	2.000
	黄油钙基脂		kg	0.200	0.200	0.400	0.800	1.200	1.500
	石棉橡胶板 高压 δ1～6		kg	0.300	0.300	0.500	0.800	1.000	1.200
	铁砂布 0#～2#		张	1.000	1.000	2.000	2.000	3.000	3.000
	研磨膏		盒	0.100	0.100	0.200	0.400	0.500	1.000
	其他材料费		%	5.00	5.00	5.00	5.00	5.00	5.00
机械	汽车式起重机 8t		台班	—	—	—	—	—	0.800

3. 电动往复泵

计量单位：台

定 额 编 号				1-8-186	1-8-187	1-8-188	1-8-189	1-8-190	1-8-191
项　目				设备重量(t 以内)					
				0.5	0.7	1.0	3.0	5.0	7.0
名　称			单位	消　耗　量					
人工	合计工日		工日	9.450	12.675	16.425	35.400	45.975	55.125
	其中	普工	工日	1.890	2.535	3.285	7.080	9.195	11.025
		一般技工	工日	5.670	7.605	9.855	21.240	27.585	33.075
		高级技工	工日	1.890	2.535	3.285	7.080	9.195	11.025
材料	紫铜板 δ0.25～0.5		kg	0.050	0.070	0.100	0.300	0.500	0.700
	煤油		kg	1.000	1.500	2.000	5.000	8.000	10.000
	机油		kg	0.300	0.500	0.600	1.500	2.500	3.500
	黄油钙基脂		kg	0.200	0.300	0.500	0.800	1.200	1.500
	石棉橡胶板 高压 δ1～6		kg	0.200	0.300	0.400	1.200	1.500	2.000
	铁砂布 0#～2#		张	1.000	2.000	2.000	3.000	5.000	6.000
	青壳纸 δ0.1～1.0		kg	0.300	0.400	0.500	1.000	1.200	1.500
	研磨膏		盒	0.200	0.300	0.500	1.000	1.000	1.500
	其他材料费		%	5.00	5.00	5.00	5.00	5.00	5.00
机械	汽车式起重机 8t		台班	—	—	—	—	0.600	0.800

4. 柱 塞 泵

(1) 高压柱塞泵(3 ~ 4 柱塞)

计量单位:台

定 额 编 号			1-8-192	1-8-193	1-8-194	1-8-195
项 目			设备重量(t 以内)			
			1.0	2.5	5.0	8.0
名 称		单位	消 耗 量			
人工	合计工日	工日	18.000	33.825	48.525	74.550
	其中 普工	工日	3.600	6.765	9.705	14.910
	一般技工	工日	10.800	20.295	29.115	44.730
	高级技工	工日	3.600	6.765	9.705	14.910
材料	紫铜板 δ0.25 ~ 0.5	kg	0.050	0.200	0.300	0.400
	煤油	kg	2.000	4.000	6.000	8.000
	机油	kg	0.400	1.000	2.000	3.200
	黄油钙基脂	kg	0.300	0.800	1.200	1.500
	石棉橡胶板 高压 δ1 ~ 6	kg	0.500	1.000	1.000	1.000
	铁砂布 0# ~ 2#	张	1.000	2.000	3.000	4.000
	青壳纸 δ0.1 ~ 1.0	kg	0.500	0.800	1.200	1.500
	研磨膏	盒	0.500	1.000	1.000	1.000
	其他材料费	%	5.00	5.00	5.00	5.00
机械	汽车式起重机 8t	台班	—	—	0.600	0.800

计量单位:台

定 额 编 号			1-8-196	1-8-197	1-8-198	1-8-199
项 目			设备重量(t 以内)			
			10.0	16	25.5	35.0
名 称		单位	消 耗 量			
人工	合计工日	工日	85.200	117.825	141.000	166.050
	其中 普工	工日	17.040	23.565	28.200	33.210
	一般技工	工日	51.120	70.695	84.600	99.630
	高级技工	工日	17.040	23.565	28.200	33.210
材料	紫铜板 δ0.25 ~ 0.5	kg	0.500	0.800	1.200	1.500
	煤油	kg	10.000	16.000	25.000	35.000
	机油	kg	4.000	6.000	10.000	12.000
	黄油钙基脂	kg	2.000	2.500	3.000	3.500
	石棉橡胶板 高压 δ1 ~ 6	kg	2.500	3.000	4.000	4.500
	铁砂布 0# ~ 2#	张	5.000	6.000	8.000	10.000
	青壳纸 δ0.1 ~ 1.0	kg	1.800	2.000	2.500	3.000
	研磨膏	盒	1.500	2.000	3.000	3.000
	其他材料费	%	5.00	5.00	5.00	5.00
机械	汽车式起重机 25t	台班	—	—	2.000	2.500
	汽车式起重机 16t	台班	1.000	1.250	—	—

(2)高压高速柱塞泵(6～24柱塞)

计量单位:台

定额编号				1-8-200	1-8-201	1-8-202	1-8-203
项　目				设备重量(t以内)			
				5.0	10	15	18
名　称			单位	消　耗　量			
人工	合计工日		工日	54.375	88.875	119.700	144.000
	其中	普工	工日	10.875	17.775	23.940	28.800
		一般技工	工日	32.625	53.325	71.820	86.400
		高级技工	工日	10.875	17.775	23.940	28.800
材料	紫铜板 δ0.25～0.5		kg	0.400	0.500	0.750	0.900
	煤油		kg	5.000	10.000	15.000	20.000
	机油		kg	2.000	4.000	6.000	8.000
	黄油钙基脂		kg	1.000	1.500	1.800	1.800
	石棉橡胶板 高压 δ1～6		kg	1.500	1.800	1.800	2.000
	铁砂布 0#～2#		张	4.000	5.000	1.200	6.000
	青壳纸 δ0.1～1.0		kg	1.200	1.500	1.500	1.500
	研磨膏		盒	1.000	1.000	1.500	2.000
	其他材料费		%	5.00	5.00	5.00	5.00
机械	汽车式起重机 25t		台班	—	—	1.600	2.000
	汽车式起重机 8t		台班	0.800	—	—	—
	汽车式起重机 16t		台班	—	1.300	—	—

5.蒸汽往复泵

计量单位:台

定额编号				1-8-204	1-8-205	1-8-206	1-8-207	1-8-208	1-8-209
项　目				设备重量(t以内)					
				0.5	1.0	1.5	3.0	5.0	7.0
名　称			单位	消　耗　量					
人工	合计工日		工日	9.450	14.400	18.750	33.525	43.125	60.975
	其中	普工	工日	1.890	2.880	3.750	6.705	8.625	12.195
		一般技工	工日	5.670	8.640	11.250	20.115	25.875	36.585
		高级技工	工日	1.890	2.880	3.750	6.705	8.625	12.195
材料	紫铜板 δ0.25～0.5		kg	0.050	0.050	0.100	0.200	0.300	0.400
	煤油		kg	1.000	2.000	3.000	4.000	5.000	8.000
	机油		kg	0.300	0.400	0.800	1.200	2.000	2.800
	二硫化钼粉		kg	0.200	0.400	0.600	1.000	1.500	2.000
	石棉橡胶板 高压 δ1～6		kg	0.500	0.600	0.800	1.000	1.200	1.400
	铁砂布 0#～2#		张	1.000	2.000	3.000	4.000	5.000	6.000
	青壳纸 δ0.1～1.0		kg	0.500	0.600	0.800	1.000	1.200	1.300
	研磨膏		盒	0.200	0.400	0.800	1.000	1.000	1.000
	其他材料费		%	5.00	5.00	5.00	5.00	5.00	5.00
机械	汽车式起重机 8t		台班	—	—	—	—	0.600	0.800

计量单位:台

定额编号				1-8-210	1-8-211	1-8-212	1-8-213	1-8-214
项目				设备重量(t以内)				
				10	15	20	25	30
名称			单位	消耗量				
人工	合计工日		工日	85.050	116.625	141.000	156.300	174.750
	其中	普工	工日	17.010	23.325	28.200	31.260	34.950
		一般技工	工日	51.030	69.975	84.600	93.780	104.850
		高级技工	工日	17.010	23.325	28.200	31.260	34.950
材料	紫铜板 δ0.25~0.5		kg	0.500	0.800	1.000	1.200	1.500
	煤油		kg	10.000	15.000	20.000	25.000	30.000
	机油		kg	4.000	6.000	8.000	10.000	12.000
	二硫化钼粉		kg	2.000	2.500	3.000	3.000	4.000
	石棉橡胶板 高压 δ1~6		kg	1.500	2.000	2.200	2.500	3.000
	铁砂布 0#~2#		张	8.000	10.000	15.000	16.000	18.000
	青壳纸 δ0.1~1.0		kg	1.500	1.800	2.000	2.200	2.500
	研磨膏		盒	1.000	1.500	2.000	2.000	3.000
	其他材料费		%	5.00	5.00	5.00	5.00	5.00
机械	汽车式起重机 25t		台班	—	—	1.800	2.000	2.500
	汽车式起重机 16t		台班	1.000	1.500	—	—	—

6.计 量 泵

计量单位:台

定额编号				1-8-215	1-8-216	1-8-217	1-8-218
项目				设备重量(t以内)			
				0.2	0.4	0.7	1.0
名称			单位	消耗量			
人工	合计工日		工日	1.800	3.600	4.800	5.400
	其中	普工	工日	0.360	0.720	0.960	1.080
		一般技工	工日	1.080	2.160	2.880	3.240
		高级技工	工日	0.360	0.720	0.960	1.080
材料	煤油		kg	1.000	1.000	1.500	2.000
	机油		kg	0.200	0.200	0.500	0.600
	黄油钙基脂		kg	0.200	0.300	0.500	0.500
	铁砂布 0#~2#		张	1.000	1.000	1.000	1.000
	研磨膏		盒	0.200	0.200	0.400	0.500
	其他材料费		%	5.00	5.00	5.00	5.00

7. 螺杆泵及齿轮油泵

计量单位:台

定额编号			1-8-219	1-8-220	1-8-221	1-8-222
项　目			螺杆泵			
			设备重量(t以内)			
			0.5	1.0	3.0	5.0
名　称		单位	消耗量			
人工	合计工日	工日	2.700	3.600	9.000	18.000
	其中 普工	工日	0.540	0.720	1.800	3.600
	其中 一般技工	工日	1.620	2.160	5.400	10.800
	其中 高级技工	工日	0.540	0.720	1.800	3.600
材料	紫铜板 δ0.25~0.5	kg	0.030	0.050	0.150	0.250
	煤油	kg	1.000	2.000	3.000	5.000
	机油	kg	0.300	0.400	1.200	2.000
	黄油钙基脂	kg	0.200	0.400	1.200	1.500
	铁砂布 0#~2#	张	1.000	2.000	3.000	5.000
	青壳纸 δ0.1~1.0	kg	0.300	0.500	0.800	1.000
	研磨膏	盒	0.200	0.400	0.600	1.000
	其他材料费	%	5.00	5.00	5.00	5.00
机械	汽车式起重机 8t	台班	—	—	0.500	0.800

计量单位:台

定额编号			1-8-223	1-8-224	1-8-225	1-8-226
项　目			螺杆泵		齿轮油泵	
			设备重量(t以内)			
			7.0	10	0.5	1.0
名　称		单位	消耗量			
人工	合计工日	工日	21.000	30.000	1.650	1.875
	其中 普工	工日	4.200	6.000	0.330	0.375
	其中 一般技工	工日	12.600	18.000	0.990	1.125
	其中 高级技工	工日	4.200	6.000	0.330	0.375
材料	紫铜板 δ0.25~0.5	kg	0.350	0.500	0.500	0.500
	煤油	kg	8.000	10.000	1.000	1.000
	机油	kg	3.200	4.000	0.200	0.200
	黄油钙基脂	kg	2.000	2.500	0.150	0.200
	铁砂布 0#~2#	张	4.000	6.000	0.800	1.000
	青壳纸 δ0.1~1.0	kg	1.000	1.200	0.200	0.200
	研磨膏	盒	1.000	1.000	0.100	0.200
	其他材料费	%	5.00	5.00	5.00	5.00
机械	汽车式起重机 8t	台班	0.800	—	—	—
	汽车式起重机 16t	台班	—	1.000	—	—

8.真 空 泵

计量单位:台

定 额 编 号			1-8-227	1-8-228	1-8-229	1-8-230	1-8-231	1-8-232
项 目			真空泵					螺杆泵
			设备重量(t 以内)					
			0.5	1.0	2.0	3.5	5.0	7.0
名 称		单位	消 耗 量					
人工	合计工日	工日	6.300	9.600	15.525	29.850	38.925	51.450
其中	普工	工日	1.260	1.920	3.105	5.970	7.785	10.290
	一般技工	工日	3.780	5.760	9.315	17.910	23.355	30.870
	高级技工	工日	1.260	1.920	3.105	5.970	7.785	10.290
材料	紫铜板 δ0.25~0.5	kg	0.030	0.050	0.100	0.200	0.300	0.400
	煤油	kg	1.000	2.000	3.000	4.000	5.000	7.000
	机油	kg	0.300	0.400	0.600	1.000	1.500	2.000
	黄油钙基脂	kg	0.200	0.400	0.800	1.000	1.200	1.500
	合成树脂密封胶	kg	0.100	0.200	0.300	0.400	0.400	0.500
	铁砂布 0#~2#	张	1.000	2.000	2.000	3.000	4.000	5.000
	青壳纸 δ0.1~1.0	kg	0.500	0.500	0.600	2.000	1.000	1.200
	研磨膏	盒	0.200	0.300	0.400	0.600	0.800	1.000
	其他材料费	%	5.00	5.00	5.00	5.00	5.00	5.00
机械	汽车式起重机 8t	台班	—	—	—	—	0.600	0.800

9.屏 蔽 泵

计量单位:台

定 额 编 号			1-8-233	1-8-234	1-8-235	1-8-236
项 目			设备重量(t 以内)			
			0.3	0.5	0.7	1.0
名 称		单位	消 耗 量			
人工	合计工日	工日	1.200	1.725	2.025	2.400
其中	普工	工日	0.240	0.345	0.405	0.480
	一般技工	工日	0.720	1.035	1.215	1.440
	高级技工	工日	0.240	0.345	0.405	0.480
材料	煤油	kg	1.000	1.500	2.000	2.000
	机油	kg	0.200	0.300	0.400	0.400
	黄油钙基脂	kg	0.200	0.200	0.300	0.400
	其他材料费	%	5.00	5.00	5.00	5.00

第九章　压缩机安装
（030110）

说　　明

一、本章内容包括活塞式 L、Z 型压缩机、活塞式 V、W、S 型压缩机、活塞式 V、W、S 型制冷压缩机的整体安装，回转式螺杆压缩机整体安装，活塞式 2D(2M)、4D(4M)型对称平衡式压缩机解体安装，活塞式 H 型中间直联同步压缩机解体安装，离心式压缩机整体安装，离心式压缩机解体安装，离心式压缩机拆装检查。

二、本章包括以下工作内容：

1. 设备本体及与主机本体联体的附属设备、附属成品管道、冷却系统、润滑系统以及支架、防护罩等附件的安装；

2. 与主机在同一底座上的电动机安装；

3. 空负荷试车。

三、本章不包括以下工作内容：

1. 除与主机在同一底座上的电动机已包括安装外，其他类型解体安装的压缩机，均不包括电动机、汽轮机及其他动力机械的安装；

2. 与主机本体联体的各级出入口第一个法兰外的各种管道、空气干燥设备及净化设备、油水分离设备、废油回收设备、自控系统、仪表系统安装以及支架、沟槽、防护罩等的制作加工；

3. 介质的充灌；

4. 主机本体循环油(按设备带有考虑)；

5. 电动机拆装检查及配线、接线等电气工程；

6. 负荷试车及联动试车。

四、关于下列各项费用的规定：

1. 本章原动机是按电动机驱动考虑，如为汽轮机驱动则相应定额人工乘以系数 1.14；

2. 活塞式 V、W、S 型压缩机的安装是按单级压缩机考虑的，安装同类型双级压缩机时，按相应子目人工乘以系数 1.40；

3. 解体安装的压缩机需在无负荷试运转后检查、回装及调整时，按相应解体安装子目人工、机械乘以系数 1.15。

工程量计算规则

一、整体安装压缩机的设备重量,按同一底座上的压缩机本体、电动机、仪表盘及附件、底座等总重量计算。

二、解体安装压缩机按压缩机本体、附件、底座及随本体到货附属设备的总重量计算,不包括电动机、汽轮机及其他动力机械的重量。电动机、汽轮机及其他动力机械的安装按相应项目另行计算。

三、DMH 型对称平衡式压缩机[包括活塞式 2D(2M)型对称平衡式压缩机、活塞式 4D(4M)型对称平衡式压缩机、活塞式 H 型中间直联同步压缩机]的重量,按压缩机本体、随本体到货的附属设备的总重量计算,不包括附属设备的安装,附属设备的安装按相应项目另行计算。

一、活塞式压缩机组安装

1. 活塞式 L 型及 Z 型 2 列压缩机整体安装

计量单位:台

定额编号				1-9-1	1-9-2	1-9-3	1-9-4	1-9-5	1-9-6
项目				机组重量(t 以内)					
				1	3	5	8	10	15
名称			单位	消耗量					
人工	合计工日		工日	23.750	32.590	43.596	61.860	74.770	114.640
	其中	普工	工日	4.750	6.518	8.719	12.372	14.954	22.928
		一般技工	工日	11.875	16.295	21.798	30.930	37.385	57.320
		高级技工	工日	7.125	9.777	13.079	18.558	22.431	34.392
材料	平垫铁(综合)		kg	12.240	17.440	23.400	32.040	47.080	59.480
	斜垫铁(综合)		kg	11.054	15.518	21.046	28.805	46.210	58.320
	紫铜板 δ0.08～0.2		kg	0.050	0.050	0.100	0.150	0.200	0.200
	木板		m^3	0.013	0.018	0.018	0.038	0.038	0.038
	道木		m^3	—	—	0.015	0.018	0.025	0.028
	煤油		kg	5.534	9.684	11.067	13.834	16.601	19.367
	机油		kg	0.396	0.949	1.107	1.266	1.582	1.740
	黄油钙基脂		kg	0.227	0.341	0.455	0.568	0.568	0.909
	氧气		m^3	1.020	1.020	2.040	2.040	2.040	3.060
	乙炔气		kg	0.340	0.340	0.680	0.680	0.680	1.020
	金属滤网		m^2	0.500	0.800	1.000	1.100	1.200	1.400
	石棉板衬垫		kg	0.220	1.580	2.230	3.200	3.400	3.400
	塑料管		m	1.500	2.500	3.500	4.500	5.500	6.500
	密封胶		支	2.000	4.000	6.000	8.000	10.000	12.000
	砂纸		张	5.000	8.000	10.000	12.000	14.000	16.000
	铜丝布		m	0.010	0.020	0.030	0.040	0.040	0.050
	不锈钢板(综合)		kg	0.050	0.080	0.100	0.120	0.140	0.160
	低碳钢焊条 J422(综合)		kg	0.546	0.630	0.798	0.819	1.134	1.134
	其他材料费		%	5.00	5.00	5.00	5.00	5.00	5.00
机械	叉式起重机 5t		台班	0.300	0.500	—	—	—	—
	平板拖车组 20t		台班	—	—	—	—	—	0.500
	载重汽车 15t		台班	—	—	—	—	0.500	—
	载重汽车 10t		台班	—	—	0.300	0.500	—	—
	汽车式起重机 8t		台班	0.300	0.300	0.500	—	—	—
	汽车式起重机 16t		台班	—	—	—	0.500	—	—
	汽车式起重机 25t		台班	—	—	—	—	0.700	1.000
	交流弧焊机 21kV·A		台班	0.200	0.400	0.500	0.600	0.800	0.800
	真空滤油机 6000L/h		台班	0.300	0.500	0.700	1.000	1.000	1.000
仪表	激光轴对中仪		台班	—	—	—	—	1.000	1.000

计量单位:台

定额编号				1-9-7	1-9-8	1-9-9	1-9-10	1-9-11	1-9-12
项目				机组重量(t以内)					
				双重整机15	20	25	30	40	50
名称			单位	消耗量					
人工	合计工日		工日	162.130	146.720	188.150	214.285	287.775	333.336
	其中	普工	工日	32.426	29.344	37.630	42.857	57.555	66.667
		一般技工	工日	81.065	73.360	94.075	107.142	143.887	166.668
		高级技工	工日	48.639	44.016	56.445	64.286	86.333	100.001
材料	平垫铁(综合)		kg	90.240	87.720	124.760	137.160	161.800	192.720
	斜垫铁(综合)		kg	87.012	84.780	120.055	132.166	155.330	185.079
	紫铜板 δ0.08~0.2		kg	0.400	0.200	0.300	0.300	0.400	0.500
	木板		m^3	0.050	0.100	0.100	0.125	0.150	0.200
	道木		m^3	0.040	0.041	0.041	0.041	0.041	0.041
	煤油		kg	39.525	22.134	23.517	24.901	27.668	30.434
	机油		kg	3.133	2.215	2.531	2.689	3.006	3.322
	黄油钙基脂		kg	1.688	1.136	1.364	1.364	1.591	1.591
	氧气		m^3	6.120	3.060	4.080	4.080	4.080	4.080
	乙炔气		kg	2.040	1.020	1.360	1.360	1.360	1.360
	金属滤网		m^2	1.800	2.000	2.200	2.400	2.600	2.800
	石棉板衬垫		kg	6.980	4.300	4.600	4.900	6.800	7.200
	密封胶		支	16.000	18.000	20.000	22.000	24.000	26.000
	塑料管		m	8.500	9.500	10.500	11.000	13.000	15.000
	砂纸		张	19.000	21.000	23.000	24.000	26.000	28.000
	不锈钢板(综合)		kg	0.200	0.250	0.300	0.350	0.400	0.500
	低碳钢焊条 J422(综合)		kg	1.300	2.268	3.318	3.318	3.318	3.318
	石棉橡胶板 高压 δ1~6		kg	3.200	3.500	4.000	4.530	4.800	6.200
	其他材料费		%	5.00	5.00	5.00	5.00	5.00	5.00
机械	平板拖车组 20t		台班	1.000	—	—	—	—	—
	汽车式起重机 75t		台班	—	—	—	1.000	1.000	—
	平板拖车组 40t		台班	—	—	—	1.000	1.000	1.000
	平板拖车组 30t		台班	—	1.000	1.000	—	—	—
	汽车式起重机 25t		台班	1.000	—	—	—	—	—
	汽车式起重机 50t		台班	—	1.000	1.000	—	1.000	—
	汽车式起重机 120t		台班	—	—	—	—	—	1.000
	交流弧焊机 21kV·A		台班	2.000	1.000	1.000	1.000	1.500	2.000
	真空滤油机 6000L/h		台班	2.000	2.000	2.000	2.000	2.000	2.000
仪表	激光轴对中仪		台班	2.000	1.000	1.000	1.000	1.000	1.000

2. 活塞式 Z 型 3 列压缩机整体安装

计量单位：台

定额编号			1-9-13	1-9-14	1-9-15	1-9-16	1-9-17	1-9-18
项目			机组重量(t 以内)					
			1	3	5	8	10	15
名称		单位	消耗量					
人工	合计工日	工日	39.932	64.060	72.210	89.966	104.660	138.920
人工	其中 普工	工日	7.984	12.812	14.442	17.993	20.932	27.784
人工	其中 一般技工	工日	19.968	32.030	36.105	44.983	52.330	69.460
人工	其中 高级技工	工日	11.980	19.218	21.663	26.990	31.398	41.676
材料	平垫铁(综合)	kg	12.240	23.400	32.040	47.560	71.880	90.240
材料	斜垫铁(综合)	kg	11.054	21.046	28.805	36.564	70.430	87.012
材料	紫铜板 δ0.08～0.2	kg	0.010	0.020	0.030	0.045	0.075	0.100
材料	木板	m^3	0.006	0.008	0.011	0.012	0.012	0.015
材料	道木	m^3	0.019	0.019	0.019	0.444	0.444	0.610
材料	煤油	kg	11.858	15.810	19.763	25.691	31.620	41.501
材料	黄油钙基脂	kg	0.338	0.506	0.675	0.844	0.844	1.350
材料	机油	kg	1.175	2.350	3.524	4.112	4.699	7.049
材料	氧气	m^3	3.672	5.202	5.202	7.038	7.038	8.874
材料	乙炔气	kg	1.224	1.734	1.734	2.346	2.346	2.958
材料	铁砂布 0#～2#	张	10.000	15.000	15.000	18.000	18.000	21.000
材料	青壳纸 δ0.1～1.0	张	0.750	0.750	1.500	1.500	3.000	3.000
材料	金属滤网	m^2	0.500	0.800	1.000	1.100	1.200	1.400
材料	石棉板衬垫	kg	1.200	2.700	3.800	4.900	5.200	5.500
材料	密封胶	支	2.000	4.000	6.000	8.000	10.000	12.000
材料	塑料管	m	1.500	2.500	3.500	4.500	5.500	6.500
材料	砂纸	张	5.000	8.000	10.000	12.000	14.000	16.000
材料	不锈钢板(综合)	kg	0.050	0.080	0.100	0.120	0.140	0.160
材料	低碳钢焊条 J422(综合)	kg	1.151	0.173	0.173	0.250	0.277	0.277
材料	其他材料费	%	5.00	5.00	5.00	5.00	5.00	5.00
机械	叉式起重机 5t	台班	0.300	0.500	—	—	—	—
机械	平板拖车组 20t	台班	—	—	—	—	—	1.000
机械	载重汽车 15t	台班	—	—	—	—	0.500	—
机械	载重汽车 10t	台班	—	—	0.300	0.500	—	—
机械	汽车式起重机 8t	台班	0.300	0.300	0.500	—	—	—
机械	汽车式起重机 16t	台班	—	—	—	0.500	—	—
机械	汽车式起重机 25t	台班	—	—	—	—	0.700	1.000
机械	电动空气压缩机 $6m^3$/min	台班	0.500	0.500	0.500	0.500	1.000	1.000
机械	试压泵 60MPa	台班	1.000	1.000	1.000	1.000	1.000	1.000
机械	交流弧焊机 21kV·A	台班	0.200	0.300	0.400	0.500	0.500	1.000
机械	真空滤油机 6000L/h	台班	0.300	0.500	0.700	1.000	1.000	1.000

3. 活塞式 V、W、S 型压缩机整体安装

计量单位：台

定额编号				1-9-19	1-9-20	1-9-21	1-9-22	1-9-23	1-9-24
机组形式				V 型					
汽缸数量(个)				2			4		
缸径(mm)/机组重量(t)				70/0.5	100/0.8	125/1	70/0.8	100/1	125/1.5
名称			单位	消耗量					
人工	合计工日		工日	6.497	7.146	8.070	7.566	8.210	9.966
	其中	普工	工日	1.299	1.429	1.614	1.513	1.642	1.993
		一般技工	工日	3.248	3.573	4.035	3.783	4.105	4.983
		高级技工	工日	1.950	2.144	2.421	2.270	2.463	2.990
材料	平垫铁(综合)		kg	12.240	12.240	18.360	12.560	18.360	24.480
	斜垫铁(综合)		kg	11.054	11.054	16.582	11.054	16.582	22.110
	木板		m^3	0.003	0.004	0.021	0.003	0.004	0.021
	机油		kg	0.119	0.158	0.158	0.158	0.237	0.316
	黄油钙基脂		kg	0.512	0.568	0.682	0.512	0.716	0.853
	橡胶盘根 低压		kg	0.100	0.200	0.300	0.200	0.500	0.700
	金属滤网		m^2	0.500	0.500	0.500	0.500	0.500	0.500
	石棉板衬垫		kg	1.500	1.700	1.900	1.500	1.700	2.200
	密封胶		支	2.000	2.000	2.000	2.000	2.000	2.000
	塑料管		m	1.500	1.500	1.500	1.500	1.500	1.500
	砂纸		张	5.000	5.000	5.000	5.000	5.000	5.000
	紫铜板 δ0.08～0.2		kg	0.020	0.020	0.020	0.030	0.030	0.030
	不锈钢板(综合)		kg	0.050	0.050	0.050	0.050	0.050	0.050
	低碳钢焊条 J422(综合)		kg	0.210	0.210	0.210	0.210	0.210	0.210
	其他材料费		%	5.00	5.00	5.00	5.00	5.00	5.00
机械	叉式起重机 5t		台班	0.300	0.300	0.300	0.300	0.300	0.300
	汽车式起重机 8t		台班	0.250	0.250	0.250	0.250	0.300	0.300
	交流弧焊机 21kV·A		台班	0.200	0.200	0.200	0.200	0.200	0.200
	真空滤油机 6000L/h		台班	0.300	0.300	0.300	0.300	0.300	0.300

计量单位:台

定额编号			1-9-25	1-9-26	1-9-27	1-9-28	1-9-29	1-9-30
机组形式			W型			S型		
汽缸数量(个)			6			8		
缸径(mm)/机组重量(t)			70/1.2	100/1.5	125/2	70/1.5	100/2	125/2.5
名称		单位	消耗量					
人工	合计工日	工日	8.136	11.186	12.476	11.260	12.600	15.586
人工	其中 普工	工日	1.627	2.237	2.495	2.252	2.520	3.117
人工	其中 一般技工	工日	4.068	5.593	6.238	5.630	6.300	7.793
人工	其中 高级技工	工日	2.441	3.356	3.743	3.378	3.780	4.676
材料	平垫铁(综合)	kg	12.240	24.480	24.480	18.360	24.480	30.600
材料	斜垫铁(综合)	kg	16.582	22.109	22.109	16.582	22.109	27.636
材料	木板	m^3	0.010	0.020	0.025	0.011	0.023	0.025
材料	机油	kg	0.316	0.515	0.594	0.396	0.633	0.791
材料	黄油钙基脂	kg	0.626	0.853	1.023	0.682	0.909	1.136
材料	橡胶盘根 低压	kg	0.500	1.000	1.200	0.600	1.000	1.500
材料	金属滤网	m^2	0.500	0.500	0.500	0.500	0.500	0.500
材料	石棉板衬垫	kg	2.200	2.500	2.800	2.200	3.400	3.800
材料	密封胶	支	2.000	2.000	2.000	2.000	2.000	2.000
材料	塑料管	m	1.500	1.500	1.500	1.500	1.500	1.500
材料	砂纸	张	5.000	5.000	5.000	5.000	5.000	5.000
材料	不锈钢板(综合)	kg	0.050	0.050	0.050	0.050	0.050	0.050
材料	紫铜板 δ0.08～0.2	kg	0.030	0.030	0.040	0.040	0.040	0.040
材料	低碳钢焊条 J422(综合)	kg	0.210	0.210	0.210	0.210	0.210	0.210
材料	其他材料费	%	5.00	5.00	5.00	5.00	5.00	5.00
机械	汽车式起重机 8t	台班	0.300	0.300	0.300	0.300	0.300	0.300
机械	叉式起重机 5t	台班	0.300	0.300	0.300	0.300	0.300	0.300
机械	交流弧焊机 21kV·A	台班	0.200	0.200	0.300	0.200	0.300	0.400
机械	真空滤油机 6000L/h	台班	0.300	0.300	0.300	0.300	0.300	0.300

4. 活塞式V、W、S型制冷压缩机整体安装

计量单位:台

定额编号				1-9-31	1-9-32	1-9-33	1-9-34	1-9-35	1-9-36
机组形式				V型					
汽缸数量(个)				2					
缸径(mm)/机组重量(t)				100/0.5	100/0.8	100/1	125/2	170/3.0	200/5.0
名称			单位	消耗量					
人工	合计工日		工日	16.830	19.436	21.346	22.400	29.776	48.916
	其中	普工	工日	3.366	3.887	4.269	4.480	5.955	9.783
		一般技工	工日	8.415	9.718	10.673	11.200	14.888	24.458
		高级技工	工日	5.049	5.831	6.404	6.720	8.933	14.675
材料	平垫铁(综合)		kg	12.240	12.240	18.360	24.480	26.460	40.680
	斜垫铁(综合)		kg	11.054	11.054	16.582	22.109	23.809	36.564
	紫铜板 δ0.08~0.2		kg	0.020	0.020	0.020	0.020	0.030	0.040
	木板		m^3	0.008	0.008	0.010	0.013	0.036	0.044
	机油		kg	0.158	0.175	0.209	0.237	0.475	0.633
	黄油钙基脂		kg	0.568	0.568	0.568	0.568	0.818	0.909
	橡胶盘根 低压		kg	0.300	0.300	0.350	0.350	0.500	0.800
	密封胶		支	2.000	2.000	2.000	2.000	4.000	6.000
	金属滤网		m^2	0.500	0.500	0.500	0.500	0.800	1.000
	石棉板衬垫		kg	1.100	1.100	1.100	3.800	5.400	5.800
	塑料管		m	1.500	1.500	1.500	1.500	2.500	3.500
	砂纸		张	5.000	5.000	5.000	5.000	8.000	10.000
	不锈钢板(综合)		kg	0.050	0.050	0.050	0.050	0.080	0.100
	低碳钢焊条 J422(综合)		kg	0.210	0.200	0.200	0.210	0.420	0.630
	其他材料费		%	5.00	5.00	5.00	5.00	5.00	5.00
机械	叉式起重机 5t		台班	0.300	0.300	0.300	0.500	0.500	—
	汽车式起重机 8t		台班	0.250	0.250	0.250	0.300	0.300	0.500
	载重汽车 10t		台班	—	—	—	—	—	0.300
	交流弧焊机 21kV·A		台班	0.200	0.200	0.300	0.200	0.300	0.500
	真空滤油机 6000L/h		台班	0.300	0.300	0.300	0.300	0.500	0.700

计量单位:台

定额编号				1-9-37	1-9-38	1-9-39	1-9-40
机组形式				V型			
汽缸数量(个)				4			
缸径(mm)/机组重量(t)				100/0.75	125/2.0	170/4.0	200/6.0
名称			单位	消耗量			
人工	合计工日		工日	19.866	29.170	39.386	60.566
	其中	普工	工日	3.973	5.834	7.877	12.113
		一般技工	工日	9.933	14.585	19.693	30.283
		高级技工	工日	5.960	8.751	11.816	18.170
材料	平垫铁(综合)		kg	12.240	24.480	25.920	46.800
	斜垫铁(综合)		kg	11.054	22.109	23.278	42.091
	紫铜板 δ0.08～0.2		kg	0.020	0.030	0.030	0.040
	木板		m^3	0.010	0.018	0.039	0.050
	机油		kg	0.237	0.515	1.028	0.712
	黄油钙基脂		kg	0.682	0.966	1.159	0.909
	橡胶盘根 低压		kg	0.500	0.500	0.800	1.000
	密封胶		支	2.000	2.000	4.000	4.000
	金属滤网		m^2	0.500	0.500	0.800	0.800
	石棉板衬垫		kg	2.000	2.000	6.430	6.850
	塑料管		m	1.500	1.500	2.500	2.500
	砂纸		张	5.000	5.000	8.000	8.000
	不锈钢板(综合)		kg	0.050	0.050	0.080	0.080
	低碳钢焊条 J422(综合)		kg	0.210	0.100	0.420	0.630
	其他材料费		%	5.00	5.00	5.00	5.00
机械	叉式起重机 5t		台班	0.300	0.500	0.500	—
	汽车式起重机 8t		台班	0.250	0.300	0.300	—
	汽车式起重机 16t		台班	—	—	—	0.500
	载重汽车 10t		台班	—	—	—	0.300
	交流弧焊机 21kV·A		台班	0.200	0.200	0.400	0.500
	真空滤油机 6000L/h		台班	0.300	0.300	0.300	0.700

计量单位：台

定额编号			1-9-41	1-9-42	1-9-43	1-9-44
机组形式			W型			
汽缸数量(个)			6			
缸径(mm)/机组重量(t)			100/1.0	125/2.5	170/5.0	200/8.0
名称		单位	消耗量			
人工	合计工日	工日	24.636	33.642	45.960	72.130
人工	其中 普工	工日	4.927	6.729	9.192	14.426
人工	其中 一般技工	工日	12.318	16.823	22.980	36.065
人工	其中 高级技工	工日	7.391	10.090	13.788	21.639
材料	平垫铁(综合)	kg	18.360	32.040	40.680	49.320
材料	斜垫铁(综合)	kg	16.582	28.805	36.564	38.796
材料	紫铜板 δ0.08～0.2	kg	0.020	0.030	0.030	0.060
材料	木板	m^3	0.020	0.020	0.045	0.063
材料	机油	kg	0.515	0.949	1.266	0.791
材料	黄油钙基脂	kg	0.795	0.966	1.375	0.909
材料	橡胶盘根 低压	kg	0.600	1.000	1.000	1.500
材料	密封胶	支	2.000	2.000	6.000	8.000
材料	金属滤网	m^2	0.500	0.800	1.000	1.100
材料	石棉板衬垫	kg	2.400	6.200	7.400	8.200
材料	塑料管	m	1.500	1.500	3.500	4.500
材料	砂纸	张	5.000	5.000	10.000	12.000
材料	不锈钢板(综合)	kg	0.050	0.050	0.100	0.120
材料	低碳钢焊条 J422(综合)	kg	0.210	0.420	0.420	0.630
材料	其他材料费	%	5.00	5.00	5.00	5.00
机械	叉式起重机 5t	台班	0.300	0.500	—	—
机械	汽车式起重机 8t	台班	0.300	0.300	0.500	—
机械	汽车式起重机 16t	台班	—	—	—	0.500
机械	载重汽车 10t	台班	—	—	0.500	0.500
机械	交流弧焊机 21kV·A	台班	0.200	0.300	0.500	0.500
机械	真空滤油机 6000L/h	台班	0.500	0.500	0.700	1.000

计量单位:台

定额编号				1-9-45	1-9-46	1-9-47	1-9-48
机组形式				S型			
汽缸数量(个)				8			
缸径(mm)/机组重量(t)				100/1.5	125/3.0	170/6.0	200/10.0
名称			单位	消耗量			
人工	合计工日		工日	27.440	40.840	52.140	81.726
	其中	普工	工日	5.488	8.168	10.428	16.345
		一般技工	工日	13.720	20.420	26.070	40.863
		高级技工	工日	8.232	12.252	15.642	24.518
材料	平垫铁(综合)		kg	21.420	32.040	46.800	84.280
	斜垫铁(综合)		kg	19.345	28.805	42.091	81.983
	紫铜板 δ0.08~0.2		kg	0.030	0.030	0.030	0.080
	木板		m^3	0.013	0.021	0.054	0.088
	机油		kg	0.633	1.187	1.424	0.949
	黄油钙基脂		kg	1.080	1.375	1.421	1.023
	橡胶盘根 低压		kg	0.800	2.000	2.300	2.000
	金属滤网		m^2	0.500	0.500	1.000	1.000
	密封胶		支	2.000	2.000	6.000	10.000
	石棉板衬垫		kg	3.200	6.800	8.530	9.540
	塑料管		m	1.500	1.500	3.500	5.500
	砂纸		张	5.000	5.000	10.000	14.000
	不锈钢板(综合)		kg	0.050	0.050	0.100	0.140
	低碳钢焊条 J422(综合)		kg	0.210	0.420	0.420	0.630
	其他材料费		%	5.00	5.00	5.00	5.00
机械	叉式起重机 5t		台班	0.300	0.500	—	—
	载重汽车 15t		台班	—	—	—	0.500
	载重汽车 10t		台班	—	—	0.300	—
	汽车式起重机 16t		台班	—	—	0.500	0.700
	交流弧焊机 21kV·A		台班	0.200	0.400	0.500	1.000
	真空滤油机 6000L/h		台班	0.300	0.500	0.700	1.000

5. 活塞式 2D(2M) 型对称平衡式压缩机解体安装

计量单位:台

定额编号			1-9-49	1-9-50	1-9-51	1-9-52	1-9-53
项目			机组重量(t以内)				
			5	8	15	20	30
名称		单位	消耗量				
人工	合计工日	工日	92.656	134.063	219.869	263.336	321.100
人工	其中 普工	工日	18.531	26.813	43.974	52.666	64.220
人工	其中 一般技工	工日	27.797	40.220	65.960	79.000	96.330
人工	其中 高级技工	工日	46.328	67.030	109.935	131.670	160.550
材料	平垫铁(综合)	kg	129.580	132.100	147.880	213.080	264.640
材料	斜垫铁(综合)	kg	120.989	123.221	137.887	193.471	240.422
材料	紫铜板 δ0.08~0.2	kg	0.030	0.040	0.080	0.100	0.150
材料	木板	m^3	0.040	0.050	0.090	0.100	0.160
材料	道木	m^3	0.025	0.025	0.025	0.025	0.041
材料	煤油	kg	21.080	25.191	47.232	62.977	94.465
材料	机油	kg	2.506	2.506	4.699	6.265	9.398
材料	黄油钙基脂	kg	1.800	2.700	3.375	4.500	6.750
材料	氧气	m^3	4.590	4.590	7.038	7.038	10.710
材料	乙炔气	kg	1.530	1.530	2.346	2.346	3.570
材料	铁砂布 0#~2#	张	5.000	8.000	15.000	20.000	30.000
材料	青壳纸 δ0.1~1.0	张	1.000	1.000	2.000	2.000	2.000
材料	金属滤网	m^2	1.000	1.200	1.400	1.800	2.200
材料	石棉板衬垫	kg	5.400	7.290	8.950	12.300	17.600
材料	塑料管	m	3.500	4.500	5.500	6.500	8.500
材料	密封胶	支	6.000	8.000	10.000	14.000	16.000
材料	砂纸	张	12.000	14.000	16.000	18.000	20.000
材料	不锈钢板(综合)	kg	0.200	0.220	0.260	0.300	0.350
材料	低碳钢焊条 J422(综合)	kg	3.000	4.000	5.000	5.000	10.000
材料	其他材料费	%	8.00	8.00	8.00	8.00	8.00
机械	汽车式起重机 8t	台班	1.800	—	—	—	—
机械	汽车式起重机 16t	台班	—	1.800	—	—	—
机械	汽车式起重机 25t	台班	—	—	1.800	1.000	—
机械	汽车式起重机 75t	台班	—	—	—	—	0.500
机械	汽车式起重机 50t	台班	—	—	—	0.500	1.000
机械	电动空气压缩机 $6m^3/min$	台班	0.500	0.500	0.500	1.000	1.500
机械	平板拖车组 40t	台班	—	—	—	—	1.000
机械	平板拖车组 20t	台班	—	—	—	1.000	—
机械	载重汽车 10t	台班	1.000	1.000	1.000	—	—
机械	真空滤油机 6000L/h	台班	0.500	1.000	1.000	1.000	1.000
仪表	激光轴对中仪	台班	1.000	1.000	1.000	1.000	1.000

6. 活塞式4D(4M)型对称平衡式压缩机解体安装

计量单位:台

定额编号			1-9-54	1-9-55	1-9-56
项目			机组重量(t以内)		
			20	30	40
名称		单位	消耗量		
人工	合计工日	工日	372.338	396.250	410.195
	其中 普工	工日	74.468	79.250	82.038
	其中 一般技工	工日	111.700	118.875	123.057
	其中 高级技工	工日	186.170	198.125	205.100
材料	平垫铁(综合)	kg	256.080	299.440	335.440
	斜垫铁(综合)	kg	232.310	271.219	304.243
	紫铜板 δ0.08～0.2	kg	0.200	0.300	0.400
	木板	m^3	0.100	0.150	0.210
	道木	m^3	0.028	0.041	0.041
	煤油	kg	61.923	88.273	114.623
	黄油钙基脂	kg	4.500	6.750	9.000
	机油	kg	7.832	9.790	11.748
	氧气	m^3	12.240	18.360	18.360
	乙炔气	kg	4.080	6.120	6.120
	铁砂布 0#～2#	张	23.000	33.000	33.000
	青壳纸 δ0.1～1.0	张	4.000	4.000	5.000
	金属滤网	m^2	1.800	2.200	2.200
	密封胶	支	14.000	16.000	16.000
	石棉板衬垫	kg	13.230	21.540	34.320
	塑料管	m	6.500	8.500	8.500
	砂纸	张	18.000	20.000	20.000
	不锈钢板(综合)	kg	0.300	0.350	0.350
	低碳钢焊条 J422(综合)	kg	5.000	5.000	15.000
	其他材料费	%	8.00	8.00	8.00
机械	平板拖车组 40t	台班	—	1.000	1.500
	平板拖车组 20t	台班	1.000	—	—
	汽车式起重机 25t	台班	2.000	2.000	1.000
	汽车式起重机 50t	台班	0.500	0.500	2.500
	电动空气压缩机 $6m^3/min$	台班	1.000	1.000	1.500
	试压泵 60MPa	台班	1.000	1.000	1.500
	真空滤油机 6000L/h	台班	2.000	2.000	2.000
仪表	激光轴对中仪	台班	1.000	1.000	1.000

计量单位:台

定额编号			1-9-57	1-9-58	1-9-59	1-9-60
项目			机组重量(t以内)			
			50	80	120	150
名称		单位	消耗量			
人工	合计工日	工日	527.603	687.083	855.325	980.393
人工	其中 普工	工日	105.521	137.417	171.065	196.078
人工	其中 一般技工	工日	158.282	206.126	256.600	294.120
人工	其中 高级技工	工日	263.800	343.540	427.660	490.195
材料	平垫铁(综合)	kg	335.440	440.280	482.240	520.400
材料	斜垫铁(综合)	kg	304.243	416.179	434.842	468.256
材料	紫铜板 δ0.08~0.2	kg	0.500	0.800	1.000	1.500
材料	木板	m^3	0.225	0.260	0.300	3.500
材料	道木	m^3	0.075	0.075	0.105	0.105
材料	煤油	kg	131.750	171.275	197.625	223.975
材料	黄油钙基脂	kg	9.000	11.250	13.500	15.750
材料	机油	kg	14.097	20.363	21.929	25.062
材料	乙炔气	kg	8.160	8.160	8.160	8.160
材料	氧气	m^3	24.480	24.480	24.480	24.480
材料	铁砂布 0#~2#	张	33.000	43.000	53.000	62.000
材料	青壳纸 δ0.1~1.0	张	6.000	8.000	10.000	12.000
材料	金属滤网	m^2	2.600	2.800	3.000	3.200
材料	密封胶	支	18.000	22.000	26.000	26.000
材料	石棉板衬垫	kg	37.650	43.210	56.700	67.400
材料	塑料管	m	10.500	12.500	14.000	16.000
材料	砂纸	张	22.000	24.000	26.000	26.000
材料	不锈钢板(综合)	kg	0.400	0.450	0.500	0.550
材料	低碳钢焊条 J422(综合)	kg	15.000	25.000	30.000	35.000
材料	其他材料费	%	8.00	8.00	8.00	8.00
机械	汽车式起重机 50t	台班	3.000	1.000	1.000	1.000
机械	平板拖车组 40t	台班	1.500	1.500	2.000	2.000
机械	汽车式起重机 75t	台班	—	2.000	2.000	3.000
机械	电动空气压缩机 $6m^3/min$	台班	2.000	3.000	4.000	5.000
机械	汽车式起重机 25t	台班	1.000	1.000	1.000	1.000
机械	真空滤油机 6000L/h	台班	2.000	2.000	2.000	2.000
仪表	激光轴对中仪	台班	1.000	1.000	1.000	2.000

7. 活塞式H型中间直联同步压缩机解体安装

计量单位:台

定额编号				1-9-61	1-9-62	1-9-63
项目				机组重量(t以内)		
				20	40	55
名称			单位	消耗量		
人工	合计工日		工日	374.030	465.946	561.570
	其中	普工	工日	74.806	93.189	112.314
		一般技工	工日	112.209	139.784	168.471
		高级技工	工日	187.015	232.973	280.785
材料	平垫铁(综合)		kg	171.360	192.080	439.680
	斜垫铁(综合)		kg	158.458	178.063	408.369
	紫铜板 δ0.08~0.2		kg	0.200	0.400	0.550
	木板		m^3	0.100	0.210	0.225
	道木		m^3	0.028	0.041	0.080
	煤油		kg	59.288	109.353	144.925
	黄油钙基脂		kg	2.250	3.375	24.750
	氧气		m^3	8.160	12.240	12.240
	乙炔气		kg	2.723	4.080	4.080
	机油		kg	7.832	11.748	17.230
	铁砂布 0#~2#		张	24.000	35.000	38.000
	青壳纸 δ0.1~1.0		张	2.000	5.000	6.000
	金属滤网		m^2	1.800	2.000	2.500
	石棉板衬垫		kg	13.400	23.800	35.800
	塑料管		m	6.500	8.500	10.500
	砂纸		张	18.000	20.000	24.000
	密封胶		支	14.000	16.000	18.000
	不锈钢板(综合)		kg	0.300	0.400	0.450
	低碳钢焊条 J422(综合)		kg	5.000	15.000	20.000
	其他材料费		%	8.00	8.00	8.00
机械	汽车式起重机 25t		台班	2.000	2.000	2.000
	平板拖车组 40t		台班	—	1.000	1.000
	载重汽车 15t		台班	1.000	—	—
	汽车式起重机 50t		台班	0.500	0.500	1.000
	电动空气压缩机 $6m^3/min$		台班	1.000	1.500	2.500
	汽车式起重机 100t		台班	—	—	1.000
	真空滤油机 6000L/h		台班	2.000	2.000	2.000
仪表	激光轴对中仪		台班	1.000	1.000	1.000

计量单位:台

定额编号				1-9-64	1-9-65	1-9-66
项目				机组重量(t以内)		
				80	120	160
名称			单位	消耗量		
人工	合计工日		工日	719.912	900.342	1031.987
	其中	普工	工日	143.982	180.069	206.397
		一般技工	工日	215.970	270.100	309.600
		高级技工	工日	359.960	450.173	515.990
材料	平垫铁(综合)		kg	535.280	657.640	732.040
	斜垫铁(综合)		kg	493.661	611.781	678.912
	紫铜板 δ0.08~0.2		kg	0.600	1.200	1.600
	木板		m^3	0.240	0.300	0.360
	道木		m^3	0.080	0.120	0.170
	煤油		kg	223.975	289.850	342.550
	机油		kg	20.363	23.495	28.194
	黄油钙基脂		kg	27.000	27.000	27.000
	氧气		m^3	26.520	30.600	53.040
	乙炔气		kg	9.180	10.200	14.280
	铁砂布 0#~2#		张	38.000	48.000	48.000
	青壳纸 δ0.1~1.0		张	8.000	10.000	12.000
	金属滤网		m^2	3.000	3.500	4.000
	石棉板衬垫		kg	64.500	78.400	94.300
	塑料管		m	12.500	14.500	16.500
	密封胶		支	20.000	22.000	24.000
	砂纸		张	26.000	28.000	30.000
	不锈钢板(综合)		kg	0.500	0.600	0.800
	低碳钢焊条 J422(综合)		kg	20.000	20.000	25.000
	其他材料费		%	8.00	8.00	8.00
机械	平板拖车组 40t		台班	1.500	1.500	1.500
	汽车式起重机 50t		台班	1.000	1.000	1.000
	汽车式起重机 25t		台班	2.000	2.000	2.000
	电动空气压缩机 $6m^3/min$		台班	3.000	4.000	5.000
	真空滤油机 6000L/h		台班	2.000	2.000	2.000
仪表	激光轴对中仪		台班	1.000	1.000	1.000

二、回转式螺杆压缩机整体安装

计量单位:台

定额编号				1-9-67	1-9-68	1-9-69
项目				机组重量(t以内)		
				1	3	5
名称			单位	消耗量		
人工	合计工日		工日	26.320	40.550	48.950
	其中	普工	工日	5.264	8.170	9.790
		一般技工	工日	13.160	20.125	24.475
		高级技工	工日	7.896	12.255	14.685
材料	平垫铁(综合)		kg	18.360	32.040	40.680
	斜垫铁(综合)		kg	16.582	28.805	36.564
	木板		m^3	0.008	0.008	0.013
	煤油		kg	4.150	8.300	10.804
	机油		kg	0.316	0.791	0.791
	黄油钙基脂		kg	0.227	0.455	0.568
	氧气		m^3	1.020	1.020	1.020
	乙炔气		kg	2.000	0.340	0.340
	密封胶		支	2.000	4.000	6.000
	金属滤网		m^2	0.500	0.600	1.000
	石棉板衬垫		kg	0.480	0.520	0.580
	塑料管		m	1.500	2.500	3.500
	紫铜板 δ0.08～0.2		kg	0.030	0.030	0.040
	砂纸		张	5.000	6.000	10.000
	不锈钢板(综合)		kg	0.050	0.080	0.100
	低碳钢焊条 J422(综合)		kg	0.420	0.504	0.630
	其他材料费		%	5.00	5.00	5.00
机械	载重汽车 10t		台班	—	—	0.300
	叉式起重机 5t		台班	0.300	0.500	—
	汽车式起重机 8t		台班	0.500	0.500	1.000
	交流弧焊机 21kV·A		台班	0.200	0.300	0.500
	真空滤油机 6000L/h		台班	0.300	0.500	1.000
仪表	激光轴对中仪		台班	0.500	1.000	1.000

计量单位:台

定额编号				1-9-70	1-9-71	1-9-72	1-9-73
项目				机组重量(t 以内)			
				8	10	15	20
名称			单位	消耗量			
人工	合计工日		工日	77.240	94.320	118.100	172.529
	其中	普工	工日	15.448	18.864	23.620	34.508
		一般技工	工日	38.620	47.160	59.050	86.265
		高级技工	工日	23.172	28.296	35.430	51.756
材料	平垫铁(综合)		kg	49.320	84.280	90.240	102.640
	斜垫铁(综合)		kg	38.796	81.983	87.012	99.123
	木板		m^3	0.019	0.021	0.039	0.038
	道木		m^3	0.005	0.008	0.008	0.008
	煤油		kg	13.834	16.601	19.367	22.134
	机油		kg	0.949	1.187	1.187	1.187
	黄油钙基脂		kg	0.909	0.909	1.023	1.136
	氧气		m^3	1.530	2.040	2.550	3.060
	乙炔气		kg	0.510	0.680	0.850	1.020
	铜丝布		m	0.030	0.030	0.030	0.030
	金属滤网		m^2	1.100	1.200	1.400	1.400
	石棉板衬垫		kg	0.850	1.650	2.340	3.240
	塑料管		m	4.500	5.500	6.500	7.500
	密封胶		支	8.000	10.000	12.000	12.000
	紫铜板 δ0.08~0.2		kg	0.060	0.080	0.100	0.120
	砂纸		张	12.000	14.000	16.000	16.000
	不锈钢板(综合)		kg	0.120	0.140	0.160	0.160
	低碳钢焊条 J422(综合)		kg	0.840	1.281	1.365	1.575
	其他材料费		%	5.00	5.00	5.00	5.00
机械	汽车式起重机 16t		台班	0.500	0.700	—	—
	汽车式起重机 25t		台班	—	—	1.000	—
	汽车式起重机 50t		台班	—	—	—	1.000
	交流弧焊机 21kV·A		台班	0.500	1.000	1.000	1.000
	平板拖车组 40t		台班	—	—	—	1.000
	平板拖车组 20t		台班	—	—	1.000	—
	载重汽车 15t		台班	—	0.500	—	—
	载重汽车 10t		台班	0.500	—	—	—
	真空滤油机 6000L/h		台班	1.000	1.000	1.000	1.000
仪表	激光轴对中仪		台班	1.000	1.000	1.000	1.000

三、离心式压缩机安装

1. 离心式压缩机整体安装

计量单位：台

定额编号			1-9-74	1-9-75	1-9-76	1-9-77	1-9-78
项目			电动机驱动				
			机组重量(t 以内)				
			5	10	20	30	40
名称		单位	消耗量				
人工	合计工日	工日	63.580	121.176	224.180	315.883	387.780
	其中 普工	工日	12.716	24.235	44.836	63.177	77.556
	其中 一般技工	工日	31.790	60.588	112.090	157.940	193.890
	其中 高级技工	工日	19.074	36.353	67.254	94.766	116.334
材料	平垫铁(综合)	kg	48.840	58.720	95.600	251.880	325.640
	斜垫铁(综合)	kg	46.699	56.578	92.645	235.514	304.807
	钢板 δ4.5～7	kg	1.250	2.500	5.000	7.500	10.000
	紫铜板 δ0.08～0.2	kg	0.030	0.050	0.100	0.150	0.200
	木板	m^3	0.058	0.100	1.800	0.263	0.335
	道木	m^3	0.010	0.015	0.021	0.021	0.021
	煤油	kg	13.834	24.901	41.501	62.252	83.003
	机油	kg	1.582	3.164	6.328	9.492	12.656
	黄油钙基脂	kg	0.227	0.455	0.909	1.136	1.364
	二硫化钼粉	kg	0.750	1.500	3.000	4.500	6.000
	氧气	m^3	0.510	1.020	1.530	2.040	2.040
	乙炔气	kg	0.170	0.340	0.520	0.680	0.680
	耐油橡胶板	kg	1.250	2.000	4.000	7.500	10.000
	青壳纸 δ0.1～1.0	kg	0.250	0.500	1.000	1.500	2.000
	金属滤网	m^2	1.000	1.300	1.500	2.400	2.800
	石棉板衬垫	kg	7.430	12.430	18.650	22.540	34.760
	密封胶	支	6.000	10.000	16.000	20.000	24.000
	塑料管	m	3.500	4.500	5.500	11.000	13.000
	砂纸	张	10.000	14.000	16.000	24.000	26.000
	不锈钢板(综合)	kg	0.100	0.200	0.300	0.350	0.400
	铜丝布	m	0.050	0.100	0.200	0.300	0.400
	低碳钢焊条 J422(综合)	kg	0.210	0.630	0.630	0.945	1.260
	其他材料费	%	5.00	5.00	5.00	5.00	5.00
机械	载重汽车 15t	台班	0.300	0.500	—	—	—
	平板拖车组 40t	台班	—	—	1.000	1.000	1.000
	汽车式起重机 25t	台班	—	0.500	—	—	—
	汽车式起重机 8t	台班	0.500	—	—	—	—
	汽车式起重机 50t	台班	—	—	1.000	—	—
	汽车式起重机 75t	台班	—	—	—	1.000	1.000
	交流弧焊机 21kV·A	台班	0.400	0.500	1.000	1.000	1.500
	真空滤油机 6000L/h	台班	0.700	0.700	1.000	2.000	2.000
仪表	激光轴对中仪	台班	1.000	1.000	1.000	1.000	1.000

计量单位:台

定额编号			1-9-79	1-9-80	1-9-81
项目			电动机驱动		
			机组重量(t以内)		
			50	70	100
名称		单位	消耗量		
人工	合计工日	工日	476.900	620.110	709.920
	其中 普工	工日	95.380	124.022	141.984
	其中 一般技工	工日	238.450	310.055	354.960
	其中 高级技工	工日	143.070	186.033	212.976
材料	平垫铁(综合)	kg	341.640	387.520	467.760
	斜垫铁(综合)	kg	320.213	363.115	438.005
	钢板 δ4.5~7	kg	12.500	17.500	19.860
	紫铜板 δ0.08~0.2	kg	0.250	0.350	1.800
	木板	m^3	0.386	0.440	0.541
	道木	m^3	0.024	0.041	0.048
	煤油	kg	103.753	145.254	207.506
	机油	kg	15.820	22.148	31.640
	黄油钙基脂	kg	1.591	2.727	3.182
	二硫化钼粉	kg	7.500	10.500	15.000
	氧气	m^3	3.060	4.080	5.100
	乙炔气	kg	1.020	1.360	1.700
	耐油橡胶板	kg	12.500	17.500	25.000
	青壳纸 δ0.1~1.0	kg	2.500	3.500	5.000
	铜丝布	m	0.500	0.700	1.000
	金属滤网	m^2	2.800	3.000	4.000
	石棉板衬垫	kg	45.200	55.400	67.420
	塑料管	m	15.000	19.000	24.000
	密封胶	支	26.000	28.000	32.000
	砂纸	张	28.000	30.000	36.000
	不锈钢板(综合)	kg	0.500	0.600	0.800
	低碳钢焊条 J422(综合)	kg	1.260	1.260	1.575
	其他材料费	%	5.00	5.00	5.00
机械	平板拖车组 60t	台班	1.000	—	—
	汽车式起重机 50t	台班	1.500	1.500	1.500
	汽车式起重机 75t	台班	1.000	—	—
	交流弧焊机 21kV·A	台班	1.500	1.500	1.500
	真空滤油机 6000L/h	台班	2.000	2.000	2.000
仪表	激光轴对中仪	台班	2.000	2.000	2.000

2. 离心式压缩机解体安装

计量单位：台

定额编号			1-9-82	1-9-83	1-9-84	1-9-85
项　目			机组重量(t 以内)			
			10	20	30	40
名　称		单位	消　耗　量			
人工	合计工日	工日	163.370	252.520	416.259	521.690
	其中 普工	工日	32.674	50.504	83.251	104.338
	一般技工	工日	49.011	75.756	124.880	156.507
	高级技工	工日	81.685	126.260	208.128	260.845
材料	平垫铁(综合)	kg	23.920	26.440	89.880	109.640
	斜垫铁(综合)	kg	21.264	23.496	86.906	106.663
	紫铜板 δ0.08～0.2	kg	0.200	0.200	0.400	0.400
	木板	m^3	0.100	0.100	0.200	0.200
	道木	m^3	0.020	0.032	0.032	0.032
	煤油	kg	23.715	39.525	59.288	79.050
	机油	kg	3.133	6.265	9.398	12.531
	黄油钙基脂	kg	1.800	2.700	4.500	5.850
	氧气	m^3	9.180	9.180	12.240	12.240
	乙炔气	kg	3.060	3.060	4.080	4.080
	耐酸石棉橡胶板(综合)	kg	2.000	4.000	7.500	10.000
	铁砂布 0#～2#	张	12.000	23.000	33.000	33.000
	青壳纸 δ0.1～1.0	张	3.000	5.000	5.000	5.000
	金属滤网	m^2	1.500	2.000	2.000	2.500
	石棉板衬垫	kg	9.440	13.400	15.600	23.800
	塑料管	m	6.000	6.500	6.500	8.500
	密封胶	支	8.000	12.000	18.000	22.000
	砂纸	张	6.000	8.000	9.000	10.000
	不锈钢板(综合)	kg	0.400	0.400	0.450	0.450
	低碳钢焊条 J422(综合)	kg	0.400	0.600	0.900	1.200
	其他材料费	%	5.00	5.00	5.00	5.00
机械	载重汽车 8t	台班	0.500	0.500	0.500	—
	载重汽车 15t	台班	—	—	0.500	1.000
	汽车式起重机 8t	台班	—	0.500	1.000	1.000
	汽车式起重机 16t	台班	—	—	—	1.500
	汽车式起重机 25t	台班	—	0.500	—	—
	汽车式起重机 50t	台班	—	—	0.500	1.000
	电动空气压缩机 $6m^3/min$	台班	1.000	1.500	1.500	1.500
仪表	激光轴对中仪	台班	1.000	1.000	1.000	1.000

计量单位:台

定额编号			1-9-86	1-9-87	1-9-88	1-9-89	1-9-90
项目			机组重量(t以内)				
			50	70	90	120	165
名称		单位	消耗量				
人工	合计工日	工日	616.566	753.697	914.056	1055.276	1153.110
其中	普工	工日	123.313	150.739	182.811	211.055	230.622
	一般技工	工日	184.970	226.110	274.217	316.583	345.933
	高级技工	工日	308.283	376.848	457.028	527.638	576.555
材料	平垫铁(综合)	kg	125.640	135.520	163.760	179.760	195.760
	斜垫铁(综合)	kg	122.069	131.947	158.407	173.813	189.218
	紫铜板 δ0.08~0.2	kg	0.400	0.600	0.800	0.800	0.800
	木板	m^3	0.300	0.400	0.500	0.650	0.800
	道木	m^3	0.075	0.080	0.105	0.130	0.175
	煤油	kg	131.750	184.450	237.150	289.850	368.900
	机油	kg	15.664	21.929	28.194	37.592	46.991
	黄油钙基脂	kg	11.250	15.750	20.250	24.750	31.500
	氧气	m^3	12.240	18.360	24.480	36.720	48.960
	乙炔气	kg	4.080	4.000	8.160	12.240	16.320
	耐酸石棉橡胶板(综合)	kg	22.000	25.000	27.000	29.000	30.000
	铁砂布 0#~2#	张	50.000	70.000	90.000	100.000	120.000
	青壳纸 δ0.1~1.0	张	2.800	3.000	3.200	3.500	4.000
	金属滤网	m^2	2.500	3.000	3.000	3.500	4.000
	石棉板衬垫	kg	3.280	35.800	64.500	78.400	94.300
	塑料管	m	10.500	10.500	12.500	14.500	16.500
	砂纸	张	12.000	14.000	18.000	22.000	26.000
	密封胶	支	24.000	28.000	32.000	36.000	40.000
	不锈钢板(综合)	kg	0.500	0.500	0.600	0.600	0.800
	低碳钢焊条 J422(综合)	kg	8.000	10.000	14.000	22.000	24.000
	其他材料费	%	5.00	5.00	5.00	5.00	5.00
机械	载重汽车 8t	台班	1.000	1.000	1.500	1.500	1.500
	汽车式起重机 8t	台班	1.000	1.000	1.500	1.500	1.500
	汽车式起重机 75t	台班	1.000	—	—	—	—
	汽车式起重机 100t	台班	—	1.000	2.000	3.000	4.000
	电动空气压缩机 $6m^3/min$	台班	2.000	2.500	3.000	4.000	5.000
	真空滤油机 6000L/h	台班	2.000	2.000	2.000	2.000	2.000
	平板拖车组 20t	台班	0.500	1.000	—	—	—
	平板拖车组 40t	台班	—	—	1.000	1.000	1.000
仪表	激光轴对中仪	台班	1.000	1.000	1.000	1.000	1.000

四、离心式压缩机拆装检查

计量单位:台

定额编号				1-9-91	1-9-92	1-9-93	1-9-94	1-9-95
项　目				设备重量(t以内)				
				5	10	20	30	40
名　称			单位	消　耗　量				
人工	合计工日		工日	63.600	121.120	210.900	288.700	353.086
	其中	普工	工日	12.720	24.224	42.180	57.740	70.617
		一般技工	工日	31.800	60.560	105.450	144.350	176.543
		高级技工	工日	19.080	36.336	63.270	86.610	105.926
材料	紫铜板 δ0.08~0.2		kg	0.080	0.080	0.100	0.300	0.400
	煤油		kg	15.810	23.715	31.620	47.430	63.240
	机油		kg	1.880	2.819	4.073	5.639	7.518
	黄油钙基脂		kg	2.250	3.375	4.500	5.625	6.750
	石棉橡胶板 高压 δ1~6		kg	5.000	7.500	10.000	15.000	20.000
	铁砂布 0#~2#		张	6.000	9.000	12.000	18.000	24.000
	青壳纸 δ0.1~1.0		kg	1.000	1.500	2.000	3.000	4.000
	密封胶		支	8.000	10.000	12.000	14.000	16.000
	研磨膏		盒	1.000	1.000	1.000	2.000	2.000
	其他材料费		%	8.00	8.00	8.00	8.00	10.00
机械	汽车式起重机 50t		台班	—	—	—	—	4.000
	汽车式起重机 25t		台班	—	—	3.000	3.500	—
	汽车式起重机 8t		台班	1.500	—	—	—	—
	汽车式起重机 16t		台班	—	2.000	—	—	—
仪表	激光轴对中仪		台班	1.000	1.000	1.000	1.000	1.000

计量单位:台

定额编号				1-9-96	1-9-97	1-9-98
项　目				设备重量(t以内)		
				50	70	100
名　称			单位	消　耗　量		
人工	合计工日		工日	374.920	402.780	472.360
	其中	普工	工日	74.984	80.556	94.472
		一般技工	工日	187.460	201.390	236.180
		高级技工	工日	112.476	120.834	141.708
材料	紫铜板 δ0.08~0.2		kg	0.500	0.650	1.000
	煤油		kg	60.000	78.000	120.000
	机油		kg	12.000	15.600	24.000
	黄油钙基脂		kg	7.000	8.000	10.000
	石棉橡胶板 高压 δ1~6		kg	25.000	37.500	50.000
	铁砂布 0#~2#		张	30.000	39.000	60.000
	青壳纸 δ0.1~1.0		kg	8.200	7.500	10.000
	密封胶		支	18.000	20.000	24.000
	研磨膏		盒	2.000	3.000	3.000
	其他材料费		%	8.00	8.00	8.00
机械	汽车式起重机 50t		台班	4.000	5.000	—
仪表	激光轴对中仪		台班	1.000	1.000	1.000

第十章　工业炉设备安装
（030111）

说　　明

一、本章定额适用范围如下：

1. 电弧炼钢炉；

2. 无芯工频感应电炉：包括熔铁、熔铜、熔锌等熔炼电炉；

3. 电阻炉、真空炉、高频及中频感应炉；

4. 冲天炉：包括长腰三节炉、移动式直线曲线炉胆热风冲天炉、燃重油冲天炉、一般冲天炉及冲天炉加料机构等；

5. 加热炉及热处理炉包括：

(1)按型式分：室式、台车式、推杆式、反射式、链式、贯通式、环形式、传送式、箱式、槽式、开隙式、井式(整体组合)、坩锅式等；

(2)按燃料分：电、天然气、煤气、重油、煤粉、煤块等。

6. 解体结构井式热处理炉：包括电阻炉、天然气炉、煤气炉、重油炉、煤粉炉等。

二、本章定额包括下列内容：

1. 无芯工频感应电炉的水冷管道、油压系统、油箱、油压操纵台等安装以及油压系统的配管、刷漆；

2. 电阻炉、真空炉以及高频、中频感应炉的水冷系统、润滑系统、传动装置、真空机组、安全防护装置等安装；

3. 冲天炉本体和前炉安装；

4. 冲天炉加料机构的轨道、加料车、卷扬装置等安装；

5. 加热炉及热处理炉的炉门升降机构、轨道、炉箅、喷嘴、台车、液压装置、拉杆或推杆装置、传动装置、装料、卸料装置等安装。

三、本章定额不包括下列内容：

1. 各类工业炉安装均不包括炉体内衬砌筑；

2. 电阻炉电阻丝的安装；

3. 热工仪表系统的安装、调试；

4. 风机系统的安装、试运转；

5. 液压泵房站的安装；

6. 阀门的研磨、试压；

7. 台车的组立、装配；

8. 冲天炉出渣轨道的安装；

9. 解体结构井式热处理炉的平台安装；

10. 设备二次灌浆；

11. 烘炉。

四、无芯工频感应电炉安装是按每一炉组为两台炉子考虑，如每一炉组为一台炉子时，则相应定额乘以系数0.6。

五、冲天炉的加料机构，按各类形式综合考虑，已包括在冲天炉安装内。

六、加热炉及热处理炉，如为整体结构(炉体已组装并有内衬砌体)，则定额人工乘以系数0.7。计算设备重量时应包括内衬砌体的重量。如为解体结构(炉体是金属构件，需现场组合安装，无内衬砌体)，则定额不变。计算设备重量时不包括内衬砌体的重量。

工程量计算规则

一、电弧炼钢炉、电阻炉、真空炉、高频及中频感应炉、加热炉及热处理炉安装以“台”为计量单位，按设备重量“t”选用定额项目。

二、无芯工频感应电炉安装以“组”为计量单位，按设备重量“t”选用定额项目。每一炉组按二台炉子考虑。

三、冲天炉安装以“台”为计量单位，按设备熔化率（t/h）选用项目。冲天炉的出渣轨道安装，可套用本册第五章内“地坪面上安装轨道”的相应项目。

四、加热炉及热处理炉在计算重量时，如为整体结构（炉体已组装并有内衬砌体），应包括内衬砌体的重量，如为解体结构（炉体为金属结构件，需要现场组合安装，无内衬砌体）时，则不包括内衬砌体的重量。炉窑砌筑执行相关专业定额项目。

一、电弧炼钢炉

计量单位:台

定额编号				1-10-1	1-10-2	1-10-3	1-10-4	1-10-5
项目				设备重量(t)				
				0.5	1.5	3.0	5.0	10.0
名称			单位	消耗量				
人工	合计工日		工日	12.577	26.386	46.642	62.634	99.739
	其中	普工	工日	2.515	5.277	9.329	12.527	19.948
		一般技工	工日	9.055	18.997	33.582	45.096	71.812
		高级技工	工日	1.006	2.111	3.731	5.011	7.979
材料	平垫铁(综合)		kg	5.640	7.530	15.500	39.280	42.100
	斜垫铁 Q195～Q235 1#		kg	5.100	6.120	15.290	35.200	37.160
	角钢 60		kg	5.000	8.000	12.000	15.000	20.000
	钢板 δ4.5～7		kg	15.000	20.000	20.000	20.000	15.000
	热轧厚钢板 δ8.0～20		kg	35.000	50.000	60.000	70.000	85.000
	镀锌铁丝 φ4.0～2.8		kg	3.000	5.000	7.000	10.000	10.000
	低碳钢焊条 J422 φ4.0		kg	7.466	15.509	23.100	36.750	57.750
	碳钢气焊条 φ2 以内		kg	0.300	0.500	1.200	2.000	2.500
	木板		m^3	0.030	0.050	0.070	0.090	0.110
	道木		m^3	0.079	0.105	0.155	0.191	0.237
	煤油		kg	3.150	5.250	13.650	21.000	26.250
	机油		kg	1.530	2.040	4.080	5.100	8.160
	黄油钙基脂		kg	0.500	0.800	1.500	2.000	3.000
	氧气		m^3	6.375	18.870	32.640	40.800	51.000
	乙炔气		kg	2.125	6.290	10.880	13.600	17.000
	石棉板 (1.6～2)×(500～800)		kg	2.000	4.000	5.000	7.000	10.000
	石棉橡胶板 高压 δ1～6		kg	3.000	5.000	8.000	10.000	12.000
	四氟乙烯塑料薄膜		kg	0.200	0.300	0.400	0.400	0.500
	其他材料费		%	5.00	5.00	5.00	5.00	5.00
机械	载重汽车 10t		台班	—	—	—	0.400	0.500
	叉式起重机 5t		台班	0.300	0.300	0.800	1.000	1.200
	汽车式起重机 8t		台班	0.700	1.200	1.500	3.500	4.800
	汽车式起重机 12t		台班	0.300	0.300	0.300	0.300	—
	汽车式起重机 16t		台班	—	—	—	—	0.400
	交流弧焊机 21kV·A		台班	1.600	4.000	4.400	7.200	12.400

二、无芯工频感应电炉

计量单位:炉组(二台)

定额编号			1-10-6	1-10-7	1-10-8	1-10-9	1-10-10	1-10-11
项目			设备重量(t)					
			0.75	1.5	3.0	5.0	10.0	20.0
			台					
名称		单位	消耗量					
人工	合计工日	工日	24.315	33.485	56.271	81.355	144.622	238.063
其中	普工	工日	4.863	6.697	11.254	16.271	28.924	47.613
	一般技工	工日	17.507	24.109	40.515	58.575	104.128	171.405
	高级技工	工日	1.945	2.679	4.502	6.508	11.570	19.045
材料	平垫铁(综合)	kg	11.170	13.970	21.880	50.880	88.500	103.330
	斜垫铁 Q195~Q235 1#	kg	12.200	15.100	21.280	49.160	85.660	97.940
	钢板 δ4.5~7	kg	6.000	10.000	14.000	6.000	12.000	22.000
	热轧厚钢板 δ8.0~20	kg	—	—	—	16.000	24.000	40.000
	紫铜电焊条 T107 φ3.2	kg	—	—	—	0.600	0.900	1.000
	镀锌铁丝 φ4.0~2.8	kg	3.000	3.000	6.000	7.000	8.000	10.000
	低碳钢焊条 J422 φ3.2	kg	5.250	5.817	4.725	4.200	4.200	5.250
	低碳钢焊条 J422 φ4.0	kg	2.909	7.350	17.934	16.901	34.818	46.725
	碳钢气焊条 φ2 以内	kg	1.000	1.000	1.500	1.500	2.000	3.000
	铜焊粉 气剂 301 瓶装	kg	—	—	—	0.300	0.500	0.800
	板枋材	m^3	—	—	—	—	—	0.080
	木板	m^3	0.010	0.015	0.025	0.030	0.040	0.063
	道木	m^3	0.052	0.055	0.080	0.141	0.187	0.454
	汽油 70#~90#	kg	0.200	0.220	0.240	0.280	0.350	1.000
	煤油	kg	2.100	5.250	6.300	10.500	10.500	14.700
	机油	kg	0.510	1.020	1.530	2.040	2.040	4.080
	油漆溶剂油	kg	0.650	0.720	0.800	0.900	1.050	2.000
	黄油钙基脂	kg	0.500	0.500	1.000	1.500	1.500	2.000
	氧气	m^3	3.570	4.080	8.160	9.180	16.320	20.400
	乙炔气	kg	1.190	1.360	2.720	3.060	5.440	6.800
	调和漆	kg	1.800	2.000	2.200	2.500	3.000	4.000
	防锈漆 C53-1	kg	2.000	2.400	2.640	3.000	3.600	5.000
	石棉板 (1.6~2)×(500~800)	kg	3.000	4.000	5.000	7.000	10.000	15.000
	石棉水泥板 δ20	m^2	—	—	2.000	3.400	—	—
	石棉水泥板 δ25	m^2	—	—	—	—	7.600	12.000
	石棉橡胶板 高压 δ1~6	kg	1.000	1.000	1.500	1.500	2.500	4.000
	普通石棉布	kg	14.000	18.400	26.000	32.800	56.000	72.000
	四氟乙烯塑料薄膜	kg	0.250	0.500	0.500	0.750	0.750	1.000
	其他材料费	%	5.00	5.00	5.00	5.00	5.00	5.00
机械	载重汽车 10t	台班	1.000	1.000	1.500	1.500	2.500	3.000
	叉式起重机 5t	台班	0.200	0.200	0.200	0.500	2.000	2.300
	汽车式起重机 8t	台班	0.350	0.600	0.900	1.800	5.000	5.500
	汽车式起重机 12t	台班	0.300	0.300	0.300	0.300	—	—
	汽车式起重机 16t	台班	—	—	—	—	0.400	—
	汽车式起重机 20t	台班	—	—	—	—	—	0.400
	交流弧焊机 21kV·A	台班	3.500	5.500	9.500	13.000	17.500	23.000

三、电阻炉、真空炉、高频及中频感应炉

计量单位:台

定额编号				1-10-12	1-10-13	1-10-14	1-10-15	1-10-16	1-10-17	1-10-18
项　目				设备重量(t)						
				1.0	2.0	4.0	7.0	10.0	15.0	20.0
名　称			单位	消　耗　量						
人工	合计工日		工日	13.821	21.956	29.246	42.640	56.797	70.380	82.885
	其中	普工	工日	2.764	4.391	5.849	8.528	11.360	14.076	16.577
		一般技工	工日	9.951	15.808	21.057	30.700	40.894	50.674	59.677
		高级技工	工日	1.106	1.757	2.340	3.411	4.543	5.630	6.631
材料	平垫铁(综合)		kg	2.820	3.760	5.640	8.640	12.520	21.950	25.000
	斜垫铁 Q195～Q235 1#		kg	3.060	4.590	2.550	8.000	11.510	18.332	22.500
	钢板 δ4.5～7		kg	3.200	3.600	6.120	4.200	4.200	5.600	5.600
	镀锌铁丝 φ4.0～2.8		kg	2.000	2.200	4.000	6.000	6.600	6.600	6.600
	低碳钢焊条 J422 φ4.0		kg	0.630	0.945	0.945	1.260	1.575	2.205	2.520
	碳钢气焊条 φ2 以内		kg	0.700	1.000	1.200	1.600	1.800	2.000	2.400
	板枋材		m^3	—	—	—	—	—	—	0.060
	木板		m^3	0.005	0.006	0.007	0.009	0.009	0.011	0.011
	道木		m^3	0.065	0.080	0.093	0.140	0.162	0.190	0.207
	煤油		kg	2.100	2.625	3.150	3.885	4.725	5.250	5.775
	机油		kg	0.510	0.714	0.765	0.918	1.224	1.530	1.734
	黄油钙基脂		kg	0.210	0.220	0.300	0.500	0.600	0.600	0.660
	真空泵油		kg	0.500	0.650	0.700	0.800	1.000	1.300	1.500
	氧气		m^3	1.224	1.530	1.836	2.448	2.754	3.060	3.672
	丙酮		kg	0.200	0.200	0.200	0.300	0.350	0.350	0.400
	乙炔气		kg	0.408	0.510	0.612	0.816	0.918	1.020	1.224
	聚酯乙烯泡沫塑料		kg	0.200	0.200	0.250	0.300	0.300	0.350	0.350
	石棉橡胶板 高压 δ1～6		kg	0.600	0.800	0.950	1.800	2.200	3.000	4.000
	四氟乙烯塑料薄膜		kg	0.020	0.030	0.030	0.050	0.100	0.100	0.100
	其他材料费		%	5.00	5.00	5.00	5.00	5.00	5.00	5.00
机械	载重汽车 10t		台班	—	—	—	0.400	0.400	0.500	0.400
	叉式起重机 5t		台班	0.100	0.100	0.200	0.200	0.200	0.300	0.300
	汽车式起重机 8t		台班	0.300	0.300	—	0.800	1.000	1.100	1.000
	汽车式起重机 16t		台班	—	—	0.300	0.400	0.400	—	1.000
	汽车式起重机 25t		台班	—	—	—	—	—	0.500	0.500
	交流弧焊机 21kV·A		台班	0.400	0.400	0.400	0.500	0.500	0.800	1.000

四、冲 天 炉

计量单位:台

定额编号				1-10-19	1-10-20	1-10-21	1-10-22	1-10-23
项目				熔化率(t/h 以内)				
				1.5	3.0	5.0	10.0	15.0
名称			单位	消耗量				
人工	合计工日		工日	27.781	41.323	58.532	113.237	141.668
	其中	普工	工日	5.556	8.265	11.706	22.647	28.334
		一般技工	工日	20.002	29.752	42.143	81.531	102.001
		高级技工	工日	2.222	3.306	4.683	9.059	11.333
材料	平垫铁(综合)		kg	5.800	8.820	11.640	17.460	19.400
	斜垫铁 Q195~Q235 1#		kg	5.200	6.573	9.880	14.820	17.280
	角钢 60		kg	8.000	12.000	15.000	15.000	20.000
	钢板 δ4.5~7		kg	10.000	10.000	15.000	15.000	20.000
	热轧厚钢板 δ8.0~20		kg	20.000	25.000	50.000	60.000	80.000
	钢丝绳 φ15.5		m	—	—	1.250	1.920	—
	钢丝绳 φ20		m	—	—	—	—	2.330
	镀锌铁丝 φ4.0~2.8		kg	10.000	10.000	12.000	12.000	12.000
	低碳钢焊条 J422 φ4.0		kg	16.800	23.100	31.500	44.100	68.250
	碳钢气焊条 φ2 以内		kg	0.500	0.500	1.000	1.000	1.500
	板枋材		m^3	—	—	0.060	0.080	0.090
	木板		m^3	0.009	0.010	0.014	0.150	0.023
	道木		m^3	0.077	0.080	0.116	0.177	0.227
	煤油		kg	2.100	4.200	5.250	8.400	8.400
	机油		kg	0.510	1.020	1.020	2.040	2.040
	黄油钙基脂		kg	0.500	0.500	1.000	1.000	1.000
	氧气		m^3	8.160	12.240	20.400	30.600	35.700
	乙炔气		kg	2.720	4.080	6.800	10.200	11.900
	石棉板 (1.6~2)×(500~800)		kg	20.000	35.000	35.000	45.000	60.000
	石棉橡胶板 高压 δ1~6		kg	5.000	10.000	10.000	15.000	20.000
	四氟乙烯塑料薄膜		kg	0.150	0.200	0.300	0.300	0.500
	其他材料费		%	5.00	5.00	5.00	5.00	5.00
机械	载重汽车 10t		台班	0.300	0.400	0.500	1.000	1.200
	汽车式起重机 8t		台班	1.500	1.500	2.800	4.000	4.900
	汽车式起重机 12t		台班	0.300	—	—	—	—
	汽车式起重机 16t		台班	—	0.500	—	—	—
	汽车式起重机 25t		台班	—	—	0.400	—	—
	汽车式起重机 50t		台班	—	—	—	0.500	—
	汽车式起重机 75t		台班	—	—	—	—	0.500
	交流弧焊机 21kV·A		台班	5.500	7.500	9.000	11.500	15.000

五、加热炉及热处理炉

计量单位：台

定额编号			1-10-24	1-10-25	1-10-26	1-10-27	1-10-28	1-10-29
项目			设备重量(t以内)					
			1.0	3.0	5.0	7.0	9.0	12.0
名称		单位	消耗量					
人工	合计工日	工日	12.661	25.191	37.808	51.552	63.487	82.812
	其中 普工	工日	2.532	5.038	7.562	10.311	12.697	16.562
	其中 一般技工	工日	9.115	18.137	27.222	37.117	45.710	59.625
	其中 高级技工	工日	1.013	2.015	3.024	4.124	5.079	6.625
材料	平垫铁(综合)	kg	9.410	11.290	13.440	15.360	19.800	23.760
	斜垫铁 Q195～Q235 1#	kg	7.640	9.170	11.656	12.560	17.630	20.160
	角钢 60	kg	8.000	10.000	11.000	12.000	13.000	15.000
	钢板 δ4.5～7	kg	3.000	4.200	4.700	5.100	5.700	6.250
	热轧厚钢板 δ8.0～20	kg	18.000	22.000	25.000	28.000	31.000	34.000
	镀锌铁丝 φ4.0～2.8	kg	1.000	2.000	4.000	6.000	6.000	6.000
	低碳钢焊条 J422 φ4.0	kg	10.500	15.750	19.950	24.150	28.350	33.600
	碳钢气焊条 φ2 以内	kg	—	0.600	0.700	0.800	0.900	1.000
	木板	m^3	0.007	0.011	0.015	0.021	0.027	0.034
	道木	m^3	0.046	0.055	0.072	0.100	0.106	0.117
	煤油	kg	1.050	2.100	2.415	2.940	3.465	4.200
	机油	kg	0.510	0.612	0.816	1.020	1.224	1.428
	黄油钙基脂	kg	0.200	0.200	0.400	0.600	0.600	0.600
	氧气	m^3	3.060	5.100	7.140	9.180	11.220	14.280
	乙炔气	kg	1.020	1.700	2.380	3.060	3.740	4.760
	石棉板 (1.6～2)×(500～800)	kg	2.000	2.400	2.900	3.400	3.900	4.400
	石棉橡胶板 高压 δ1～6	kg	0.800	0.940	1.320	1.680	2.430	2.800
	四氟乙烯塑料薄膜	kg	0.100	0.200	0.250	0.300	0.350	0.350
	其他材料费	%	5.00	5.00	5.00	5.00	5.00	5.00
机械	载重汽车 10t	台班	—	—	—	0.300	0.300	0.400
	汽车式起重机 8t	台班	—	0.900	1.200	1.500	1.800	2.100
	汽车式起重机 12t	台班	0.200	0.200	0.300	—	—	—
	汽车式起重机 16t	台班	—	—	—	0.400	0.400	—
	汽车式起重机 25t	台班	—	—	—	—	—	0.500
	交流弧焊机 21kV·A	台班	1.000	2.500	3.500	4.000	4.500	6.000

计量单位:台

定额编号				1-10-30	1-10-31	1-10-32	1-10-33	1-10-34	1-10-35
项目				设备重量(t以内)					
				15.0	20.0	25.0	30.0	40.0	50.0
名称			单位	消耗量					
人工	合计工日		工日	102.688	136.073	165.872	196.799	258.061	311.513
	其中	普工	工日	20.538	27.214	33.175	39.360	51.612	62.302
		一般技工	工日	73.935	97.973	119.428	141.695	185.804	224.290
		高级技工	工日	8.215	10.886	13.269	15.744	20.645	24.921
材料	平垫铁(综合)		kg	27.170	29.110	51.740	62.090	70.400	80.960
	斜垫铁 Q195～Q235 1#		kg	22.230	24.700	45.860	55.040	60.800	70.000
	角钢 60		kg	17.000	19.000	22.000	25.000	28.000	31.000
	钢板 δ4.5～7		kg	9.600	11.100	12.600	15.000	16.500	21.000
	热轧厚钢板 δ8.0～20		kg	38.000	41.000	44.000	47.000	49.000	51.000
	镀锌铁丝 ϕ4.0～2.8		kg	6.000	6.000	6.000	6.000	6.000	7.500
	低碳钢焊条 J422 ϕ4.0		kg	38.850	46.200	53.550	60.900	70.350	79.800
	碳钢气焊条 ϕ2 以内		kg	1.100	1.300	1.500	1.700	2.000	2.300
	板枋材		m^3	—	0.080	0.080	0.080	0.090	0.100
	木板		m^3	0.040	0.048	0.057	0.067	0.080	0.093
	道木		m^3	0.140	0.192	0.249	0.274	0.234	0.370
	煤油		kg	4.935	6.825	8.400	9.975	12.600	15.225
	机油		kg	1.632	2.040	2.448	2.856	3.468	4.080
	黄油钙基脂		kg	0.600	0.600	0.700	0.700	0.700	0.800
	氧气		m^3	17.340	22.440	27.540	32.640	39.780	46.920
	乙炔气		kg	5.780	7.480	9.180	10.880	13.260	15.640
	石棉板 (1.6～2)×(500～800)		kg	4.900	5.400	5.900	6.400	6.900	7.400
	石棉橡胶板 高压 δ1～6		kg	3.550	4.560	5.520	6.480	7.440	9.100
	四氟乙烯塑料薄膜		kg	0.400	0.450	0.450	0.450	0.500	0.500
	其他材料费		%	5.00	5.00	5.00	5.00	5.00	5.00
机械	载重汽车 10t		台班	0.400	0.400	0.400	0.500	0.600	0.800
	汽车式起重机 16t		台班	1.750	2.000	2.000	2.880	3.100	3.850
	汽车式起重机 25t		台班	0.500	0.600	—	—	—	—
	汽车式起重机 50t		台班	—	—	0.800	0.800	—	—
	汽车式起重机 75t		台班	—	—	—	—	0.800	—
	汽车式起重机 100t		台班	—	—	—	—	—	0.800
	交流弧焊机 21kV·A		台班	7.000	9.000	10.000	11.500	15.000	17.000

计量单位:台

定额编号			1-10-36	1-10-37	1-10-38	1-10-39
项目			设备重量(t以内)			
			65.0	80.0	100.0	150.0
名称		单位	消耗量			
人工	合计工日	工日	395.939	468.189	559.294	738.332
	其中 普工	工日	79.188	93.638	111.859	147.666
	其中 一般技工	工日	285.076	337.096	402.692	531.599
	其中 高级技工	工日	31.675	37.455	44.743	59.067
材料	平垫铁(综合)	kg	92.500	96.100	106.500	120.380
	斜垫铁 Q195～Q235 1#	kg	81.000	85.600	95.000	106.880
	角钢 60	kg	35.000	39.000	44.000	55.000
	钢板 δ4.5～7	kg	25.000	29.000	35.000	45.000
	热轧厚钢板 δ8.0～20	kg	52.000	54.000	56.000	60.000
	镀锌铁丝 φ4.0～2.8	kg	7.500	7.500	7.500	7.500
	低碳钢焊条 J422 φ4.0	kg	90.300	100.800	111.300	132.300
	碳钢气焊条 φ2 以内	kg	2.700	3.100	3.600	4.500
	板枋材	m^3	0.140	0.140	0.160	0.180
	木板	m^3	0.106	0.119	0.132	0.169
	道木	m^3	0.420	0.473	0.568	0.633
	煤油	kg	18.375	21.525	24.675	28.875
	机油	kg	4.896	5.712	6.120	7.344
	黄油钙基脂	kg	0.800	0.800	0.800	0.800
	氧气	m^3	56.100	65.280	75.480	95.880
	乙炔气	kg	18.700	21.760	25.160	31.960
	石棉板 (1.6～2)×(500～800)	kg	7.900	8.300	8.700	9.500
	石棉橡胶板 高压 δ1～6	kg	9.360	10.320	10.800	12.240
	四氟乙烯塑料薄膜	kg	0.500	0.550	0.550	0.600
	其他材料费	%	5.00	5.00	5.00	5.00
机械	载重汽车 10t	台班	1.000	1.200	1.400	1.500
	汽车式起重机 16t	台班	4.000	4.200	5.800	8.200
	汽车式起重机 100t	台班	1.000	—	—	—
	汽车式起重机 120t	台班	—	1.000	1.400	2.000
	交流弧焊机 21kV·A	台班	21.500	24.000	27.000	32.000

六、解体结构井式热处理炉

计量单位:台

定额编号			1-10-40	1-10-41	1-10-42	1-10-43	1-10-44
项目			设备重量(t以内)				
			10.0	15.0	25.0	35.0	50.0
名称		单位	消耗量				
人工	合计工日	工日	81.731	118.427	191.090	260.907	348.372
	其中 普工	工日	16.346	23.685	38.218	52.182	69.675
	其中 一般技工	工日	58.846	85.268	137.585	187.853	250.827
	其中 高级技工	工日	6.538	9.474	15.287	20.873	27.870
材料	平垫铁(综合)	kg	11.640	13.580	17.460	19.400	23.560
	斜垫铁 Q195~Q235 1#	kg	9.880	12.350	14.820	17.290	19.700
	角钢 60	kg	10.000	15.000	25.000	30.000	40.000
	钢板 δ4.5~7	kg	15.000	20.000	20.000	25.000	25.000
	热轧厚钢板 δ8.0~20	kg	20.000	30.000	40.000	50.000	50.000
	镀锌铁丝 ϕ4.0~2.8	kg	8.000	8.000	8.000	10.000	16.000
	低碳钢焊条 J422 ϕ4.0	kg	17.850	25.200	39.900	52.500	63.000
	碳钢气焊条 ϕ2 以内	kg	0.500	1.000	3.000	5.000	7.000
	板枋材	m^3	—	0.060	0.080	0.080	0.100
	木板	m^3	0.008	0.012	0.012	0.012	0.014
	道木	m^3	0.112	0.161	0.249	0.264	0.382
	煤油	kg	5.250	8.400	10.500	13.650	15.750
	机油	kg	1.530	2.040	2.550	3.060	3.570
	黄油钙基脂	kg	1.000	1.500	1.500	2.000	3.000
	氧气	m^3	14.280	20.400	51.000	67.320	83.640
	乙炔气	kg	4.760	6.800	17.000	22.440	27.880
	石棉板 (1.6~2)×(500~800)	kg	20.000	35.000	35.000	50.000	60.000
	石棉橡胶板 高压 δ1~6	kg	5.000	8.000	10.000	15.000	20.000
	四氟乙烯塑料薄膜	kg	0.500	0.750	1.000	1.500	2.000
	其他材料费	%	5.00	5.00	5.00	5.00	5.00
机械	载重汽车 10t	台班	0.500	0.500	0.800	0.800	1.000
	汽车式起重机 16t	台班	1.025	0.950	1.540	2.350	3.150
	汽车式起重机 25t	台班	—	0.400	—	—	—
	汽车式起重机 50t	台班	—	—	0.600	—	—
	汽车式起重机 75t	台班	—	—	—	0.800	—
	汽车式起重机 100t	台班	—	—	—	—	1.000
	交流弧焊机 21kV·A	台班	6.000	8.000	12.500	14.500	19.000

第十一章　煤气发生设备安装（030112）

说 明

一、本章内容包括以煤或焦炭作燃料的冷热煤气发生炉及其各种附属设备、容器、构件的安装；气密试验；分节容器外壳组对焊接。

二、本章包括以下工作内容：

1. 煤气发生炉本体及其底部风箱、落灰箱安装，灰盘、炉箅及传动机构安装，水套、炉壳及支柱、框架、支耳安装，炉盖加料筒及传动装置安装，上部加煤机安装，本体其他附件及本体管道安装；

2. 无支柱悬吊式（如W-G型）煤气发生炉的料仓、料管安装；

3. 炉膛内径1m及1.5m的煤气发生炉包括随设备带有的给煤提升装置及轨道平台安装；

4. 电气滤清器安装包括沉电极、电晕极检查、下料、安装，顶部绝缘子箱外壳安装；

5. 竖管及人孔清理、安装，顶部装喷嘴和本体管道安装；

6. 洗涤塔外壳组装及内部零件、附件以及必须在现场装配的部件安装；

7. 除尘器安装包括下部水封安装；

8. 盘阀、钟罩阀安装包括操纵装置安装及穿钢丝绳；

9. 水压试验、密封试验及非密闭容器的灌水试验。

三、本章不包括以下工作内容，应执行其他章节有关定额或规定。

1. 煤气发生炉炉顶平台安装；

2. 煤气发生炉支柱、支耳、框架因接触不良而需要的加热和修整工作；

3. 洗涤塔木格层制作及散片组成整块、刷防腐漆；

4. 附属设备内部及底部砌筑、填充砂浆及填瓷环；

5. 洗涤塔、电气滤清器等的平台、梯子、栏杆安装；

6. 安全阀防爆薄膜试验；

7. 煤气排送机、鼓风机、泵安装。

四、关于下列各项费用的规定。

1. 除洗涤塔外，其他各种附属设备外壳均按整体安装考虑，如为解体安装需要在现场焊接时，除执行相应整体安装定额外，尚需执行"煤气发生设备分节容器外壳组焊"的相应项目。且该定额是按外圈焊接考虑。如外圈和内圈均需焊接时，相应定额乘以系数1.95。

2. 煤气发生设备分节容器外壳组焊时，如所焊设备外径大于3m，则以3m外径及组成节数（3/2、3/3）的定额为基础，按下表乘以调整系数。

设备外径 φ（m以内）/组成节数	4/2	4/3	5/2	5/3	6/2	6/3
调整系数	1.34	1.34	1.67	1.67	2.00	2.00

工程量计算规则

一、煤气发生设备安装以“台”为计量单位,按炉膛内径(m)和设备重量选用定额项目。

二、如实际安装的煤气发生炉,其炉膛内径与定额内径相似,其重量超过10%时,先按公式求其重量差系数。然后按下表乘以相应系数调整安装费。

设备重量差系数 = 设备实际重量/定额设备重量。

设备重量差系数	1.1	1.2	1.4	1.6	1.8
安装费调整系数	1.0	1.1	1.2	1.3	1.4

三、洗涤塔、电气滤清器、竖管及附属设备安装以“台”为计量单位,按设备名称、规格型号选用定额项目。

四、煤气发生设备附属的其他容器构件安装以“t”为计量单位,按单体重量在0.5t以内和大于0.5t选用定额项目。

五、煤气发生设备分节容器外壳组焊,以“台”为计量单位,按设备外径(m)组成节数选用定额项目。

一、煤气发生炉

计量单位：台

定额编号			1-11-1	1-11-2	1-11-3	1-11-4	1-11-5	1-11-6
项目			炉膛内径(m)					
			1	1.5	2	3		3.6
			设备重量(t)					
			5	6	30	28(无支柱)	38(有支柱)	47
	名称	单位	消耗量					
人工	合计工日	工日	96.902	112.814	234.168	207.814	270.298	316.141
人工（其中）	普工	工日	19.381	22.563	46.833	41.563	54.059	63.229
人工（其中）	一般技工	工日	69.770	81.226	168.601	149.627	194.614	227.622
人工（其中）	高级技工	工日	7.752	9.025	18.733	16.625	21.624	25.291
材料	平垫铁(综合)	kg	25.760	31.750	74.210	22.000	74.200	222.810
材料	斜垫铁 Q195～Q235 $1^{\#}$	kg	25.320	30.616	74.176	12.576	74.176	199.410
材料	角钢 60	kg	20.000	20.000	25.000	90.000	96.000	110.000
材料	热轧薄钢板 δ1.6～1.9	kg	8.000	10.000	16.000	18.000	20.000	28.000
材料	热轧厚钢板 δ8.0～20	kg	18.000	20.000	60.000	88.000	90.000	100.000
材料	钢丝绳 φ18.5	m	—	—	2.100	2.100	—	—
材料	钢丝绳 φ20	m	—	—	—	—	2.330	—
材料	钢丝绳 φ21.5	m	—	—	—	—	—	2.750
材料	镀锌铁丝 φ4.0～2.8	kg	2.000	2.000	4.000	4.000	4.000	6.000
材料	低碳钢焊条 J422 φ4.0	kg	5.250	7.350	40.110	46.200	58.800	75.600
材料	碳钢气焊条 φ2 以内	kg	1.000	1.000	2.000	2.000	2.000	3.000
材料	板枋材	m^3	—	—	0.080	0.080	0.090	0.100
材料	木板	m^3	0.020	0.020	0.090	0.090	0.110	0.120
材料	道木	m^3	0.141	0.187	0.374	0.437	0.472	0.620
材料	煤油	kg	10.500	10.500	18.900	18.900	21.000	29.400
材料	机油	kg	3.060	4.080	6.120	6.120	7.140	8.160
材料	黄油钙基脂	kg	3.000	4.000	8.000	8.000	10.000	10.000
材料	硅酸钠（水玻璃）	kg	2.000	2.000	4.000	5.000	5.000	6.000
材料	氧气	m^3	8.160	9.180	22.950	24.480	27.540	32.130
材料	甘油	kg	1.000	1.000	2.000	2.000	2.000	3.000
材料	乙炔气	kg	2.720	3.060	7.650	8.160	9.180	10.710
材料	铅油(厚漆)	kg	2.000	3.000	4.000	5.000	5.000	6.000
材料	黑铅粉	kg	2.000	2.000	4.000	5.000	5.000	6.000
材料	羊毛毡 12～15	m^2	0.040	0.050	0.100	0.100	0.100	0.120
材料	石棉橡胶板 高压 δ1～6	kg	4.000	6.000	9.000	11.000	11.000	12.000
材料	普通石棉布	kg	8.000	10.000	18.000	22.000	22.000	26.000
材料	石棉编绳 φ6～10 烧失量 24%	kg	1.000	1.500	2.000	2.000	2.000	2.200
材料	石棉编绳 φ11～25 烧失量 24%	kg	1.500	2.000	5.000	6.000	6.000	8.000
材料	橡胶板 δ5～10	kg	2.000	2.000	4.000	5.000	5.000	6.000
材料	其他材料费	%	5.00	5.00	5.00	5.00	5.00	5.00
机械	载重汽车 10t	台班	0.300	0.400	0.600	0.600	1.000	1.500
机械	汽车式起重机 8t	台班	1.700	1.850	5.000	5.100	5.700	6.400
机械	汽车式起重机 12t	台班	0.300	—	—	—	—	—
机械	汽车式起重机 16t	台班	—	0.400	—	—	—	—
机械	汽车式起重机 50t	台班	—	—	0.800	0.800	—	—
机械	汽车式起重机 75t	台班	—	—	—	—	1.000	—
机械	汽车式起重机 100t	台班	—	—	—	—	—	1.200
机械	交流弧焊机 21kV·A	台班	2.500	3.500	6.000	6.000	8.500	10.000
机械	电动空气压缩机 6m^3/min	台班	1.300	1.300	2.300	2.300	3.000	3.000

二、洗　涤　塔

计量单位：台

定额编号				1-11-7	1-11-8	1-11-9	1-11-10
项目				设备规格(直径 φmm/高度 Hmm)			
				φ1220/H9000	φ1620/H9200	φ2520/H12700	φ3520/H14600
名称			单位	消耗量			
人工	合计工日		工日	25.905	31.594	85.941	110.504
	其中	普工	工日	5.181	6.319	17.188	22.100
		一般技工	工日	18.651	22.747	61.877	79.563
		高级技工	工日	2.073	2.527	6.876	8.840
材料	平垫铁(综合)		kg	7.760	11.640	27.750	65.210
	斜垫铁 Q195～Q235 1#		kg	7.410	9.880	26.680	63.610
	热轧薄钢板 δ1.6～1.9		kg	4.000	4.000	6.000	12.000
	热轧厚钢板 δ8.0～20		kg	18.000	20.000	42.000	75.000
	钢丝绳 φ15.5		m	—	—	1.250	1.250
	镀锌铁丝 φ4.0～2.8		kg	3.000	3.000	3.000	3.000
	低碳钢焊条 J422 φ4.0		kg	4.200	5.250	29.400	50.400
	板枋材		m^3	—	—	0.060	0.060
	木板		m^3	0.010	0.010	0.020	0.020
	道木		m^3	0.166	0.212	0.274	0.904
	煤油		kg	3.150	3.150	3.675	5.250
	机油		kg	2.550	2.550	3.570	4.590
	黄油钙基脂		kg	2.200	2.200	3.000	3.800
	氧气		m^3	6.120	6.120	9.180	11.016
	乙炔气		kg	2.040	2.040	3.060	3.672
	铅油(厚漆)		kg	2.000	2.500	3.000	4.000
	黑铅粉		kg	1.000	1.200	1.400	2.100
	石棉橡胶板 高压 δ1～6		kg	1.500	1.800	2.000	3.000
	石棉编绳 φ11～25 烧失量 24%		kg	3.000	3.500	4.000	5.200
	丝堵 φ38 以内		个	2.000	2.000	4.000	5.000
	其他材料费		%	5.00	5.00	5.00	5.00
机械	载重汽车 10t		台班	0.500	0.600	0.800	1.000
	汽车式起重机 8t		台班	0.650	0.750	1.800	2.100
	汽车式起重机 12t		台班	0.300	—	—	—
	汽车式起重机 16t		台班	—	0.400	—	—
	汽车式起重机 25t		台班	—	—	0.500	—
	汽车式起重机 30t		台班	—	—	—	0.600
	交流弧焊机 21kV·A		台班	1.000	1.000	4.000	6.500
	电动空气压缩机 $6m^3/min$		台班	1.500	1.500	2.000	2.500

计量单位：台

定 额 编 号			1-11-11	1-11-12	1-11-13
项　目			设备规格(直径 ϕmm/高度 Hmm)		
			ϕ2650/H18800	ϕ3520/H24050	ϕ4020/H24460
名　称		单位	消 耗 量		
人工	合计工日	工日	133.172	194.826	217.828
	其中 普工	工日	26.634	38.965	43.565
	其中 一般技工	工日	95.884	140.275	156.836
	其中 高级技工	工日	10.654	15.586	17.427
材料	平垫铁(综合)	kg	86.940	111.640	120.230
	斜垫铁 Q195～Q235 1#	kg	84.820	94.730	105.260
	热轧薄钢板 δ1.6～1.9	kg	20.000	20.000	24.000
	热轧厚钢板 δ8.0～20	kg	80.000	90.000	128.000
	钢丝绳 ϕ18.5	m	2.080	—	—
	钢丝绳 ϕ21.5	m	—	2.750	—
	钢丝绳 ϕ26	m	—	—	5.000
	镀锌铁丝 ϕ4.0～2.8	kg	3.000	3.500	3.500
	低碳钢焊条 J422 ϕ4.0	kg	71.400	89.250	105.000
	板枋材	m^3	0.080	0.100	0.140
	木板	m^3	0.020	0.020	0.020
	道木	m^3	0.754	1.182	1.524
	煤油	kg	5.775	7.350	8.400
	机油	kg	5.100	7.140	8.160
	黄油钙基脂	kg	4.000	6.500	7.500
	氧气	m^3	11.016	13.770	18.360
	乙炔气	kg	3.672	4.590	6.120
	铅油(厚漆)	kg	4.500	5.000	6.000
	黑铅粉	kg	2.200	3.000	3.500
	石棉橡胶板 高压 δ1～6	kg	3.500	5.000	6.000
	石棉编绳 ϕ11～25 烧失量 24%	kg	6.000	6.000	6.500
	丝堵 ϕ38 以内	个	5.000	16.000	16.000
	其他材料费	%	5.00	5.00	5.00
机械	载重汽车 10t	台班	1.000	1.200	1.200
	汽车式起重机 8t	台班	2.350	3.950	4.850
	汽车式起重机 50t	台班	0.700	—	—
	汽车式起重机 100t	台班	—	0.800	1.000
	交流弧焊机 21kV·A	台班	8.000	10.000	12.500
	电动空气压缩机 6m^3/min	台班	2.500	3.000	3.000

三、电气滤清器

计量单位:台

定额编号				1-11-14	1-11-15	1-11-16	1-11-17	1-11-18
项目				设备型号				
				C-39	C-72	C-97	C-140	C-180
名称			单位	消耗量				
人工	合计工日		工日	124.917	145.297	173.652	206.992	248.391
	其中	普工	工日	24.984	29.059	34.730	41.398	49.678
		一般技工	工日	89.940	104.614	125.029	149.034	178.842
		高级技工	工日	9.993	11.624	13.892	16.559	19.871
材料	平垫铁(综合)		kg	33.680	40.660	94.920	113.900	145.380
	斜垫铁 Q195~Q235 1#		kg	29.480	39.310	81.430	93.070	118.120
	热轧薄钢板 δ1.6~1.9		kg	26.000	32.000	34.000	34.000	40.800
	钢板 δ4.5~7		kg	28.000	60.000	72.000	90.000	108.000
	钢丝绳 φ15.5		m	1.920	—	—	—	—
	钢丝绳 φ18.5		m	—	2.200	2.200	—	—
	钢丝绳 φ20		m	—	—	—	2.330	2.796
	镀锌铁丝 φ4.0~2.8		kg	1.000	1.000	1.500	1.500	1.800
	低碳钢焊条 J422 φ4.0		kg	12.600	12.600	14.700	15.750	18.900
	板枋材		m^3	0.080	0.128	0.136	0.159	0.191
	木板		m^3	0.010	0.010	0.020	0.020	0.024
	道木		m^3	0.604	0.628	0.886	1.159	1.391
	煤油		kg	2.625	2.625	3.150	4.200	5.040
	机油		kg	3.060	3.570	4.080	5.100	6.120
	黄油钙基脂		kg	1.500	1.500	2.000	2.500	3.000
	氧气		m^3	5.100	5.100	6.120	8.160	9.792
	乙炔气		kg	1.700	1.700	2.040	2.720	3.264
	黑铅粉		kg	1.500	1.500	2.000	2.200	2.640
	石棉橡胶板 高压 δ1~6		kg	8.000	9.000	10.000	14.000	16.800
	石棉编绳 φ11~25 烧失量24%		kg	2.000	2.200	2.800	3.600	4.320
	其他材料费		%	5.00	5.00	5.00	5.00	5.00
机械	载重汽车 10t		台班	0.600	0.600	0.600	1.000	1.000
	汽车式起重机 8t		台班	2.300	2.600	2.900	3.300	3.600
	汽车式起重机 30t		台班	0.600	—	—	—	—
	汽车式起重机 50t		台班	—	0.800	0.800	0.800	0.800
	交流弧焊机 21kV·A		台班	4.000	4.000	4.500	5.500	6.500
	电动空气压缩机 $6m^3/min$		台班	2.500	2.500	3.000	3.000	3.500

四、竖　　管

计量单位:台

定额编号				1-11-19	1-11-20	1-11-21	1-11-22
项　目				单竖管	双竖管		
				设备规格(直径 ϕmm/高度 Hmm)			
				ϕ1620/H9100, ϕ1420/H6200	ϕ400	ϕ820	ϕ1620
名　称			单位	消　耗　量			
人工	合计工日		工日	24.129	15.965	27.123	32.383
	其中	普工	工日	4.826	3.193	5.425	6.477
		一般技工	工日	17.373	11.495	19.529	23.316
		高级技工	工日	1.930	1.277	2.169	2.590
材料	平垫铁(综合)		kg	9.700	4.700	5.640	8.470
	斜垫铁 Q195～Q235 1#		kg	7.410	4.590	6.120	9.170
	热轧薄钢板 δ1.6～1.9		kg	8.000	8.000	10.000	12.000
	镀锌铁丝 ϕ4.0～2.8		kg	1.200	1.200	1.400	1.400
	低碳钢焊条 J422 ϕ4.0		kg	2.100	1.050	1.575	2.100
	木板		m^3	0.010	0.010	0.010	0.010
	道木		m^3	0.030	0.027	0.030	0.030
	煤油		kg	0.315	0.315	0.420	0.525
	机油		kg	0.204	0.204	0.306	0.510
	氧气		m^3	0.510	0.510	0.918	0.918
	乙炔气		kg	0.170	0.170	0.306	0.306
	铅油(厚漆)		kg	0.200	0.200	0.300	0.400
	黑铅粉		kg	0.400	0.400	0.600	0.800
	石棉橡胶板 高压 δ1～6		kg	2.000	2.000	2.400	3.000
	石棉编绳 ϕ11～25 烧失量 24%		kg	1.200	1.200	2.000	3.000
	橡胶板 δ5～10		kg	1.000	1.000	1.200	1.500
	其他材料费		%	5.00	5.00	5.00	5.00
机械	载重汽车 10t		台班	0.300	0.300	0.300	0.300
	汽车式起重机 12t		台班	0.960	0.960	0.960	1.050
	交流弧焊机 21kV·A		台班	0.500	0.300	0.400	0.500
	电动空气压缩机 6m^3/min		台班	1.000	1.000	1.000	1.300

五、附 属 设 备

计量单位：台

定额编号				1-11-23	1-11-24	1-11-25	1-11-26	1-11-27
项目				废热锅炉	废热锅炉竖管	除滴器	旋涡除尘器	
				设备规格(直径 ϕmm/高度 Hmm)				
				ϕ1200/H7500	ϕ1400/H8400	ϕ2500/H5000	ϕ2060	ϕ2400/H6745
名称			单位	消耗量				
人工	合计工日		工日	43.722	57.374	28.280	30.552	34.742
	其中	普工	工日	8.745	11.475	5.656	6.110	6.948
		一般技工	工日	31.479	41.309	20.361	21.997	25.014
		高级技工	工日	3.498	4.590	2.263	2.445	2.779
材料	平垫铁(综合)		kg	11.640	17.460	6.590	5.640	5.640
	斜垫铁 Q195～Q235 1#		kg	9.880	14.820	7.640	6.120	6.120
	热轧薄钢板 δ1.6～1.9		kg	—	—	10.000	8.000	10.000
	热轧厚钢板 δ8.0～20		kg	4.000	6.000	52.000	40.000	46.000
	镀锌铁丝 ϕ4.0～2.8		kg	1.200	1.500	2.000	2.000	2.000
	低碳钢焊条 J422 ϕ4.0		kg	0.525	0.525	1.680	1.575	2.100
	木板		m^3	0.010	0.010	0.010	0.010	0.010
	道木		m^3	0.052	0.052	0.095	0.092	0.092
	煤油		kg	0.315	0.525	1.050	0.840	1.050
	机油		kg	0.102	0.204	1.020	0.510	1.020
	黄油钙基脂		kg	—	—	0.250	0.500	0.500
	铅油(厚漆)		kg	0.100	0.100	0.200	0.200	0.200
	黑铅粉		kg	0.300	0.600	—	0.600	0.800
	石棉橡胶板 高压 δ1～6		kg	4.000	6.000	—	2.000	2.500
	石棉编绳 ϕ11～25 烧失量24%		kg	1.000	1.800	—	2.500	3.000
	其他材料费		%	5.00	5.00	5.00	5.00	5.00
机械	载重汽车 10t		台班	0.300	0.300	0.200	0.200	0.300
	汽车式起重机 8t		台班	1.000	1.200	0.600	0.600	0.700
	汽车式起重机 16t		台班	0.300	0.300	0.300	0.300	0.400
	交流弧焊机 21kV·A		台班	0.300	0.300	1.000	0.500	0.500
	电动空气压缩机 $6m^3$/min		台班	1.500	1.500	1.500	1.500	1.500

计量单位：台

定额编号			1-11-28	1-11-29	1-11-30	1-11-31
项目			焦油分离机	除灰水封	隔离水封	
			设备规格（直径 ϕmm/高度 Hmm）			
			3400m^3/h	ϕ1020/H8800	ϕ720/H2400	ϕ1220/H3800，ϕ1620/H5200
名称		单位	消耗量			
人工	合计工日	工日	99.545	19.861	7.629	18.057
	其中 普工	工日	19.909	3.972	1.526	3.611
	其中 一般技工	工日	71.672	14.300	5.493	13.001
	其中 高级技工	工日	7.964	1.589	0.610	1.445
材料	平垫铁（综合）	kg	36.780	3.760	2.820	3.760
	斜垫铁 Q195～Q235 1#	kg	35.570	4.590	3.060	4.590
	热轧薄钢板 δ1.6～1.9	kg	3.000	—	—	—
	热轧厚钢板 δ8.0～20	kg	5.000	—	—	—
	镀锌铁丝 ϕ4.0～2.8	kg	2.500	1.200	1.200	1.300
	低碳钢焊条 J422 ϕ4.0	kg	6.300	0.525	0.525	0.525
	木板	m^3	0.020	0.010	0.010	0.010
	道木	m^3	0.193	0.027	0.027	0.027
	煤油	kg	8.400	—	0.420	0.525
	机油	kg	1.530	—	0.408	0.510
	黄油钙基脂	kg	1.000	—	0.100	0.100
	铅油（厚漆）	kg	0.500	—	—	—
	黑铅粉	kg	1.000	—	—	—
	石棉橡胶板 高压 δ1～6	kg	—	1.500	1.500	2.000
	石棉编绳 ϕ11～25 烧失量 24%	kg	—	0.500	0.500	0.600
	其他材料费	%	5.00	5.00	5.00	5.00
机械	载重汽车 10t	台班	0.200	—	—	—
	汽车式起重机 8t	台班	1.500	0.600	0.380	0.700
	汽车式起重机 16t	台班	0.500	—	—	—
	交流弧焊机 21kV·A	台班	1.500	0.500	0.200	0.200

计量单位:台

定额编号				1-11-32	1-11-33	1-11-34	1-11-35
项目				总管沉灰箱	总管清理水封	钟罩阀	盘阀
				设备规格(直径 φmm/高度 Hmm)			
				φ720	φ630	φ200,φ300	φ1000/H1000,φ950/H1150
名称			单位	消耗量			
人工	合计工日		工日	7.630	13.256	3.623	8.932
	其中	普工	工日	1.526	2.651	0.725	1.786
		一般技工	工日	5.494	9.544	2.608	6.431
		高级技工	工日	0.610	1.061	0.290	0.715
材料	平垫铁(综合)		kg	3.760	1.410	—	—
	斜垫铁 Q195~Q235 1#		kg	4.590	2.040	—	—
	镀锌铁丝 φ4.0~2.8		kg	1.200	1.200	—	—
	低碳钢焊条 J422 φ4.0		kg	0.525	0.525	0.525	—
	木板		m^3	0.010	0.010	—	—
	道木		m^3	0.027	—	—	—
	黄油钙基脂		kg	0.100	0.100	—	—
	黑铅粉		kg	—	—	—	0.200
	石棉橡胶板 高压 δ1~6		kg	1.000	1.000	1.000	—
	石棉编绳 φ11~25 烧失量24%		kg	0.500	0.500	0.500	0.500
	其他材料费		%	5.00	5.00	5.00	5.00
机械	汽车式起重机 8t		台班	0.380	0.700	—	—
	交流弧焊机 21kV·A		台班	0.300	0.200	0.300	—

六、煤气发生设备附属其他容器构件

计量单位：t

定额编号				1-11-36	1-11-37
项　　目				设备重量	
				0.5t(以下)	0.5t(以上)
名　　称			单位	消　耗　量	
人工	合计工日		工日	18.225	15.024
	其中	普工	工日	3.645	3.005
		一般技工	工日	13.122	10.817
		高级技工	工日	1.458	1.202
材料	平垫铁(综合)		kg	2.820	2.820
	斜垫铁 Q195～Q235 1#		kg	3.060	3.060
	钢板垫板		kg	10.000	6.000
	镀锌铁丝 ϕ4.0～2.8		kg	2.020	2.000
	低碳钢焊条 J422 ϕ4.0		kg	3.150	2.100
	木板		m^3	0.010	0.009
	道木		m^3	0.052	0.040
	煤油		kg	1.260	1.050
	机油		kg	0.612	0.510
	黄油钙基脂		kg	0.600	0.500
	氧气		m^3	1.224	1.020
	乙炔气		kg	0.408	0.340
	铅油(厚漆)		kg	1.000	0.800
	黑铅粉		kg	1.000	0.800
	石棉橡胶板 高压 δ1～6		kg	1.500	1.200
	石棉编绳 ϕ11～25 烧失量 24%		kg	1.200	1.000
	其他材料费		%	5.00	5.00
机械	汽车式起重机 12t		台班	0.800	0.650
	交流弧焊机 21kV·A		台班	1.500	1.000
	电动空气压缩机 $10m^3/min$		台班	1.300	1.200

七、煤气发生设备分节容器外壳组焊

计量单位:台

定额编号				1-11-38	1-11-39	1-11-40	1-11-41	1-11-42	1-11-43
项目				设备外径(m以内)/组成节数					
				1/2	1/3	2/2	2/3	3/2	3/3
名称			单位	消耗量					
人工	合计工日		工日	6.799	12.154	13.672	24.441	20.583	36.793
	其中	普工	工日	1.360	2.431	2.735	4.888	4.116	7.359
		一般技工	工日	4.896	8.751	9.844	17.597	14.820	26.491
		高级技工	工日	0.543	0.973	1.094	1.955	1.647	2.943
材料	低碳钢焊条 J422 ϕ4.0		kg	5.933	11.834	18.123	23.667	17.388	35.501
	道木		m^3	0.023	0.023	0.023	0.023	0.023	0.023
	其他材料费		%	5.00	5.00	5.00	5.00	5.00	5.00
机械	汽车式起重机 8t		台班	0.200	0.300	0.400	0.800	0.500	0.800
	交流弧焊机 21kV·A		台班	1.000	1.500	2.000	4.000	3.000	6.000

第十二章　制冷设备安装（030113）

说　明

一、本章定额适用范围如下：

1. 制冷机组包括：活塞式制冷机、螺杆式冷水机组、离心式冷水机组、热泵机组、溴化锂吸收式制冷机；

2. 制冰设备包括：快速制冰设备、盐水制冰设备、搅拌器；

3. 冷风机包括：落地式冷风机、吊顶式冷风机；

4. 制冷机械配套附属设备包括：冷凝器、蒸发器、贮液器、分离器、过滤器、冷却器、玻璃钢冷却塔、集油器、油视镜、紧急泄氨器等；

5. 制冷容器单体试密与排污。

二、本章定额包括下列内容：

1. 设备整体、解体安装；

2. 设备带有的电动机、附件、零件等安装；

3. 制冷机械附属设备整体安装；随设备带有与设备联体固定的配件（放油阀、放水阀、安全阀、压力表、水位表）等安装；

4. 制冷容器单体气密试验（包括装拆空气压缩机本体及联接试验用的管道、装拆盲板、通气、检查、放气等）与排污。

三、本章定额不包括下列内容：

1. 与设备本体非同一底座的各种设备、起动装置与仪表盘、柜等的安装、调试；

2. 电动机及其他动力机械的拆装检查、配管、配线、调试；

3. 非设备带有的支架、沟槽、防护罩等的制作安装；

4. 设备保温及油漆；

5. 加制冷剂、制冷系统调试。

四、计算工程量时应注意下列事项：

1. 制冷机组、制冰设备和冷风机等按设备的的总重量计算；

2. 制冷机械配套附属设备按设备的类型分别以面积（m^2）、容积（m^3）、直径（ϕmm 或 ϕm）、处理水量（m^3/h）等作为项目规格时，按设计要求（或实物）的规格，选用相应范围内的项目。

五、除溴化锂吸收式制冷机外，其他制冷机组均按同一底座，并带有减震装置的整体安装方法考虑的。如制冷机组解体安装，可套用相应的空气压缩机安装定额。减震装置若由施工单位提供，可按设计选用的规格计取材料费。

六、制冷机组安装定额中，已包括施工单位配合制造厂试车的工作内容。

七、制冷容器的单体气密试验与排污定额是按试一次考虑的。如“技术规范”或“设计要求”需要多次连续试验时，则第二次的试验按第一次相应定额乘以系数 0.9。第三次及其以上的试验，定额从第三次起每次均按第一次的相应定额乘以系数 0.75。

工程量计算规则

一、制冷机组安装以“台”为计量单位，按设备类别、名称及机组重量“t”选用定额项目。

二、制冰设备安装以“台”为计量单位，按设备类别、名称、型号及重量选用定额项目。

三、冷风机安装以“台”为计量单位，按设备名称、冷却面积及重量选用定额项目。

四、立式、卧式管壳式冷凝器、蒸发器、淋水式冷凝器、蒸发式冷凝器、立式蒸发器、中间冷却器、空气分离器均以“台”为计量单位，按设备名称、冷却或蒸发面积（m^2）及重量选用定额项目。

五、立式低压循环储液器和卧式高压储液器（排液桶）以“台”为计量单位，按设备名称、容积（m^3）和重量选用定额项目。

六、氨油分离器、氨液分离器、氨气过滤器、氨液过滤器安装以“台”为计量单位、按设备名称、直径（mm）和重量选用定额项目。

七、玻璃钢冷却塔以“台”为计量单位，按设备处理水量（m^3/h）选用定额项目。

八、集油器、油视镜、紧急泄氨器以“台”或“支”为计量单位，按设备名称和设备直径（mm）选用定额项目。

九、制冷容器单体试密与排污以“每次/台”为计量单位，按设备容量（m^3）选用定额项目。

十、制冷机组、制冰设备和冷风机的设备重量按同一底座上的主机、电动机、附属设备及底座的总重量计算。

一、制冷设备安装

计量单位:台

定额编号			1-12-1	1-12-2	1-12-3	1-12-4
项目			设备重量(t以内)			
			0.3	0.5	0.8	1
名称		单位	消耗量			
人工	普工	工日	1.273	1.591	1.960	2.300
	一般技工	工日	4.583	5.729	7.055	8.280
	高级技工	工日	0.509	0.637	0.784	0.920
材料	钢板 δ4.5~10	kg	2.000	2.000	2.000	2.000
	低碳钢焊条 J422 ϕ4.0	kg	0.150	0.150	0.200	0.200
	氧气	m^3	0.300	0.300	0.300	0.300
	乙炔气	kg	0.100	0.100	0.100	0.100
	镀锌铁丝 ϕ4.0~2.8	kg	0.300	0.300	0.300	0.300
	煤油	kg	0.500	0.500	0.600	0.600
	机油	kg	0.100	0.150	0.200	0.300
	黄油	kg	0.100	0.100	0.150	0.150
	其他材料费	%	5.00	5.00	5.00	5.00
机械	交流弧焊机 21kV·A	台班	0.100	0.100	0.100	0.100
	汽车式起重机 8t	台班	0.050	0.050	0.050	0.050

计量单位:台

定额编号			1-12-5	1-12-6	1-12-7	1-12-8
项目			设备重量(t以内)			
			1.5	2	2.5	3
名称		单位	消耗量			
人工	普工	工日	2.722	3.431	4.145	4.646
	一般技工	工日	9.800	12.351	14.923	16.724
	高级技工	工日	1.089	1.372	1.658	1.858
材料	钢板 δ4.5~10	kg	2.000	2.000	3.000	3.000
	低碳钢焊条 J422 ϕ4.0	kg	0.200	0.200	0.200	0.250
	氧气	m^3	0.360	0.360	0.420	0.420
	乙炔气	kg	0.120	0.120	0.140	0.140
	镀锌铁丝 ϕ4.0~2.8	kg	0.300	0.300	0.300	0.300
	煤油	kg	0.800	0.800	1.000	1.100
	机油	kg	0.400	0.450	0.500	0.600
	黄油	kg	0.250	0.250	0.250	0.300
	其他材料费	%	5.00	5.00	5.00	5.00
机械	交流弧焊机 21kV·A	台班	0.100	0.100	0.100	0.150
	汽车式起重机 8t	台班	0.050	0.070	0.090	0.110

计量单位：台

定额编号			1-12-9	1-12-10	1-12-11	1-12-12	1-12-13
项目			设备重量(t以内)				
			4	5	6	8	10
名称		单位	消耗量				
人工	普工	工日	6.039	7.378	8.148	10.751	12.140
	一般技工	工日	21.739	26.560	29.333	38.702	43.703
	高级技工	工日	2.416	2.951	3.259	4.300	4.856
材料	钢板 δ4.5~10	kg	3.000	4.000	4.000	6.000	6.000
	低碳钢焊条 J422 ϕ4.0	kg	0.250	0.250	0.250	0.300	0.300
	氧气	m^3	0.600	0.600	0.750	0.750	0.900
	乙炔气	kg	0.200	0.200	0.250	0.250	0.300
	镀锌铁丝 ϕ4.0~2.8	kg	0.300	0.300	0.300	0.300	0.300
	煤油	kg	1.300	1.600	1.700	1.800	2.500
	机油	kg	0.700	0.800	0.900	1.000	1.000
	黄油	kg	0.300	0.400	0.400	0.400	0.450
	其他材料费	%	5.00	5.00	5.00	5.00	5.00
机械	交流弧焊机 21kV·A	台班	0.200	0.200	0.250	0.250	0.250
	汽车式起重机 8t	台班	0.140	0.180	0.650	—	—
	汽车式起重机 16t	台班	—	—	—	0.500	0.700

二、螺杆式冷水机组

计量单位：台

定额编号			1-12-14	1-12-15	1-12-16	1-12-17	1-12-18	1-12-19
项目			设备重量(t以内)					
			1	2	3	5	8	10
名称		单位	消耗量					
人工	普工	工日	2.530	3.969	4.760	7.386	10.779	12.642
	一般技工	工日	9.108	14.289	17.136	26.589	38.803	45.511
	高级技工	工日	1.012	1.587	1.904	2.954	4.311	5.057
材料	钢板 δ4.5~10	kg	2.000	2.000	3.000	4.000	6.000	6.000
	低碳钢焊条 J422 ϕ4.0	kg	0.200	0.200	0.200	0.250	0.300	0.300
	氧气	m^3	0.300	0.360	0.420	0.600	0.750	0.900
	乙炔气	kg	0.100	0.120	0.140	0.200	0.250	0.300
	镀锌铁丝 ϕ4.0~2.8	kg	0.300	0.300	0.300	0.300	0.300	0.300
	煤油	kg	1.000	1.500	1.500	2.000	2.000	2.500
	机油	kg	0.300	0.400	0.600	0.700	0.800	1.000
	黄油	kg	0.200	0.250	0.300	0.350	0.400	0.500
	其他材料费	%	5.00	5.00	5.00	5.00	5.00	5.00
机械	交流弧焊机 21kV·A	台班	0.100	0.100	0.150	0.200	0.250	0.250
	汽车式起重机 8t	台班	0.050	0.070	0.110	0.180	—	—
	汽车式起重机 16t	台班	—	—	—	—	0.500	0.700

三、离心式冷水机组

计量单位:台

定额编号			1-12-20	1-12-21	1-12-22	1-12-23
项目			设备重量(t以内)			
			0.5	1	2	3
名称		单位	消耗量			
人工	普工	工日	1.727	2.530	3.969	4.760
	一般技工	工日	6.219	9.108	14.289	17.136
	高级技工	工日	0.691	1.012	1.587	1.904
材料	钢板 δ4.5~10	kg	2.000	2.000	2.000	3.000
	低碳钢焊条 J422 φ4.0	kg	0.300	0.300	0.300	0.300
	氧气	m^3	0.150	0.200	0.200	0.200
	乙炔气	kg	0.100	0.100	0.120	0.140
	镀锌铁丝 φ4.0~2.8	kg	0.300	0.300	0.300	0.300
	煤油	kg	0.500	1.000	1.500	1.500
	机油	kg	0.150	0.300	0.450	0.600
	黄油	kg	0.100	0.200	0.250	0.250
	其他材料费	%	5.00	5.00	5.00	5.00
机械	交流弧焊机 21kV·A	台班	0.100	0.100	0.100	0.150
	汽车式起重机 8t	台班	0.050	0.050	0.070	0.110

计量单位:台

定额编号			1-12-24	1-12-25	1-12-26	1-12-27
项目			设备重量(t以内)			
			5	8	10	15
名称		单位	消耗量			
人工	普工	工日	7.386	10.779	12.642	15.801
	一般技工	工日	26.589	38.803	45.511	56.882
	高级技工	工日	2.954	4.311	5.057	6.320
材料	钢板 δ4.5~10	kg	4.000	6.000	6.000	8.000
	低碳钢焊条 J422 φ4.0	kg	0.200	0.300	0.300	0.300
	氧气	m^3	0.600	0.750	0.900	1.200
	乙炔气	kg	0.200	0.250	0.300	0.400
	镀锌铁丝 φ4.0~2.8	kg	0.300	0.300	0.300	0.300
	煤油	kg	2.000	2.000	2.500	3.000
	机油	kg	0.700	0.800	1.000	1.200
	黄油	kg	0.350	0.400	0.500	0.600
	其他材料费	%	5.00	5.00	5.00	5.00
机械	交流弧焊机 21kV·A	台班	0.200	0.250	0.250	0.250
	汽车式起重机 8t	台班	0.180	—	—	—
	汽车式起重机 16t	台班	—	0.500	0.700	0.900

四、热 泵 机 组

计量单位:台

定额编号			1-12-28	1-12-29	1-12-30	1-12-31
项目			设备重量(t以内)			
			0.5	1	2	3
名称		单位	消耗量			
人工	普工	工日	1.671	2.414	3.603	4.646
	一般技工	工日	6.017	8.690	12.970	16.724
	高级技工	工日	0.669	0.966	1.441	1.858
材料	钢板 δ4.5~10	kg	2.000	2.000	2.000	3.000
	低碳钢焊条 J422 φ4.0	kg	0.150	0.200	0.200	0.200
	氧气	m^3	0.300	0.300	0.360	0.420
	乙炔气	kg	0.100	0.100	0.120	0.140
	镀锌铁丝 φ4.0~2.8	kg	0.300	0.300	0.300	0.300
	煤油	kg	0.500	1.000	1.500	1.500
	机油	kg	0.150	0.300	0.500	0.500
	黄油	kg	0.100	0.200	0.250	0.300
	其他材料费	%	5.00	5.00	5.00	5.00
机械	交流弧焊机 21kV·A	台班	0.100	0.100	0.100	0.150
	汽车式起重机 8t	台班	0.050	0.050	0.070	0.110

计量单位:台

定额编号			1-12-32	1-12-33	1-12-34	1-12-35
项目			设备重量(t以内)			
			5	8	10	15
名称		单位	消耗量			
人工	普工	工日	7.378	10.751	12.140	15.168
	一般技工	工日	26.560	38.702	43.703	54.606
	高级技工	工日	2.951	4.300	4.856	6.067
材料	钢板 δ4.5~10	kg	4.000	6.000	6.000	8.000
	低碳钢焊条 J422 φ4.0	kg	0.200	0.300	0.300	0.300
	氧气	m^3	0.600	0.750	0.900	1.200
	乙炔气	kg	0.200	0.250	0.300	0.400
	镀锌铁丝 φ4.0~2.8	kg	0.300	0.300	0.300	0.300
	煤油	kg	2.000	2.000	2.500	3.000
	机油	kg	0.700	0.800	1.000	1.200
	黄油	kg	0.350	0.400	0.500	0.600
	其他材料费	%	5.00	5.00	5.00	5.00
机械	交流弧焊机 21kV·A	台班	0.200	0.250	0.250	0.250
	汽车式起重机 8t	台班	0.180	—	—	—
	汽车式起重机 16t	台班	—	0.500	0.700	0.900

五、溴化锂吸收式制冷机

计量单位:台

定额编号				1-12-36	1-12-37	1-12-38	1-12-39
项　目				设备重量(t以内)			
				5	8	10	15
名　称			单位	消　耗　量			
人工	合计工日		工日	30.939	45.158	53.587	77.951
	其中	普工	工日	6.188	9.032	10.717	15.590
		一般技工	工日	22.276	32.514	38.582	56.125
		高级技工	工日	2.475	3.612	4.287	6.236
材料	平垫铁(综合)		kg	25.700	29.570	36.300	45.280
	斜垫铁 Q195～Q235 1#		kg	22.310	27.460	31.920	39.040
	钢丝绳 ϕ14.1～15		kg	—	—	—	1.250
	镀锌铁丝 ϕ4.0～2.8		kg	2.200	2.200	2.200	2.200
	圆钉 ϕ5 以内		kg	0.050	0.050	0.050	0.100
	低碳钢焊条 J422 ϕ2.5		kg	0.650	0.650	0.650	0.650
	碳钢气焊条 ϕ2 以内		kg	0.200	0.200	0.200	0.200
	木板		m^3	0.013	0.017	0.032	0.044
	道木		m^3	0.041	0.062	0.062	0.077
	汽油 70#～90#		kg	12.240	15.000	18.360	20.400
	煤油		kg	1.500	2.000	2.000	2.000
	机油		kg	1.010	1.520	2.020	2.530
	黄油钙基脂		kg	0.270	0.270	0.270	0.270
	氧气		m^3	0.520	0.520	1.071	1.071
	乙炔气		kg	0.173	0.173	0.357	0.357
	白漆		kg	0.100	0.100	0.100	0.100
	石棉橡胶板 高压 δ1～6		kg	4.000	5.000	6.000	6.500
	橡胶盘根 低压		kg	0.500	0.600	0.700	0.800
	铁砂布 0#～2#		张	3.000	4.000	4.000	4.000
	塑料布		kg	4.410	5.790	5.790	5.790
	其他材料费		%	5.00	5.00	5.00	5.00
机械	载重汽车 10t		台班	0.200	0.300	0.300	0.400
	汽车式起重机 8t		台班	0.100	0.500	0.600	0.700
	汽车式起重机 16t		台班	0.200	0.500	0.700	—
	汽车式起重机 25t		台班	—	—	—	0.900
	电动空气压缩机 6m^3/min		台班	0.500	0.700	0.900	1.100
	交流弧焊机 21kV·A		台班	0.200	0.300	0.400	0.500

计量单位:台

定额编号				1-12-40	1-12-41	1-12-42
项目				设备重量(t以内)		
				20	25	30
名称			单位	消耗量		
人工	合计工日		工日	91.653	107.984	119.467
	其中	普工	工日	18.331	21.597	23.893
		一般技工	工日	65.991	77.748	86.017
		高级技工	工日	7.332	8.639	9.557
材料	平垫铁(综合)		kg	50.920	60.370	83.000
	斜垫铁 Q195～Q235 1#		kg	44.920	56.760	75.600
	钢丝绳 φ14.1～15		kg	1.920	—	—
	钢丝绳 φ16～18.5		kg	—	2.080	2.080
	镀锌铁丝 φ4.0～2.8		kg	2.200	2.200	2.200
	圆钉 φ5 以内		kg	0.100	0.150	0.150
	低碳钢焊条 J422 φ2.5		kg	0.650	0.960	1.280
	碳钢气焊条 φ2 以内		kg	0.300	0.400	0.500
	木板		m^3	0.054	0.060	0.085
	道木		m^3	0.116	0.152	0.173
	汽油 70#～90#		kg	22.440	25.500	28.560
	煤油		kg	3.000	3.000	3.000
	机油		kg	2.730	2.830	3.030
	黄油钙基脂		kg	0.300	0.300	0.300
	氧气		m^3	1.071	1.071	1.612
	乙炔气		kg	0.357	0.357	0.541
	白漆		kg	0.300	0.300	0.400
	石棉橡胶板 高压 δ1～6		kg	6.500	7.000	7.500
	橡胶盘根 低压		kg	1.000	1.200	1.400
	铁砂布 0#～2#		张	5.000	5.000	5.000
	塑料布		kg	9.210	10.200	11.130
	其他材料费		%	5.00	5.00	5.00
机械	载重汽车 10t		台班	0.500	0.800	1.000
	汽车式起重机 8t		台班	2.000	2.300	2.500
	汽车式起重机 30t		台班	1.000	1.600	—
	汽车式起重机 50t		台班	—	—	1.000
	电动空气压缩机 $6m^3/min$		台班	2.500	2.500	2.500
	交流弧焊机 21kV·A		台班	2.300	2.970	3.100

六、制 冰 设 备

计量单位:台

定额编号			1-12-43	1-12-44	1-12-45	1-12-46	1-12-47	1-12-48
设备类别			快速制冰设备	盐水制冰设备				
设备型号及名称			AJP 15/24	倒冰架		加水器	冰桶	单层制冰池盖
设备重量(t 以内)			6.5	0.5	1.0		0.05	0.03
	名　称	单位	消　耗　量					
人工	合计工日	工日	134.335	6.802	8.913	11.052	0.247	0.438
人工	其中 普工	工日	26.867	1.360	1.783	2.210	0.049	0.086
人工	其中 一般技工	工日	96.720	4.897	6.417	7.958	0.178	0.318
人工	其中 高级技工	工日	10.747	0.545	0.713	0.884	0.020	0.034
材料	平垫铁(综合)	kg	12.240	5.820	5.820	5.820	—	—
材料	斜垫铁 Q195 ~ Q235 1#	kg	10.380	4.940	4.940	4.940	—	—
材料	镀锌铁丝 ϕ4.0 ~ 2.8	kg	3.000	1.500	1.500	1.500	—	—
材料	圆钉 ϕ5 以内	kg	0.040	—	0.020	0.020	—	—
材料	铁件(综合)	kg	—	—	—	—	—	0.330
材料	木螺钉 d6 × 100 以下	10 个	—	—	—	—	—	2.600
材料	低碳钢焊条 J422 ϕ4.0	kg	4.520	0.150	0.150	0.150	—	—
材料	碳钢气焊条 ϕ2 以内	kg	1.900	—	—	—	—	—
材料	木板	m^3	0.029	0.010	0.010	0.010	—	0.068
材料	道木	m^3	0.068	—	0.008	0.008	—	—
材料	汽油 70# ~ 90#	kg	6.120	0.510	0.820	0.510	0.102	—
材料	煤油	kg	8.000	1.000	1.000	1.000	—	—
材料	机油	kg	0.505	0.101	0.101	0.101	—	—
材料	黄油钙基脂	kg	0.505	—	—	0.101	—	—
材料	白漆	kg	0.480	0.080	0.080	0.080	0.080	0.080
材料	石棉橡胶板 高压 δ1 ~ 6	kg	1.500	—	—	—	—	—
材料	油浸石棉绳	kg	0.500	—	—	—	—	—
材料	铁砂布 0# ~ 2#	张	18.000	2.000	2.000	2.000	2.000	2.000
材料	塑料布	kg	7.920	0.600	0.600	0.600	0.600	0.600
材料	其他材料费	%	5.00	5.00	5.00	5.00	5.00	5.00
机械	载重汽车 10t	台班	0.500	—	—	—	—	—
机械	叉式起重机 5t	台班	—	0.300	0.300	0.300	—	—
机械	汽车式起重机 16t	台班	1.000	—	—	—	—	—
机械	交流弧焊机 21kV·A	台班	2.140	0.200	0.200	—	—	—

计量单位:台

定额编号				1-12-49	1-12-50	1-12-51	1-12-52	1-12-53
设备类别				盐水制冰设备				
设备型号及名称				双层制冰池盖	冰池盖	盐水搅拌器		
设备重量(t以内)				0.03	包镀锌铁皮	0.1	0.2	0.3
名称			单位	消耗量				
人工	合计工日		工日	0.541	1.510	2.374	3.079	4.489
	其中	普工	工日	0.108	0.302	0.475	0.616	0.898
		一般技工	工日	0.389	1.088	1.709	2.217	3.232
		高级技工	工日	0.044	0.121	0.190	0.246	0.359
材料	平垫铁(综合)		kg	—	—	2.820	2.820	2.820
	斜垫铁 Q195～Q235 1#		kg	—	—	3.060	3.060	3.060
	镀锌薄钢板 δ0.5～0.65		kg	—	13.000	—	—	—
	铁件(综合)		kg	0.330	—	—	—	—
	木螺钉 d6×100以下		10个	4.200	6.000	—	—	—
	镀锌铁丝 φ4.0～2.8		kg	—	—	—	1.100	1.100
	低碳钢焊条 J422 φ4.0		kg	—	—	0.210	0.210	0.210
	木板		m^3	0.068	—	0.001	0.001	0.001
	道木		m^3	—	—	0.002	0.002	0.002
	汽油 70#～90#		kg	—	—	0.525	0.525	0.735
	煤油		kg	—	—	1.000	1.000	1.000
	机油		kg	—	—	0.202	0.212	0.313
	黄油钙基脂		kg	—	—	—	0.212	0.313
	白漆		kg	0.080	0.080	0.080	0.080	0.080
	石棉橡胶板 高压 δ1～6		kg	—	—	0.120	0.220	0.240
	铁砂布 0#～2#		张	2.000	2.000	2.000	2.000	2.000
	塑料布		kg	0.600	0.600	0.600	0.600	0.600
	其他材料费		%	5.00	5.00	5.00	5.00	5.00
机械	叉式起重机 5t		台班	—	—	0.100	0.150	0.200
	交流弧焊机 21kV·A		台班	—	—	0.200	0.200	0.200

七、冷　风　机

计量单位：台

定额编号				1-12-54	1-12-55	1-12-56	1-12-57	1-12-58
设备名称				落地式冷风机				
冷却面积(m^2)或设备直径 Φ(mm)				100	150	200	250	300
设备重量(t 以内)				1.0	1.5	2	2.5	3
名　称			单位	消　耗　量				
人工	合计工日		工日	10.172	11.878	15.124	18.649	20.776
	其中	普工	工日	2.034	2.376	3.025	3.730	4.155
		一般技工	工日	7.323	8.552	10.890	13.427	14.959
		高级技工	工日	0.814	0.950	1.210	1.492	1.662
材料	平垫铁(综合)		kg	5.800	5.800	5.800	5.800	10.300
	斜垫铁 Q195～Q235 1#		kg	5.200	5.200	5.200	5.200	7.860
	热轧薄钢板 δ1.6～1.9		kg	0.800	1.000	1.000	1.400	1.400
	圆钉 ϕ5 以内		kg	0.050	0.050	0.050	0.100	0.100
	低碳钢焊条 J422 ϕ4.0		kg	0.210	0.210	0.210	0.210	0.420
	木板		m^3	0.002	0.005	0.006	0.008	0.009
	道木		m^3	0.010	0.020	0.030	0.041	0.041
	汽油 70#～90#		kg	0.410	0.410	0.610	0.610	0.820
	煤油		kg	1.000	1.000	1.500	1.500	1.500
	冷冻机油		kg	0.300	0.300	0.500	0.500	0.800
	机油		kg	0.100	0.100	0.100	0.100	0.200
	黄油钙基脂		kg	0.303	0.303	0.404	0.404	0.505
	白漆		kg	0.080	0.080	0.080	0.100	0.100
	铁砂布 0#～2#		张	2.000	2.000	2.000	3.000	3.000
	塑料布		kg	0.500	0.500	0.500	1.500	1.500
	其他材料费		%	5.00	5.00	5.00	5.00	5.00
机械	叉式起重机 5t		台班	0.200	0.300	0.400	0.500	0.600
	交流弧焊机 21kV·A		台班	0.200	0.200	0.200	0.200	0.400

计量单位:台

定额编号			1-12-59	1-12-60	1-12-61	1-12-62	1-12-63	1-12-64
设备名称			落地式冷风机			吊顶式冷风机		
冷却面积(m^2)或设备直径Φ(mm)			350	400	500	100	150	200
设备重量(t以内)			3.5	4.5	5.5	1	1.5	2
名称		单位	消耗量					
人工	合计工日	工日	21.858	24.138	24.908	14.974	19.742	21.770
人工	其中 普工	工日	4.372	4.828	4.982	2.995	3.948	4.354
人工	其中 一般技工	工日	15.738	17.379	17.933	10.782	14.215	15.674
人工	其中 高级技工	工日	1.749	1.931	1.993	1.198	1.579	1.742
材料	平垫铁(综合)	kg	10.300	10.300	13.010	—	—	—
材料	斜垫铁 Q195~Q235 1#	kg	7.860	7.860	11.430	—	—	—
材料	热轧薄钢板 δ1.6~1.9	kg	1.800	1.800	2.400	—	—	—
材料	圆钉 φ5 以内	kg	0.100	0.100	0.100	—	—	—
材料	低碳钢焊条 J422 φ4.0	kg	0.420	0.420	0.420	0.320	0.320	0.380
材料	木板	m^3	0.010	0.012	0.015	0.004	0.004	0.005
材料	道木	m^3	0.041	0.041	0.062	0.010	0.010	0.010
材料	汽油 70#~90#	kg	0.820	1.020	1.220	0.306	0.408	0.612
材料	煤油	kg	1.500	1.500	1.500	1.000	1.000	1.000
材料	冷冻机油	kg	0.800	1.000	1.200	0.150	0.200	0.300
材料	机油	kg	0.200	0.303	0.404	0.101	0.101	0.202
材料	黄油钙基脂	kg	0.505	0.505	0.707	0.505	0.606	0.707
材料	双头螺栓带螺母 M16×100~125	套	—	—	—	8.000	8.000	8.000
材料	白漆	kg	0.100	0.100	0.100	0.080	0.080	0.080
材料	铁砂布 0#~2#	张	3.000	3.000	3.000	—	—	—
材料	镀锌铁丝 φ4.0~2.8	kg	—	—	—	2.000	2.000	2.000
材料	塑料布	kg	1.500	1.500	1.500	0.600	0.600	0.600
材料	其他材料费	%	5.00	5.00	5.00	5.00	5.00	5.00
机械	载重汽车 10t	台班	0.200	0.200	0.300	0.200	0.200	0.200
机械	汽车式起重机 8t	台班	0.350	0.550	—	0.250	0.350	0.450
机械	汽车式起重机 16t	台班	—	—	0.600	—	—	—
机械	交流弧焊机 21kV·A	台班	0.400	—	—	—	—	—

八、冷凝器及蒸发器

1. 立式管壳式冷凝器

计量单位:台

定额编号				1-12-65	1-12-66	1-12-67	1-12-68	1-12-69
项目				设备冷却面积(m^2 以内)				
				50	75	100	125	150
				设备重量(t 以内)				
				3	4	5	6	7
名称			单位	消耗量				
人工	合计工日		工日	19.228	23.089	27.136	27.596	30.589
	其中	普工	工日	3.846	4.618	5.427	5.519	6.118
		一般技工	工日	13.844	16.624	19.538	19.869	22.024
		高级技工	工日	1.538	1.847	2.171	2.208	2.448
材料	平垫铁(综合)		kg	5.800	5.800	5.800	5.800	5.800
	斜垫铁 Q195~Q235 1#		kg	5.200	5.200	5.200	5.200	5.200
	热轧薄钢板 δ1.6~1.9		kg	1.400	1.800	2.300	2.500	3.000
	镀锌铁丝 φ4.0~2.8		kg	1.330	1.500	2.000	2.400	2.670
	圆钉 φ5 以内		kg	0.040	0.040	0.040	0.060	0.060
	低碳钢焊条 J422 φ4.0		kg	0.210	0.210	0.210	0.310	0.310
	木板		m^3	0.010	0.013	0.015	0.017	0.021
	道木		m^3	0.041	0.041	0.041	0.062	0.062
	汽油 70#~90#		kg	0.510	0.714	0.816	0.918	1.020
	煤油		kg	1.500	1.500	1.500	1.500	1.500
	机油		kg	0.303	0.404	0.505	0.808	0.808
	黄油钙基脂		kg	0.131	0.162	0.202	0.242	0.273
	白漆		kg	0.080	0.080	0.080	0.080	0.080
	石棉橡胶板 高压 δ1~6		kg	1.800	2.100	2.400	2.400	2.400
	铁砂布 0#~2#		张	3.000	3.000	3.000	3.000	3.000
	塑料布		kg	1.680	1.680	1.680	1.680	1.680
	其他材料费		%	5.00	5.00	5.00	5.00	5.00
机械	载重汽车 10t		台班	—	0.200	0.200	0.300	0.300
	叉式起重机 5t		台班	0.500	—	—	—	—
	汽车式起重机 8t		台班	—	0.600	—	—	—
	汽车式起重机 16t		台班	—	—	0.700	0.800	1.000
	交流弧焊机 21kV·A		台班	0.200	0.300	0.300	0.400	0.400

计量单位:台

定额编号			1-12-70	1-12-71	1-12-72	1-12-73
项目			设备冷却面积(m^2 以内)			
			200	250	350	450
			设备重量(t 以内)			
			9	11	13	15
名称		单位	消耗量			
人工	合计工日	工日	34.048	43.602	47.846	56.605
人工	其中 普工	工日	6.810	8.720	9.569	11.321
人工	其中 一般技工	工日	24.515	31.394	34.449	40.755
人工	其中 高级技工	工日	2.724	3.488	3.828	4.529
材料	平垫铁(综合)	kg	5.800	5.800	8.820	8.820
材料	斜垫铁 Q195～Q235 1#	kg	5.200	5.200	6.573	6.573
材料	热轧薄钢板 δ1.6～1.9	kg	3.000	4.000	4.000	4.600
材料	镀锌铁丝 φ4.0～2.8	kg	2.670	4.000	4.000	4.600
材料	圆钉 φ5 以内	kg	—	0.080	0.080	0.100
材料	低碳钢焊条 J422 φ4.0	kg	0.310	0.420	0.420	0.520
材料	木板	m^3	0.025	0.031	0.036	0.045
材料	道木	m^3	0.062	0.071	0.071	0.077
材料	汽油 70#～90#	kg	1.224	1.326	1.530	1.836
材料	煤油	kg	1.500	1.500	1.500	1.500
材料	机油	kg	0.808	0.808	0.808	1.010
材料	黄油钙基脂	kg	0.273	0.333	0.333	0.404
材料	白漆	kg	0.100	0.100	0.100	0.100
材料	石棉橡胶板 高压 δ1～6	kg	3.200	3.200	3.600	4.000
材料	铁砂布 0#～2#	张	3.000	3.000	3.000	3.000
材料	塑料布	kg	2.790	2.790	4.410	4.410
材料	其他材料费	%	5.00	5.00	5.00	5.00
机械	载重汽车 10t	台班	0.300	0.400	0.400	0.500
机械	汽车式起重机 16t	台班	1.300	0.700	0.700	0.700
机械	汽车式起重机 25t	台班	—	0.450	0.900	—
机械	汽车式起重机 30t	台班	—	—	—	0.900
机械	交流弧焊机 21kV·A	台班	0.400	0.500	0.500	0.600

2. 卧式管壳式冷凝器及卧式蒸发器

计量单位:台

定额编号				1-12-74	1-12-75	1-12-76	1-12-77	1-12-78
项目				设备冷却面积(m^2 以内)				
				20	30	60	80	100
				设备重量(t 以内)				
				1	2	3	4	5
名称			单位	消耗量				
人工	合计工日		工日	10.771	12.145	16.024	20.006	23.903
	其中	普工	工日	2.154	2.429	3.205	4.001	4.781
		一般技工	工日	7.755	8.744	11.537	14.405	17.210
		高级技工	工日	0.862	0.972	1.282	1.601	1.912
材料	平垫铁(综合)		kg	2.820	3.760	5.800	5.800	5.800
	斜垫铁 Q195～Q235 1#		kg	3.060	4.590	5.200	5.200	5.200
	热轧薄钢板 δ1.6～1.9		kg	0.800	1.000	1.400	1.800	2.300
	镀锌铁丝 φ4.0～2.8		kg	0.800	1.200	1.200	1.200	1.600
	圆钉 φ5 以内		kg	0.030	0.030	0.030	0.030	0.030
	低碳钢焊条 J422 φ4.0		kg	0.210	0.210	0.210	0.420	0.420
	木板		m^3	0.001	0.006	0.008	0.011	0.014
	道木		m^3	0.027	0.030	0.041	0.041	0.041
	汽油 70#～90#		kg	0.510	0.612	0.612	0.714	0.816
	煤油		kg	2.500	2.500	2.500	3.000	3.000
	机油		kg	0.202	0.202	0.303	0.404	0.505
	黄油钙基脂		kg	0.088	0.101	0.101	0.101	0.121
	铅油(厚漆)		kg	0.340	0.340	0.600	0.700	0.800
	白漆		kg	0.160	0.160	0.160	0.160	0.180
	石棉橡胶板 高压 δ1～6		kg	1.200	1.200	1.500	1.800	1.800
	耐酸橡胶板 δ3		kg	0.300	0.300	0.600	0.600	0.750
	铁砂布 0#～2#		张	6.000	6.000	6.000	6.000	6.000
	塑料布		kg	2.280	2.280	2.280	3.360	4.470
	其他材料费		%	5.00	5.00	5.00	5.00	5.00
机械	载重汽车 10t		台班	—	—	—	0.200	0.200
	叉式起重机 5t		台班	0.300	0.400	0.500	—	—
	汽车式起重机 8t		台班	—	—	—	0.500	—
	汽车式起重机 16t		台班	—	—	—	—	0.500
	交流弧焊机 21kV·A		台班	0.200	0.200	0.200	0.300	0.300

计量单位:台

定额编号				1-12-79	1-12-80	1-12-81	1-12-82
项目				设备冷却面积(m^2 以内)			
				120	140	180	200
				设备重量(t 以内)			
				6	8	9	12
名称			单位	消耗量			
人工	合计工日		工日	27.099	29.943	34.997	37.303
	其中	普工	工日	5.420	5.988	6.999	7.461
		一般技工	工日	19.511	21.560	25.198	26.858
		高级技工	工日	2.168	2.395	2.800	2.984
材料	平垫铁(综合)		kg	5.800	7.760	7.760	7.760
	斜垫铁 Q195 ~ Q235 1#		kg	5.200	7.410	7.410	7.410
	热轧薄钢板 δ1.6 ~ 1.9		kg	2.300	3.000	3.000	4.000
	镀锌铁丝 φ4.0 ~ 2.8		kg	1.600	1.600	1.600	1.600
	圆钉 φ5 以内		kg	0.030	0.030	0.030	0.060
	低碳钢焊条 J422 φ4.0		kg	0.420	0.420	0.420	0.420
	木板		m^3	0.018	0.023	0.023	0.033
	道木		m^3	0.062	0.062	0.062	0.077
	汽油 70# ~ 90#		kg	0.816	0.816	0.816	1.020
	煤油		kg	3.000	3.000	3.000	3.000
	机油		kg	0.505	0.505	0.505	0.505
	黄油钙基脂		kg	0.121	0.121	0.121	0.121
	铅油(厚漆)		kg	0.900	0.900	1.000	1.000
	白漆		kg	0.180	0.180	0.180	0.180
	石棉橡胶板 高压 δ1 ~ 6		kg	2.100	2.100	2.400	2.400
	耐酸橡胶板 δ3		kg	0.750	0.900	1.050	1.050
	铁砂布 0# ~ 2#		张	6.000	6.000	6.000	6.000
	塑料布		kg	4.470	4.470	4.470	7.200
	其他材料费		%	5.00	5.00	5.00	5.00
机械	载重汽车 10t		台班	0.200	0.300	0.300	0.400
	汽车式起重机 16t		台班	0.600	0.900	1.000	0.500
	汽车式起重机 25t		台班	—	—	—	0.700
	交流弧焊机 21kV·A		台班	0.400	0.400	0.400	0.500

3. 淋水式冷凝器

计量单位:台

定额编号			1-12-83	1-12-84	1-12-85	1-12-86	1-12-87
项目			设备冷却面积(m^2 以内)				
			30	45	60	75	90
			设备重量(t 以内)				
			1.5	2	2.5	3.5	4
名称		单位	消耗量				
人工	合计工日	工日	13.322	15.424	19.472	22.534	25.238
	其中 普工	工日	2.664	3.085	3.894	4.507	5.048
	其中 一般技工	工日	9.592	11.105	14.020	16.225	18.172
	其中 高级技工	工日	1.065	1.234	1.558	1.802	2.019
材料	平垫铁(综合)	kg	5.780	8.680	11.580	11.580	14.520
	斜垫铁 Q195～Q235 1#	kg	6.270	9.410	12.000	12.000	16.386
	镀锌铁丝 φ4.0～2.8	kg	2.000	2.000	2.000	2.000	2.000
	圆钉 φ5 以内	kg	0.060	0.090	0.130	0.130	0.160
	低碳钢焊条 J422 φ4.0	kg	0.420	0.420	0.630	0.630	0.630
	木板	m^3	0.004	0.004	0.006	0.006	0.008
	道木	m^3	0.030	0.030	0.041	0.041	0.041
	汽油 70#～90#	kg	0.510	0.612	0.714	0.714	0.820
	煤油	kg	2.500	2.500	2.500	2.500	2.500
	机油	kg	0.303	0.303	0.505	0.505	0.505
	黄油钙基脂	kg	0.202	0.202	0.202	0.202	0.202
	白漆	kg	0.160	0.160	0.160	0.180	0.180
	石棉橡胶板 高压 δ1～6	kg	0.300	0.400	0.600	0.900	1.500
	铁砂布 0#～2#	张	5.000	5.000	5.000	5.000	5.000
	塑料布	kg	2.280	2.280	2.280	3.390	3.390
	其他材料费	%	5.00	5.00	5.00	5.00	5.00
机械	载重汽车 10t	台班	—	—	—	—	0.200
	叉式起重机 5t	台班	0.300	0.400	0.500	0.600	—
	汽车式起重机 16t	台班	—	—	—	—	0.300
	交流弧焊机 21kV·A	台班	0.400	0.400	0.500	0.500	0.500

4. 蒸发式冷凝器

计量单位:台

定额编号				1-12-88	1-12-89	1-12-90	1-12-91
项目				设备冷却面积(m^2 以内)			
				20	40	80	100
				设备重量(t 以内)			
				1	1.7	2.5	3
名称			单位	消耗量			
人工	合计工日		工日	15.455	19.173	24.902	25.650
	其中	普工	工日	3.091	3.835	4.980	5.130
		一般技工	工日	11.128	13.805	17.930	18.468
		高级技工	工日	1.236	1.534	1.992	2.052
材料	平垫铁(综合)		kg	2.820	3.760	5.600	5.600
	斜垫铁 Q195～Q235 1#		kg	3.060	4.590	5.716	5.716
	热轧薄钢板 δ1.6～1.9		kg	0.800	1.000	1.400	1.400
	镀锌铁丝 φ4.0～2.8		kg	2.000	2.000	2.000	2.000
	圆钉 φ5 以内		kg	0.040	0.040	0.060	0.060
	低碳钢焊条 J422 φ4.0		kg	0.210	0.320	0.320	0.420
	木板		m^3	0.003	0.006	0.010	0.010
	道木		m^3	0.027	0.030	0.041	0.041
	汽油 70#～90#		kg	1.020	1.530	2.040	2.550
	煤油		kg	10.500	10.500	11.000	11.000
	机油		kg	0.306	0.306	0.510	0.510
	黄油钙基脂		kg	0.306	0.306	0.306	0.306
	白漆		kg	0.560	0.560	0.560	0.560
	石棉橡胶板 高压 δ1～6		kg	1.100	2.200	3.400	4.500
	铁砂布 0#～2#		张	15.000	15.000	16.000	16.000
	塑料布		kg	5.280	5.280	9.390	9.390
	其他材料费		%	5.00	5.00	5.00	5.00
机械	叉式起重机 5t		台班	0.300	0.400	0.500	0.600
	交流弧焊机 21kV·A		台班	0.200	0.300	0.400	0.400

计量单位:台

定额编号			1-12-92	1-12-93	1-12-94
项目			设备冷却面积(m^2 以内)		
			150	200	250
			设备重量(t 以内)		
			4	6	7
名称		单位	消耗量		
人工	合计工日	工日	28.374	32.437	35.944
	其中 普工	工日	5.675	6.487	7.189
	其中 一般技工	工日	20.429	23.355	25.880
	其中 高级技工	工日	2.270	2.595	2.875
材料	平垫铁(综合)	kg	5.800	5.800	8.820
	斜垫铁 Q195~Q235 1#	kg	5.200	5.200	6.573
	热轧薄钢板 δ1.6~1.9	kg	1.800	2.300	3.000
	镀锌铁丝 φ4.0~2.8	kg	2.000	3.000	3.000
	圆钉 φ5 以内	kg	0.080	0.080	0.090
	低碳钢焊条 J422 φ4.0	kg	0.530	0.530	0.530
	木板	m^3	0.013	0.017	0.021
	道木	m^3	0.041	0.062	0.062
	汽油 70#~90#	kg	3.060	3.060	3.570
	煤油	kg	11.500	11.500	11.500
	机油	kg	0.510	0.510	0.510
	黄油钙基脂	kg	0.304	0.306	0.306
	白漆	kg	0.660	0.660	0.660
	石棉橡胶板 高压 δ1~6	kg	4.500	4.500	5.000
	铁砂布 0#~2#	张	17.000	17.000	17.000
	塑料布	kg	10.620	11.730	11.730
	其他材料费	%	5.00	5.00	5.00
机械	载重汽车 10t	台班	0.200	0.300	0.300
	汽车式起重机 16t	台班	0.350	0.600	0.680
	交流弧焊机 21kV·A	台班	0.500	0.500	0.500

5. 立式蒸发器

计量单位:台

定额编号				1-12-95	1-12-96	1-12-97	1-12-98
项目				设备冷却面积(m^2 以内)			
				20	40	60	90
				设备重量(t 以内)			
				1.5	3	4	5
名称			单位	消耗量			
人工	合计工日		工日	8.402	11.505	13.739	15.816
	其中	普工	工日	1.680	2.301	2.748	3.163
		一般技工	工日	6.050	8.283	9.892	11.387
		高级技工	工日	0.672	0.921	1.099	1.266
材料	平垫铁(综合)		kg	3.760	5.800	5.800	5.800
	斜垫铁 Q195~Q235 1#		kg	4.590	5.200	5.200	5.200
	热轧薄钢板 δ1.6~1.9		kg	1.000	1.400	1.800	2.300
	镀锌铁丝 φ4.0~2.8		kg	1.100	1.100	1.100	1.100
	圆钉 φ5 以内		kg	0.020	0.025	0.025	0.030
	低碳钢焊条 J422 φ4.0		kg	0.210	0.210	0.210	0.210
	木板		m^3	0.005	0.008	0.010	0.015
	道木		m^3	0.030	0.041	0.041	0.041
	汽油 70#~90#		kg	0.612	0.612	0.816	0.816
	煤油		kg	2.500	2.500	2.500	2.500
	机油		kg	0.505	0.505	0.707	0.707
	黄油钙基脂		kg	0.110	0.110	0.110	0.110
	白漆		kg	0.160	0.180	0.180	0.180
	石棉橡胶板 高压 δ1~6		kg	0.150	0.250	0.250	0.410
	铁砂布 0#~2#		张	5.000	5.000	5.000	5.000
	塑料布		kg	2.280	5.010	5.010	5.010
	其他材料费		%	5.00	5.00	5.00	5.00
机械	载重汽车 10t		台班	—	—	0.200	0.200
	叉式起重机 5t		台班	0.400	0.500	—	—
	汽车式起重机 16t		台班	—	—	0.400	0.500
	交流弧焊机 21kV·A		台班	0.200	0.200	0.200	0.400
	汽车式起重机 25t		台班	—	—	—	—

计量单位：台

定额编号				1-12-99	1-12-100	1-12-101	1-12-102
项　目				设备冷却面积(m^2以内)			
				120	160	180	240
				设备重量(t以内)			
				6	8	9	12
名　称			单位	消　耗　量			
人工	合计工日		工日	18.542	22.216	23.487	30.054
	其中	普工	工日	3.708	4.443	4.697	6.011
		一般技工	工日	13.350	15.996	16.911	21.638
		高级技工	工日	1.483	1.777	1.879	2.405
材料	平垫铁(综合)		kg	5.800	8.820	8.820	8.820
	斜垫铁 Q195～Q235 1#		kg	5.200	6.573	6.573	6.573
	热轧薄钢板 δ1.6～1.9		kg	2.300	3.000	3.000	4.000
	镀锌铁丝 φ4.0～2.8		kg	1.650	2.200	2.200	2.200
	圆钉 φ5 以内		kg	0.035	0.040	0.040	0.050
	低碳钢焊条 J422 φ4.0		kg	0.210	0.210	0.210	0.210
	木板		m^3	0.018	0.021	0.023	0.030
	道木		m^3	0.062	0.062	0.062	0.077
	汽油 70#～90#		kg	1.224	1.224	1.224	1.224
	煤油		kg	2.500	2.500	2.500	2.500
	机油		kg	1.010	1.010	1.010	1.010
	黄油钙基脂		kg	0.172	0.172	0.172	0.172
	白漆		kg	0.180	0.180	0.180	0.180
	石棉橡胶板 高压 δ1～6		kg	0.520	0.630	0.800	0.800
	铁砂布 0#～2#		张	5.000	5.000	5.000	5.000
	塑料布		kg	5.010	5.010	5.010	5.010
	其他材料费		%	5.00	5.00	5.00	5.00
机械	载重汽车 10t		台班	0.200	0.300	0.300	0.400
	叉式起重机 5t		台班	—	—	—	—
	汽车式起重机 16t		台班	0.600	0.800	1.000	0.600
	交流弧焊机 21kV·A		台班	0.400	0.500	0.500	0.500
	汽车式起重机 25t		台班	—	—	—	0.500

九、立式低压循环贮液器和卧式高压贮液器(排液桶)

计量单位:台

定额编号			1-12-103	1-12-104	1-12-105	1-12-106	1-12-107
项目			立式低压循环贮液器				卧式高压贮液器(排液桶)
			设备容积(m^3 以内)				
			1.6	2.5	3.5	5.0	1.0
			设备重量(t 以内)				
			1	1.5	2	3	0.7
名称		单位	消耗量				
人工	合计工日	工日	13.652	16.129	20.291	27.158	6.941
人工	其中 普工	工日	2.730	3.226	4.058	5.432	1.388
人工	其中 一般技工	工日	9.829	11.613	14.609	19.554	4.997
人工	其中 高级技工	工日	1.092	1.290	1.623	2.173	0.555
材料	平垫铁(综合)	kg	2.820	2.820	3.760	5.800	2.820
材料	斜垫铁 Q195～Q235 1#	kg	3.060	3.060	4.590	5.200	3.060
材料	热轧薄钢板 δ1.6～1.9	kg	0.800	1.000	1.000	1.200	0.800
材料	镀锌铁丝 φ4.0～2.8	kg	1.500	1.500	1.500	1.500	1.100
材料	圆钉 φ5 以内	kg	0.030	0.030	0.030	0.030	0.020
材料	低碳钢焊条 J422 φ4.0	kg	0.210	0.210	0.210	0.210	0.210
材料	木板	m^3	0.003	0.006	0.007	0.008	0.001
材料	道木	m^3	0.027	0.030	0.030	0.041	0.027
材料	煤油	kg	2.500	2.500	2.500	2.500	2.500
材料	机油	kg	0.202	0.202	0.303	0.303	0.200
材料	黄油钙基脂	kg	0.253	0.253	0.253	0.302	0.210
材料	白漆	kg	1.160	1.160	1.160	1.180	1.160
材料	石棉橡胶板 高压 δ1～6	kg	0.300	0.500	0.600	0.800	0.300
材料	铁砂布 0#～2#	张	5.000	5.000	5.000	5.000	5.000
材料	塑料布	kg	2.280	2.280	2.280	3.390	2.280
材料	汽油 70#～90#	kg	—	—	—	—	0.510
材料	其他材料费	%	5.00	5.00	5.00	5.00	5.00
机械	叉式起重机 5t	台班	0.200	0.300	0.400	0.500	0.300
机械	交流弧焊机 21kV·A	台班	0.200	0.300	0.300	0.400	0.200

计量单位:台

定额编号				1-12-108	1-12-109	1-12-110	1-12-111
项目				卧式高压贮液器(排液桶)			
				设备容积(m^3以内)			
				1.5	2.0	3.0	5.0
				设备重量(t以内)			
				1	1.5	2	2.5
名称			单位	消耗量			
人工	合计工日		工日	9.622	10.613	12.697	15.209
	其中	普工	工日	1.924	2.123	2.539	3.042
		一般技工	工日	6.928	7.642	9.142	10.951
		高级技工	工日	0.769	0.849	1.015	1.217
材料	平垫铁(综合)		kg	2.820	2.820	3.760	5.800
	斜垫铁 Q195～Q235 1#		kg	3.060	3.060	4.590	5.200
	热轧薄钢板 δ1.6～1.9		kg	0.800	1.000	1.000	1.400
	镀锌铁丝 ϕ4.0～2.8		kg	1.100	1.100	1.100	1.100
	圆钉 ϕ5 以内		kg	0.020	0.020	0.030	0.030
	低碳钢焊条 J422 ϕ4.0		kg	0.210	0.210	0.210	0.210
	木板		m^3	0.001	0.005	0.006	0.008
	道木		m^3	0.027	0.030	0.030	0.041
	煤油		kg	2.500	2.500	2.500	2.500
	机油		kg	0.200	0.200	0.300	0.300
	黄油钙基脂		kg	0.210	0.210	0.210	0.210
	白漆		kg	1.160	1.160	1.160	1.180
	石棉橡胶板 高压 δ1～6		kg	0.600	0.600	0.600	0.600
	铁砂布 0#～2#		张	5.000	5.000	5.000	5.000
	塑料布		kg	2.280	2.280	2.280	3.390
	汽油 70#～90#		kg	0.510	0.714	0.714	0.918
	其他材料费		%	5.00	5.00	5.00	5.00
机械	叉式起重机 5t		台班	0.400	0.500	0.600	0.700
	交流弧焊机 21kV·A		台班	0.200	0.200	0.200	0.200

十、分 离 器

1. 氨油分离器

计量单位：台

定额编号			1-12-112	1-12-113	1-12-114	1-12-115	1-12-116	1-12-117
项目			设备直径(mm 以内)					
			325	500	700	800	1000	1200
			设备重量(t 以内)					
			0.15	0.3	0.6	1.2	1.75	2
名称		单位	消耗量					
人工	合计工日	工日	2.869	4.686	7.140	10.001	11.405	13.369
人工	其中 普工	工日	0.574	0.937	1.428	2.000	2.281	2.674
人工	其中 一般技工	工日	2.066	3.373	5.141	7.200	8.212	9.626
人工	其中 高级技工	工日	0.229	0.375	0.572	0.800	0.913	1.069
材料	平垫铁(综合)	kg	1.410	2.820	2.820	2.820	2.820	2.820
材料	斜垫铁 Q195～Q235 1#	kg	2.040	3.060	3.060	3.060	3.060	3.060
材料	热轧薄钢板 δ1.6～1.9	kg	0.400	0.400	0.800	0.800	1.000	1.200
材料	镀锌铁丝 φ4.0～2.8	kg	1.100	1.100	1.650	1.650	1.650	1.650
材料	低碳钢焊条 J422 φ4.0	kg	0.210	0.210	0.210	0.210	0.210	0.210
材料	木板	m^3	0.001	0.001	0.001	0.004	0.004	0.004
材料	道木	m^3	0.027	0.027	0.027	0.030	0.030	0.030
材料	煤油	kg	0.500	1.000	1.000	1.500	1.500	1.500
材料	机油	kg	0.202	0.202	0.202	0.202	0.202	0.202
材料	黄油钙基脂	kg	0.202	0.212	0.212	0.212	0.212	0.212
材料	白漆	kg	0.050	0.050	0.080	0.080	0.080	0.080
材料	石棉橡胶板 高压 δ1～6	kg	0.300	0.300	0.400	0.400	0.500	0.500
材料	铁砂布 0#～2#	张	1.000	2.000	2.000	3.000	3.000	3.000
材料	塑料布	kg	0.200	0.390	0.480	1.680	1.680	1.680
材料	其他材料费	%	5.00	5.00	5.00	5.00	5.00	5.00
机械	叉式起重机 5t	台班	0.100	0.200	0.300	0.350	0.450	0.450
机械	交流弧焊机 21kV·A	台班	0.200	0.200	0.200	0.200	0.200	0.200

2. 氨液分离器

计量单位:台

定额编号			1-12-118	1-12-119	1-12-120	1-12-121	1-12-122	1-12-123
项目			设备直径(mm 以内)					
			500	600	800	1000	1200	1400
			设备重量(t 以内)					
			0.3	0.4	0.6	0.7	1	1.2
名称		单位	消耗量					
人工	合计工日	工日	4.724	5.873	7.501	8.997	10.832	11.515
人工	其中 普工	工日	0.945	1.175	1.500	1.799	2.166	2.303
人工	其中 一般技工	工日	3.401	4.229	5.401	6.478	7.799	8.291
人工	其中 高级技工	工日	0.378	0.469	0.600	0.719	0.866	0.921
材料	平垫铁(综合)	kg	1.410	2.820	3.760	3.760	3.760	3.760
材料	斜垫铁 Q195~Q235 1#	kg	2.040	3.060	4.590	4.590	4.590	4.590
材料	热轧薄钢板 δ1.6~1.9	kg	0.400	0.400	0.800	0.800	0.800	0.800
材料	镀锌铁丝 φ4.0~2.8	kg	0.800	0.800	0.800	0.800	1.100	1.100
材料	双头螺栓 M16×150	套	4.000	4.000	4.000	4.000	4.000	4.000
材料	低碳钢焊条 J422 φ4.0	kg	0.210	0.210	0.210	0.210	0.210	0.210
材料	木板	m^3	—	—	—	—	0.002	0.002
材料	煤油	kg	1.500	1.500	1.500	1.500	1.500	1.500
材料	机油	kg	0.101	0.101	0.101	0.202	0.202	0.202
材料	黄油钙基脂	kg	0.182	0.182	0.182	0.182	0.182	0.202
材料	白漆	kg	0.080	0.080	0.080	0.080	0.080	0.080
材料	石棉橡胶板 高压 δ1~6	kg	0.300	0.400	0.400	0.500	0.600	0.700
材料	铁砂布 0#~2#	张	3.000	3.000	3.000	3.000	3.000	3.000
材料	塑料布	kg	1.680	1.680	1.680	1.680	1.680	1.680
材料	其他材料费	%	5.00	5.00	5.00	5.00	5.00	5.00
机械	叉式起重机 5t	台班	0.100	0.150	0.200	0.250	0.300	0.350
机械	交流弧焊机 21kV·A	台班	0.100	0.100	0.100	0.200	0.200	0.200

3. 空气分离器

计量单位:台

定额编号				1-12-124	1-12-125
项目				冷却面积(m^2 以内)	
				0.45	1.82
				设备重量(t 以内)	
				0.06	0.13
名称			单位	消耗量	
人工	合计工日		工日	1.781	2.400
	其中	普工	工日	0.356	0.480
		一般技工	工日	1.282	1.728
		高级技工	工日	0.142	0.192
材料	平垫铁(综合)		kg	1.410	1.410
	斜垫铁 Q195 ~ Q235 1#		kg	2.040	2.040
	热轧薄钢板 δ1.6 ~ 1.9		kg	0.200	0.400
	低碳钢焊条 J422 φ4.0		kg	0.105	0.105
	木板		m^3	0.001	0.001
	煤油		kg	1.500	1.500
	白漆		kg	0.080	0.080
	石棉橡胶板 高压 δ1 ~ 6		kg	0.200	0.250
	铁砂布 0# ~ 2#		张	3.000	3.000
	塑料布		kg	1.680	1.680
	其他材料费		%	5.00	5.00
机械	交流弧焊机 21kV·A		台班	0.200	0.200

十一、过　滤　器

1. 氨气过滤器

计量单位:台

定额编号				1-12-126	1-12-127	1-12-128
项目				设备直径(mm 以内)		
				100	200	300
				设备重量(t 以内)		
				0.1	0.2	0.5
名称			单位	消耗量		
人工	合计工日		工日	1.743	2.921	4.824
	其中	普工	工日	0.349	0.584	0.965
		一般技工	工日	1.255	2.103	3.473
		高级技工	工日	0.139	0.234	0.386
材料	镀锌铁丝 φ4.0 ~ 2.8		kg	0.800	0.800	0.800
	汽油 70# ~ 90#		kg	0.501	1.002	2.040
	煤油		kg	1.000	1.000	1.500
	冷冻机油		kg	0.200	0.250	0.250
	机油		kg	0.101	0.101	0.101
	黄油钙基脂		kg	0.101	0.404	0.606
	白漆		kg	0.050	0.050	0.080
	石棉橡胶板 高压 δ1 ~ 6		kg	0.500	1.000	2.000
	铁砂布 0# ~ 2#		张	2.000	2.000	2.000
	塑料布		kg	0.150	0.390	0.600
	其他材料费		%	5.00	5.00	5.00

2. 氨液过滤器

计量单位:台

定额编号				1-12-129	1-12-130	1-12-131
项　目				设备直径(mm 以内)		
				25	50	100
				设备重量(t 以内)		
				0.025		0.05
名　称			单位	消　耗　量		
人工	合计工日		工日	0.970	2.289	2.591
	其中	普工	工日	0.194	0.458	0.518
		一般技工	工日	0.699	1.649	1.866
		高级技工	工日	0.077	0.183	0.207
材料	镀锌铁丝 ϕ4.0～2.8		kg	—	—	—
	汽油 70#～90#		kg	0.204	0.510	1.020
	煤油		kg	0.500	0.500	0.500
	冷冻机油		kg	0.100	0.150	0.200
	机油		kg	0.101	0.101	0.101
	黄油钙基脂		kg	0.051	0.152	0.354
	白漆		kg	0.050	0.050	0.050
	石棉橡胶板 高压 δ1～6		kg	0.200	0.400	1.200
	铁砂布 0#～2#		张	2.000	2.000	2.000
	塑料布		kg	0.150	0.150	1.680
	其他材料费		%	5.00	5.00	5.00

十二、中间冷却器

计量单位:台

定额编号				1-12-132	1-12-133	1-12-134	1-12-135	1-12-136	1-12-137
项目				设备冷却面积(m^2 以内)					
				2	3.5	5	8	10	16
				设备重量(t 以内)					
				0.5	0.6	1	1.6	2	3
名称			单位	消耗量					
人工	合计工日		工日	5.493	6.325	8.898	10.850	13.755	17.305
	其中	普工	工日	1.098	1.265	1.780	2.170	2.751	3.461
		一般技工	工日	3.955	4.554	6.406	7.812	9.903	12.459
		高级技工	工日	0.439	0.506	0.712	0.868	1.100	1.385
材料	平垫铁(综合)		kg	2.820	2.820	2.820	2.820	3.760	5.800
	斜垫铁 Q195~Q235 1#		kg	3.060	3.060	3.060	3.060	4.590	5.200
	热轧薄钢板 δ1.6~1.9		kg	0.800	0.800	0.800	1.000	1.000	1.200
	镀锌铁丝 φ4.0~2.8		kg	1.100	1.100	1.100	1.650	1.650	2.000
	低碳钢焊条 J422 φ4.0		kg	0.105	0.105	0.210	0.210	0.210	0.420
	木板		m^3	0.001	0.001	0.001	0.005	0.006	0.008
	道木		m^3	—	—	—	0.030	0.030	0.041
	煤油		kg	2.500	2.500	2.500	2.500	2.500	2.500
	机油		kg	0.202	0.303	0.505	0.505	0.505	0.606
	黄油钙基脂		kg	0.212	0.212	0.212	0.111	0.111	0.111
	白漆		kg	0.160	0.160	0.160	0.180	0.180	0.180
	石棉橡胶板 高压 δ1~6		kg	1.000	1.300	1.500	1.800	2.000	2.500
	铁砂布 0#~2#		张	5.000	5.000	5.000	5.000	5.000	5.000
	塑料布		kg	2.280	2.280	2.280	3.390	3.390	3.390
	其他材料费		%	5.00	5.00	5.00	5.00	5.00	5.00
机械	载重汽车 10t		台班	—	—	—	—	—	0.300
	叉式起重机 5t		台班	0.200	0.250	0.300	0.350	0.400	—
	汽车式起重机 8t		台班	—	—	—	—	—	0.500
	交流弧焊机 21kV·A		台班	0.100	0.100	0.200	0.200	0.200	0.300

十三、玻璃钢冷却塔

计量单位:台

定额编号				1-12-138	1-12-139	1-12-140	1-12-141	1-12-142
项目				设备处理水量(m^3/h 以内)				
				30	50	70	100	150
名称			单位	消耗量				
人工	合计工日		工日	13.373	14.518	16.380	17.906	20.859
	其中	普工	工日	2.675	2.904	3.276	3.581	4.172
		一般技工	工日	9.628	10.453	11.793	12.893	15.018
		高级技工	工日	1.070	1.161	1.311	1.432	1.669
材料	平垫铁(综合)		kg	5.800	5.800	8.820	8.820	8.820
	斜垫铁 Q195～Q235 1#		kg	7.860	7.860	9.880	9.880	9.880
	热轧薄钢板 δ1.6～1.9		kg	0.200	0.400	0.800	0.800	1.000
	镀锌铁丝 φ4.0～2.8		kg	3.700	3.700	3.700	4.800	4.800
	低碳钢焊条 J422 φ4.0		kg	0.210	0.210	0.260	0.260	0.320
	木板		m^3	0.002	0.002	0.003	0.006	0.006
	道木		m^3	0.027	0.027	0.027	0.027	0.030
	汽油 70#～90#		kg	0.306	0.408	0.510	0.714	1.224
	煤油		kg	1.500	2.000	2.000	3.000	6.000
	机油		kg	0.101	0.101	0.101	0.101	0.101
	黄油钙基脂		kg	0.576	0.576	0.576	0.576	0.576
	405 号树脂胶		kg	1.000	1.500	2.000	2.500	3.000
	白漆		kg	0.100	0.100	0.200	0.300	0.300
	石棉橡胶板 高压 δ1～6		kg	1.200	1.400	1.400	1.600	1.600
	铁砂布 0#～2#		张	3.000	4.000	4.000	5.000	5.000
	塑料布		kg	2.790	5.790	8.130	9.210	9.210
	其他材料费		%	5.00	5.00	5.00	5.00	5.00
机械	载重汽车 10t		台班	0.200	0.200	0.400	0.500	0.500
	汽车式起重机 16t		台班	0.100	0.150	0.200	0.250	0.300
	交流弧焊机 21kV·A		台班	0.100	0.100	0.100	0.200	0.200

计量单位:台

定额编号				1-12-143	1-12-144	1-12-145	1-12-146
项目				设备处理水量(m^3/h 以内)			
				250	300	500	700
名称			单位	消耗量			
人工	合计工日		工日	28.958	35.438	38.107	44.225
	其中	普工	工日	5.792	7.088	7.621	8.845
		一般技工	工日	20.850	25.515	27.437	31.842
		高级技工	工日	2.316	2.835	3.048	3.538
材料	平垫铁(综合)		kg	11.640	14.820	15.800	15.800
	斜垫铁 Q195～Q235 1#		kg	8.572	11.430	11.430	11.430
	热轧薄钢板 δ1.6～1.9		kg	1.400	1.800	1.800	4.000
	镀锌铁丝 φ4.0～2.8		kg	4.800	4.800	5.550	7.400
	低碳钢焊条 J422 φ4.0		kg	0.320	0.420	0.420	0.630
	木板		m^3	0.008	0.017	0.017	0.017
	道木		m^3	0.041	0.041	0.041	0.062
	汽油 70#～90#		kg	2.040	2.550	3.570	5.100
	煤油		kg	6.000	9.000	12.000	17.000
	机油		kg	0.202	0.202	0.303	0.303
	黄油钙基脂		kg	0.576	0.576	0.576	0.646
	405 号树脂胶		kg	4.000	5.000	6.000	7.000
	白漆		kg	0.600	0.900	1.500	1.500
	石棉橡胶板 高压 δ1～6		kg	1.800	2.000	2.500	3.000
	草袋		条	1.500	5.000	5.000	5.000
	铁砂布 0#～2#		张	10.000	15.000	23.000	23.000
	塑料布		kg	18.420	27.630	46.000	46.000
	水		t	1.540	5.900	5.900	5.900
	其他材料费		%	5.00	5.00	5.00	5.00
机械	载重汽车 10t		台班	0.600	0.800	1.000	1.000
	汽车式起重机 16t		台班	0.800	0.700	0.900	0.950
	汽车式起重机 25t		台班	—	0.500	0.500	0.500
	交流弧焊机 21kV·A		台班	0.200	0.400	0.500	0.500

十四、集油器、油视镜、紧急泄氨器

定额编号				1-12-147	1-12-148	1-12-149	1-12-150	1-12-151	1-12-152
项目				集油器(台)			油视镜(支)		紧急泄氨器(台)
				设备直径(mm以内)					
				219	325	500	50	100	108
				台			支		台
名称			单位	消耗量					
人工	合计工日		工日	1.540	2.177	3.242	1.523	2.122	1.694
	其中	普工	工日	0.308	0.435	0.648	0.305	0.424	0.339
		一般技工	工日	1.109	1.568	2.334	1.096	1.528	1.220
		高级技工	工日	0.124	0.174	0.260	0.122	0.169	0.135
材料	平垫铁(综合)		kg	2.820	2.820	2.820	—	—	—
	斜垫铁 Q195~Q235 1#		kg	3.060	3.060	3.060	—	—	—
	热轧薄钢板 δ1.6~1.9		kg	0.200	0.200	0.200	—	—	—
	铁件(综合)		kg	—	—	—	1.200	1.500	1.750
	双头螺栓带螺母 M10×30		套	—	—	—	8.000	8.000	2.000
	低碳钢焊条 J422 φ4.0		kg	0.105	0.105	0.105	—	—	—
	木板		m^3	0.001	0.001	0.001	—	—	0.001
	煤油		kg	0.500	0.500	0.500	0.500	0.500	0.500
	机油		kg	0.202	0.202	0.202	0.101	0.101	0.101
	石棉橡胶板 高压 δ1~6		kg	0.500	0.500	0.500	0.200	0.500	0.200
	其他材料费		%	5.00	5.00	5.00	5.00	5.00	5.00
机械	交流弧焊机 21kV·A		台班	0.100	0.100	0.100	—	—	—

十五、制冷容器单体试密与排污

计量单位:次/台

定额编号				1-12-153	1-12-154	1-12-155
项目				设备容量(m³ 以内)		
				1	3	5
名称			单位	消耗量		
人工	合计工日		工日	3.829	5.083	6.394
	其中	普工	工日	0.766	1.017	1.279
		一般技工	工日	2.757	3.660	4.604
		高级技工	工日	0.306	0.407	0.511
材料	镀锌铁丝 ϕ4.0~2.8		kg	0.200	0.200	0.200
	低碳钢焊条 J422 ϕ4.0		kg	0.050	0.070	0.100
	碳钢气焊条 ϕ2 以内		kg	0.010	0.010	0.010
	黄油钙基脂		kg	0.250	0.400	0.500
	氧气		m³	0.306	0.428	0.734
	铅油(厚漆)		kg	0.100	0.150	0.200
	石棉橡胶板 高压 δ1~6		kg	0.240	0.540	0.960
	乙炔气		kg	0.102	0.143	0.245
	六角螺栓带螺母 M12×50		套	4.000	4.000	4.000
	无缝钢管 D22×2		m	0.200	0.200	0.200
	无缝钢管 D25×2		m	0.200	—	—
	无缝钢管 D38×2.25		m	—	0.200	—
	无缝钢管 D57×3		m	—	—	0.200
	其他材料费		%	5.00	5.00	5.00
机械	交流弧焊机 21kV·A		台班	0.100	0.100	0.100
	电动空气压缩机 6m³/min		台班	0.500	1.000	1.500

第十三章
其他机械安装及设备灌浆
（030114）

说　　明

一、本章定额适用范围如下：

1. 润滑油处理设备包括：压力滤油机、润滑油再生机组、油沉淀箱；

2. 制氧设备包括：膨胀机、空气分馏塔及小型制氧机械配套附属设备（洗涤塔、干燥器、碱水拌和器、纯化器、加热炉、加热器、储氧器、充氧台）；

3. 其他机械包括：柴油机、柴油发电机组、电动机及电动发电机组、空气压缩机配套的储气罐、乙炔发生器及其附属设备、水压机附属的蓄势罐；

4. 设备灌浆包括：地脚螺栓孔灌浆、设备底座与基础间灌浆。

二、本章定额包括下列内容：

1. 设备整体、解体安装；

2. 整体安装的空气分馏塔包括本体及本体第一个法兰内的管道、阀门安装；与本体联体的仪表、转换开关安装；清洗、调整、气密试验；

3. 设备带有的电动机安装；主机与电动机组装联轴器或皮带机；

4. 储气罐本体及与本体联体的安全阀、压力表等附件安装，气密试验；

5. 乙炔发生器本体及与本体联体的安全阀、压力表、水位表等附件安装；附属设备安装、气密试验或试漏；

6. 水压机蓄势罐本体及底座安装；与本体联体的附件安装，酸洗、试压。

三、本章定额不包括下列内容：

1. 各种设备本体制作以及设备本体第一个法兰以外的管道、附件安装；

2. 平台、梯子、栏杆等金属构件制作、安装（随设备到货的平台、梯子、栏杆的安装除外）；

3. 空气分馏塔安装前的设备、阀门脱脂、试压；冷箱外的设备安装；阀门研磨、结构、管件、吊耳临时支撑的制作；

4. 其他机械安装不包括刮研工作；与设备本体非同一底座的各种设备、起动装置、仪表盘、柜等的安装、调试；

5. 小型制氧设备及其附属设备的试压、脱脂、阀门研磨；稀有气体及液氧或液氮的制取系统安装；

6. 电动机及其他动力机械的拆装检查、配管、配线、调试。

四、计算工程量时应注意下列事项：

1. 乙炔发生器附属设备、水压机蓄水罐、小型制氧机械配套附属设备及解体安装空气分馏塔等设备重量的计算应将设备本体及与设备联体的阀门、管道、支架、平台、梯子、保护罩等的重量计算在内；

2. 乙炔发生器附属设备是按“密闭性设备”考虑的。如为“非密闭性设备”时，则相应定额的人工、机械乘以系数 0.8；

3. 润滑处理设备、膨胀机、柴油机、电动机及电动发动机组等设备重量的计算方法：在同一底座上的机组按整体总重量计算；非同一底座上的机组按主机、辅机及底座的总重量计算；

4. 柴油发电机组定额的设备重量，按机组的总重量计算；

5. 以“型号”作为项目时，应按设计要求的型号执行相同的项目。新旧型号可以互换。相近似的型号，如实物的重量相差在 10% 以内时，可以执行该定额；

6. 当实际灌浆材料与本标准中材料不一致时，根据设计选用的特殊灌浆材料，替换本标准中相应材料，其他消耗量不变；

7. 本册所有设备地脚螺栓灌浆、设备底座与基础间灌浆套用本章相应子目。

工程量计算规则

一、润滑油处理设备以“台”为计量单位,按设备名称、型号及重量(t)选用定额项目。

二、膨胀机以“台”为计量单位,按设备重量(t)选用定额项目。

三、柴油机、柴油发电机组、电动机及电动发电机组以“台”为计量单位,按设备名称和重量(t)选用定额项目。大型电机安装以“t”为计量单位。

四、储气罐以“台”为计量单位,按设备容量(m^3)选用定额项目。

五、乙炔发生器以“台”为计量单位,按设备规格(m^3/h)选用定额项目。

六、乙炔发生器附属设备以“台”为计量单位,按设备重量(t)选用定额项目。

七、水压机蓄水罐以“台”为计量单位,按设备重量(t)选用定额目。

八、小型整体安装空气分馏塔以“台”为计量单位,按设备型号规格选用定额项目。

九、小型制氧附属设备中,洗涤塔、加热炉、加热器、储氧器及充氧台以“台”为计量单位,干燥器和碱水拌和器以“组”为计量单位,纯化器以“套”为计量单位,以上附属设备均按设备名称及型号选用定额项目。

十、设备减震台座安装以“座”为计量单位,按台座重量(t)选用定额项目。

十一、地脚螺栓孔灌浆、设备底座与基础间灌浆,以“m^3”为计量单位,按一台备灌浆体积(m^3)选用定额项目。

十二、座浆垫板安装以“墩”为计量单位,按垫板规格尺寸(mm)选用定额项目。

一、润滑油处理设备

计量单位：台

定额编号			1-13-1	1-13-2	1-13-3	1-13-4	1-13-5
设备名称			压力滤油机			润滑油再生机组	油沉淀箱
设备型号			LY－50	LY－100	LY－150	CY－120	
设备重量(t以内)			0.2	0.23	0.25		0.2
名称		单位	消耗量				
人工	合计工日	工日	5.368	5.959	6.364	8.270	4.552
人工	其中 普工	工日	1.074	1.192	1.273	1.654	0.910
人工	其中 一般技工	工日	3.865	4.291	4.583	5.954	3.277
人工	其中 高级技工	工日	0.429	0.477	0.509	0.662	0.364
材料	平垫铁(综合)	kg	1.936	1.936	1.936	1.936	1.936
材料	斜垫铁 Q195～Q235 1#	kg	3.708	3.708	3.708	3.708	3.708
材料	热轧薄钢板 δ1.6～1.9	kg	0.400	0.400	0.400	0.400	0.400
材料	镀锌铁丝 φ4.0～2.8	kg	1.100	1.100	1.100	1.100	1.100
材料	低碳钢焊条 J422 φ4.0	kg	0.105	0.105	0.105	0.105	0.105
材料	木板	m^3	0.004	0.004	0.004	0.005	0.004
材料	道木	m^3	0.008	0.008	0.008	0.008	0.008
材料	汽油 70#～90#	kg	0.510	0.610	0.710	0.710	0.510
材料	煤油	kg	1.000	1.000	1.000	1.000	1.000
材料	机油	kg	0.202	0.202	0.303	0.303	0.303
材料	黄油钙基脂	kg	0.202	0.202	0.202	0.202	0.202
材料	白漆	kg	0.080	0.080	0.080	0.080	0.080
材料	石棉橡胶板 高压 δ1～6	kg	0.200	0.200	0.240	0.240	0.200
材料	草袋	条	0.500	0.500	0.500	1.000	0.500
材料	铁砂布 0#～2#	张	2.000	2.000	2.000	2.000	2.000
材料	塑料布	kg	0.600	0.600	0.600	0.600	0.600
材料	水	t	0.680	0.680	0.960	1.060	0.680
材料	其他材料费	%	5.00	5.00	5.00	5.00	5.00
机械	叉式起重机 5t	台班	0.150	0.180	0.210	0.210	0.150
机械	交流弧焊机 21kV·A	台班	0.100	0.100	0.100	0.100	0.100

二、膨 胀 机

计量单位:台

定额编号			1-13-6	1-13-7	1-13-8	1-13-9	1-13-10
项目			设备重量(t以内)				
			1	1.5	2.5	3.5	4.5
名称		单位	消耗量				
人工	合计工日	工日	33.918	38.707	45.485	62.679	75.355
其中	普工	工日	6.784	7.741	9.097	12.536	15.071
	一般技工	工日	24.421	27.869	32.749	45.129	54.256
	高级技工	工日	2.713	3.097	3.639	5.014	6.028
材料	斜垫铁 Q195～Q235 1#	kg	12.770	12.770	12.770	17.820	21.380
	平垫铁(综合)	kg	14.820	14.820	14.820	22.680	22.680
	热轧薄钢板 δ1.6～1.9	kg	2.000	2.500	3.500	4.500	5.500
	热轧厚钢板 δ8.0～20	kg	4.500	6.000	7.000	8.000	10.000
	圆钉 ϕ5 以内	kg	0.050	0.050	0.050	0.050	0.050
	低碳钢焊条 J422 ϕ3.2	kg	0.840	1.050	1.050	1.575	2.100
	紫铜板 δ0.08～0.2	kg	0.100	0.100	0.110	0.130	0.150
	铅板 δ3	kg	0.300	0.300	0.500	0.500	0.800
	木板	m^3	0.010	0.018	0.018	0.022	0.026
	道木	m^3	0.077	0.080	0.080	0.091	0.149
	汽油 70#～90#	kg	5.100	5.100	6.120	7.140	7.140
	煤油	kg	5.250	8.400	10.500	12.600	14.700
	机油	kg	1.515	1.515	1.515	1.717	1.717
	汽轮机油	kg	3.000	5.000	6.000	7.000	8.000
	四氯化碳	kg	6.000	8.000	10.000	12.000	14.000
	氧气	m^3	1.561	1.765	2.081	2.601	3.121
	甘油	kg	0.200	0.200	0.350	0.350	0.400
	乙炔气	kg	0.520	0.589	0.694	0.867	1.040
	合成树脂密封胶	kg	2.000	2.000	2.000	2.000	2.000
	白漆	kg	0.080	0.080	0.100	0.100	0.100
	石棉橡胶板 高压 δ1～6	kg	3.060	4.000	5.000	6.000	7.000
	铁砂布 0#～2#	张	3.000	3.000	3.000	3.000	3.000
	塑料布	kg	1.680	1.680	2.790	2.790	2.790
	其他材料费	%	5.00	5.00	5.00	5.00	5.00
机械	载重汽车 10t	台班	—	—	—	0.500	0.600
	叉式起重机 5t	台班	0.500	0.600	0.700	—	—
	汽车式起重机 8t	台班	0.200	0.200	0.300	0.500	0.500
	汽车式起重机 16t	台班	0.500	0.500	0.500	0.500	0.500
	交流弧焊机 21kV·A	台班	1.000	1.000	1.000	1.000	1.000

三、柴　油　机

计量单位：台

定额编号				1-13-11	1-13-12	1-13-13	1-13-14	1-13-15
项　目				设备重量(t以内)				
				0.5	1	1.5	2	2.5
名　称			单位	消　耗　量				
人工	合计工日		工日	7.821	11.031	12.195	15.208	17.016
	其中	普工	工日	1.564	2.206	2.439	3.042	3.403
		一般技工	工日	5.631	7.942	8.780	10.950	12.251
		高级技工	工日	0.626	0.882	0.976	1.217	1.362
材料	平垫铁(综合)		kg	3.760	3.760	5.640	5.640	11.640
	斜垫铁 Q195～Q235 1#		kg	4.590	4.590	6.120	6.120	9.880
	镀锌铁丝 ϕ4.0～2.8		kg	2.000	2.000	3.000	3.000	3.000
	圆钉 ϕ5 以内		kg	0.020	0.022	0.027	0.034	0.041
	低碳钢焊条 J422 ϕ4.0		kg	0.158	0.158	0.242	0.242	0.242
	木板		m^3	0.008	0.010	0.013	0.015	0.019
	道木		m^3	0.008	0.008	0.030	0.038	0.040
	煤油		kg	1.964	2.079	2.310	2.436	2.678
	柴油		kg	18.260	24.480	42.540	42.540	47.580
	机油		kg	0.566	0.586	0.606	0.626	0.646
	黄油钙基脂		kg	0.202	0.202	0.202	0.202	0.202
	铅油(厚漆)		kg	0.050	0.050	0.050	0.050	0.050
	白漆		kg	0.080	0.080	0.080	0.080	0.080
	聚酯乙烯泡沫塑料		kg	0.121	0.132	0.132	0.132	0.132
	铁砂布 0#～2#		张	3.000	3.000	3.000	3.000	3.000
	塑料布		kg	1.680	1.680	1.680	1.680	1.680
	其他材料费		%	5.00	5.00	5.00	5.00	5.00
机械	叉式起重机 5t		台班	0.200	0.200	0.400	0.500	0.600
	汽车式起重机 8t		台班	—	0.200	0.300	0.450	0.500
	交流弧焊机 21kV·A		台班	0.100	0.100	0.100	0.500	0.100

计量单位:台

定额编号				1-13-16	1-13-17	1-13-18	1-13-19	1-13-20
项目				设备重量(t以内)				
				3	3.5	4	4.5	5
名称			单位	消耗量				
人工	合计工日		工日	19.102	22.007	24.156	26.694	28.695
	其中	普工	工日	3.820	4.401	4.831	5.339	5.739
		一般技工	工日	13.754	15.845	17.392	19.220	20.660
		高级技工	工日	1.528	1.761	1.933	2.135	2.296
材料	平垫铁(综合)		kg	15.520	15.520	15.520	21.340	21.340
	斜垫铁 Q195～Q235 1#		kg	14.820	14.820	14.820	19.760	19.760
	镀锌铁丝 ϕ4.0～2.8		kg	3.000	3.000	3.000	4.000	4.000
	圆钉 ϕ5 以内		kg	0.047	0.054	0.061	0.067	0.067
	低碳钢焊条 J422 ϕ4.0		kg	0.323	0.323	0.323	0.323	0.323
	木板		m^3	0.021	0.025	0.028	0.030	0.034
	道木		m^3	0.041	0.410	0.041	0.041	0.041
	煤油		kg	3.000	3.500	3.500	4.000	4.500
	柴油		kg	51.000	65.400	70.200	75.200	80.200
	机油		kg	0.657	0.667	0.687	0.707	0.737
	黄油钙基脂		kg	0.202	0.202	0.202	0.202	0.202
	铅油(厚漆)		kg	0.050	0.050	0.050	0.050	0.050
	白漆		kg	0.100	0.100	0.100	0.100	0.100
	聚酯乙烯泡沫塑料		kg	0.154	0.154	0.165	0.165	0.165
	铁砂布 0#～2#		张	3.000	3.000	3.000	3.000	3.000
	塑料布		kg	2.790	2.790	2.790	4.410	4.410
	其他材料费		%	5.00	5.00	5.00	5.00	5.00
机械	载重汽车 10t		台班	—	0.200	0.300	0.400	0.500
	叉式起重机 5t		台班	0.650	—	—	—	—
	汽车式起重机 8t		台班	0.500	0.800	0.900	0.950	1.000
	交流弧焊机 21kV·A		台班	0.100	0.200	0.300	0.500	0.500

四、柴油发电机组

计量单位:台

定额编号				1-13-21	1-13-22	1-13-23	1-13-24	1-13-25	1-13-26
项　目				设备重量(t以内)					
				2	2.5	3.5	4.5	5.5	13
名　称			单位	消　耗　量					
人工	合计工日		工日	17.740	19.747	25.491	31.270	36.786	86.738
	其中	普工	工日	3.548	3.949	5.098	6.254	7.357	17.348
		一般技工	工日	12.773	14.217	18.354	22.515	26.486	62.451
		高级技工	工日	1.419	1.580	2.039	2.501	2.943	6.939
材料	平垫铁(综合)		kg	5.640	5.640	7.530	15.520	21.340	32.340
	斜垫铁 Q195～Q235 1#		kg	6.120	6.120	9.170	14.820	19.760	28.220
	镀锌铁丝 ϕ4.0～2.8		kg	2.000	3.000	3.000	4.000	4.000	4.000
	圆钉 ϕ5 以内		kg	0.034	0.040	0.054	0.067	0.080	0.135
	低碳钢焊条 J422 ϕ4.0		kg	0.242	0.242	0.326	0.326	0.410	1.040
	木板		m^3	0.015	0.020	0.025	0.030	0.038	0.084
	道木		m^3	0.030	0.040	0.040	0.041	0.062	0.087
	汽油 70#～90#		kg	—	—	—	—	—	0.204
	煤油		kg	3.320	3.450	3.700	3.960	4.220	6.400
	柴油		kg	31.080	43.620	45.600	55.800	65.400	98.500
	机油		kg	0.586	0.606	0.646	0.667	0.707	22.018
	黄油钙基脂		kg	0.202	0.202	0.202	0.202	0.303	0.303
	重铬酸钾 98%		kg	—	—	—	—	—	5.250
	铅油(厚漆)		kg	0.050	0.050	0.050	0.050	0.050	0.050
	白漆		kg	0.080	0.080	0.100	0.100	0.100	0.100
	聚酯乙烯泡沫塑料		kg	0.143	0.143	0.154	0.165	0.176	0.220
	铅粉石棉绳 ϕ6 250℃		kg	—	—	—	—	—	0.250
	塑料布		kg	1.680	1.680	2.790	2.790	2.790	4.410
	橡胶板 δ5～10		kg	—	—	—	—	—	0.100
	麻丝		kg	—	—	—	—	—	0.100
	木柴		kg	—	—	—	—	—	17.500
	煤		t	—	—	—	—	—	0.080
	其他材料费		%	5.00	5.00	5.00	5.00	5.00	5.00
机械	载重汽车 10t		台班	—	—	0.300	0.500	0.500	0.500
	叉式起重机 5t		台班	0.200	0.300	0.400	0.600	—	—
	汽车式起重机 8t		台班	0.200	0.300	0.400	—	—	—
	汽车式起重机 16t		台班	—	—	—	0.300	0.800	1.000
	汽车式起重机 25t		台班	—	—	—	—	—	0.500
	交流弧焊机 21kV·A		台班	0.100	0.100	0.100	0.200	0.500	0.500

五、电动机及电动发电机组

计量单位:台

定额编号			1-13-27	1-13-28	1-13-29	1-13-30	1-13-31
项目			设备重量(t以内)				
			0.5	1	3	5	7
名称		单位	消耗量				
人工	合计工日	工日	4.005	6.086	14.889	24.553	34.220
	其中 普工	工日	0.801	1.217	2.978	4.911	6.844
	其中 一般技工	工日	2.883	4.382	10.720	17.679	24.639
	其中 高级技工	工日	0.321	0.487	1.191	1.964	2.737
材料	平垫铁(综合)	kg	3.760	3.760	11.640	21.340	21.340
	斜垫铁 Q195~Q235 1#	kg	4.590	4.590	9.880	19.760	19.760
	镀锌铁丝 ϕ4.0~2.8	kg	2.000	2.000	2.500	3.000	3.000
	圆钉 ϕ5 以内	kg	0.012	0.012	0.015	0.024	0.350
	低碳钢焊条 J422 ϕ4.0	kg	0.210	0.210	0.370	0.420	0.420
	木板	m^3	0.013	0.013	0.250	0.025	0.025
	道木	m^3	0.010	0.010	0.041	0.062	0.062
	煤油	kg	3.000	3.000	3.300	4.000	4.000
	机油	kg	0.606	0.606	0.808	0.960	0.960
	黄油钙基脂	kg	0.202	0.202	0.404	0.505	0.505
	白漆	kg	0.080	0.100	0.100	0.240	0.240
	铁砂布 0#~2#	张	3.000	3.000	3.000	9.000	9.000
	塑料布	kg	1.680	2.790	2.790	5.040	5.040
	其他材料费	%	5.00	5.00	5.00	5.00	5.00
机械	载重汽车 10t	台班	—	—	—	0.200	0.300
	汽车式起重机 8t	台班	0.400	0.500	0.800	—	—
	汽车式起重机 16t	台班	—	—	—	0.700	1.000
	交流弧焊机 21kV·A	台班	0.200	0.200	0.400	0.500	1.000

计量单位:台

定额编号				1-13-32	1-13-33	1-13-34	1-13-35
项目				设备重量(t以内)			大型电机
				10	20	30	每t
名称			单位	消耗量			
人工	合计工日		工日	45.757	85.948	122.740	3.901
	其中	普工	工日	9.151	17.190	24.548	0.780
		一般技工	工日	32.945	61.883	88.373	2.808
		高级技工	工日	3.661	6.875	9.819	0.312
材料	平垫铁(综合)		kg	34.500	48.290	78.480	—
	斜垫铁 Q195～Q235 1#		kg	32.100	45.860	72.910	—
	镀锌铁丝 ϕ4.0～2.8		kg	4.000	5.000	5.000	—
	圆钉 ϕ5 以内		kg	0.075	0.100	0.110	—
	低碳钢焊条 J422 ϕ4.0		kg	0.630	0.840	0.950	0.050
	木板		m^3	0.050	0.075	0.075	—
	道木		m^3	0.062	0.097	0.154	—
	煤油		kg	4.000	6.000	7.000	—
	机油		kg	1.111	1.313	1.313	0.160
	黄油钙基脂		kg	0.657	0.808	0.808	—
	白漆		kg	0.240	0.560	0.800	—
	铁砂布 0#～2#		张	9.000	21.000	3.000	—
	塑料布		kg	5.040	11.760	16.800	—
	钢丝绳 ϕ14.1～15		kg	—	1.920	—	—
	钢丝绳 ϕ19～21.5		kg	—	—	2.080	—
	氧气		m^3	—	—	—	0.120
	乙炔气		kg	—	—	—	0.040
	钢板垫板		kg	—	—	—	40.000
	紫铜板(综合)		kg	—	—	—	0.050
	其他材料费		%	5.00	5.00	5.00	5.00
机械	载重汽车 10t		台班	0.500	0.500	1.000	0.100
	汽车式起重机 8t		台班	1.300	1.500	1.600	0.250
	汽车式起重机 16t		台班	0.500	—	—	—
	汽车式起重机 30t		台班	—	1.000	—	—
	汽车式起重机 50t		台班	—	—	1.000	—
	交流弧焊机 21kV·A		台班	1.000	1.500	2.000	0.060

六、储 气 罐

计量单位:台

定额编号			1-13-36	1-13-37	1-13-38	1-13-39	1-13-40	1-13-41	1-13-42
项目			设备容量(m^3 以内)						
			1	2	3	5	8	11	15
名称		单位	消耗量						
人工	合计工日	工日	6.702	10.878	14.521	22.355	26.339	34.120	45.815
人工	其中 普工	工日	1.341	2.176	2.905	4.471	5.268	6.824	9.163
人工	其中 一般技工	工日	4.826	7.832	10.455	16.096	18.964	24.567	32.986
人工	其中 高级技工	工日	0.536	0.871	1.162	1.788	2.107	2.729	3.665
材料	平垫铁(综合)	kg	2.820	2.820	2.820	8.820	8.820	11.640	11.640
材料	斜垫铁 Q195~Q235 1#	kg	3.060	3.060	3.060	6.573	6.573	7.860	7.860
材料	钢板 δ4.5~7	kg	0.900	3.060	1.150	2.000	3.000	4.000	5.000
材料	六角螺栓带螺母 M20×80 以下	10套	0.540	0.600	0.690	1.000	1.200	1.400	1.600
材料	镀锌铁丝 φ4.0~2.8	kg	1.980	2.200	2.530	3.300	4.400	4.950	5.500
材料	低碳钢焊条 J422 φ4.0	kg	0.540	0.600	0.690	1.170	1.420	1.790	2.210
材料	木板	m^3	0.001	0.001	0.001	0.001	0.003	0.003	0.004
材料	道木	m^3	0.038	0.042	0.048	0.060	0.065	0.079	0.081
材料	煤油	kg	1.890	2.100	2.415	2.700	3.000	3.500	4.000
材料	氧气	m^3	1.065	1.183	1.360	1.499	1.765	2.030	2.489
材料	乙炔气	kg	0.358	0.398	0.458	0.500	0.592	0.673	0.826
材料	白漆	kg	0.072	0.080	0.092	0.100	0.100	0.100	0.100
材料	石棉橡胶板 高压 δ1~6	kg	0.666	0.740	0.851	1.310	2.110	3.140	4.270
材料	铁砂布 0#~2#	张	2.700	3.000	3.450	3.000	3.000	3.000	3.000
材料	塑料布	kg	1.512	1.680	1.932	2.790	2.790	4.410	4.410
材料	其他材料费	%	5.00	5.00	5.00	5.00	5.00	5.00	5.00
机械	载重汽车 10t	台班	0.300	0.400	0.500	0.500	0.500	0.500	0.500
机械	汽车式起重机 8t	台班	0.200	0.200	0.250	—	—	—	—
机械	汽车式起重机 16t	台班	—	—	—	0.300	0.500	0.700	—
机械	汽车式起重机 25t	台班	—	—	—	—	—	—	0.700
机械	交流弧焊机 21kV·A	台班	0.150	0.200	0.300	0.300	0.400	0.400	0.400
机械	电动空气压缩机 $6m^3/min$	台班	0.350	0.630	0.850	1.000	1.250	1.380	1.500

七、乙炔发生器

计量单位：台

定额编号				1-13-43	1-13-44	1-13-45	1-13-46	1-13-47
项目				设备规格(m^3/h 以内)				
				5	10	20	40	80
名称			单位	消耗量				
人工	合计工日		工日	13.258	16.808	22.777	27.252	37.828
	其中	普工	工日	2.652	3.362	4.555	5.450	7.566
		一般技工	工日	9.546	12.102	16.399	19.621	27.236
		高级技工	工日	1.061	1.345	1.822	2.180	3.027
材料	平垫铁(综合)		kg	5.800	10.300	11.640	11.640	13.580
	斜垫铁 Q195～Q235 1#		kg	5.200	7.860	9.880	9.880	12.350
	钢板垫板		kg	1.500	1.800	2.000	2.500	2.800
	圆钉 ϕ5 以内		kg	0.011	0.013	0.016	0.017	0.023
	低碳钢焊条 J422 ϕ4.0		kg	0.320	0.420	0.740	0.840	1.050
	木板		m^3	0.001	0.001	0.001	0.003	0.004
	道木		m^3	—	0.008	0.008	0.027	0.030
	煤油		kg	2.500	2.500	3.000	4.000	4.500
	机油		kg	0.100	0.150	0.180	0.200	0.250
	氧气		m^3	1.244	1.663	2.917	3.325	4.162
	乙炔气		kg	0.418	0.551	0.969	1.663	1.387
	铅油(厚漆)		kg	0.100	0.150	0.200	0.250	0.300
	白漆		kg	0.080	0.080	0.100	0.100	0.100
	石棉橡胶板 高压 δ1～6		kg	0.960	2.640	3.970	4.740	5.350
	石棉编绳 ϕ6～10 烧失量 24%		kg	0.200	0.250	0.300	0.400	0.500
	橡胶板 δ5		m^2	0.200	0.300	0.400	0.500	0.600
	铁砂布 0#～2#		张	2.000	3.000	3.000	3.000	3.000
	塑料布		kg	0.600	1.680	2.790	4.410	4.410
	其他材料费		%	5.00	5.00	5.00	5.00	5.00
机械	载重汽车 10t		台班	0.200	0.300	0.400	0.500	0.500
	汽车式起重机 16t		台班	0.450	0.650	0.850	1.100	1.350
	交流弧焊机 21kV·A		台班	0.200	0.300	0.500	0.500	0.500
	电动空气压缩机 6m^3/min		台班	0.750	0.850	1.000	1.250	1.500

八、乙炔发生器附属设备

计量单位:台

定额编号				1-13-48	1-13-49	1-13-50	1-13-51	1-13-52
项目				设备(t以内)				
				0.3	0.5	0.8	1	1.5
名称			单位	消耗量				
人工	合计工日		工日	5.448	7.892	12.127	14.121	20.006
	其中	普工	工日	1.090	1.578	2.425	2.824	4.001
		一般技工	工日	3.923	5.682	8.731	10.167	14.405
		高级技工	工日	0.436	0.631	0.970	1.130	1.600
材料	平垫铁(综合)		kg	2.820	2.820	4.700	4.700	5.640
	斜垫铁 Q195~Q235 1#		kg	3.060	3.060	4.590	4.590	6.120
	钢板垫板		kg	1.500	3.000	3.500	4.000	5.000
	圆钉 ϕ5 以内		kg	—	0.010	0.013	0.015	0.017
	低碳钢焊条 J422 ϕ4.0		kg	0.210	0.530	0.840	1.050	1.580
	木板		m^3	0.001	0.001	0.001	0.003	0.003
	道木		m^3	—	—	—	0.008	0.008
	煤油		kg	1.200	1.800	1.900	2.100	2.300
	机油		kg	0.200	0.300	0.400	0.600	0.800
	氧气		m^3	0.102	0.204	0.316	0.520	0.836
	乙炔气		kg	0.031	0.071	0.102	0.173	0.275
	铅油(厚漆)		kg	0.600	0.800	1.000	1.200	1.500
	白漆		kg	0.080	0.080	0.100	0.100	0.100
	石棉橡胶板 高压 δ1~6		kg	0.200	0.300	0.400	0.500	0.800
	石棉编绳 ϕ6~10 烧失量 24%		kg	0.200	0.300	0.400	0.500	0.600
	铁砂布 0#~2#		张	2.000	3.000	3.000	3.000	3.000
	塑料布		kg	0.600	1.680	2.790	4.410	4.410
	其他材料费		%	5.00	5.00	5.00	5.00	5.00
机械	载重汽车 10t		台班	0.200	0.200	0.300	0.300	0.500
	汽车式起重机 8t		台班	0.200	0.500	0.600	0.700	0.850
	电动空气压缩机 $6m^3/min$		台班	0.250	0.500	0.650	0.900	1.000
	交流弧焊机 21kV·A		台班	0.200	0.400	0.500	0.500	0.800

九、水压机蓄势罐

计量单位:台

定额编号				1-13-53	1-13-54	1-13-55	1-13-56	1-13-57	1-13-58
项目				设备重量(t以内)					
				10	15	20	30	40	55
名称			单位	消耗量					
人工	合计工日		工日	54.096	70.672	93.923	129.666	164.019	224.045
	其中	普工	工日	10.819	14.134	18.785	25.933	32.804	44.809
		一般技工	工日	38.949	50.884	67.624	93.359	118.093	161.312
		高级技工	工日	4.328	5.654	7.514	10.374	13.122	17.924
材料	平垫铁(综合)		kg	7.530	15.520	15.520	41.400	41.400	41.400
	斜垫铁 Q195~Q235 1#		kg	6.120	9.880	9.880	36.690	36.690	36.690
	钢板垫板		kg	50.000	55.000	65.000	80.000	90.000	100.000
	镀锌铁丝 ϕ4.0~2.8		kg	4.000	5.000	6.000	6.500	7.000	7.500
	低碳钢焊条 J422 ϕ4.0		kg	2.630	3.150	3.360	3.680	3.940	4.460
	木板		m^3	0.031	0.036	0.046	0.073	0.111	0.139
	道木		m^3	0.187	0.452	0.485	0.571	0.669	0.776
	煤油		kg	3.000	3.300	3.500	4.000	4.500	5.500
	盐酸 31% 合成		kg	18.000	22.000	24.000	26.000	28.000	30.000
	氧气		m^3	2.601	3.121	3.386	3.641	3.907	4.162
	乙炔气		kg	0.867	1.040	1.132	1.214	1.306	1.387
	白漆		kg	0.080	0.100	0.100	0.100	0.100	0.100
	生石灰		kg	8.000	10.000	12.000	13.000	14.000	15.000
	铁砂布 0#~2#		张	8.000	8.000	8.000	8.000	8.000	10.000
	塑料布		kg	1.680	2.790	2.790	4.410	4.410	5.790
	其他材料费		%	5.00	5.00	5.00	5.00	5.00	5.00
机械	载重汽车 10t		台班	0.500	0.500	0.500	0.500	1.000	1.000
	汽车式起重机 16t		台班	1.200	1.500	1.300	1.500	1.850	2.050
	汽车式起重机 25t		台班	—	0.900	—	—	—	—
	汽车式起重机 30t		台班	—	—	1.000	—	—	—
	汽车式起重机 50t		台班	—	—	—	1.200	0.500	—
	汽车式起重机 75t		台班	—	—	—	—	1.000	1.500
	交流弧焊机 21kV·A		台班	1.500	0.620	1.000	1.000	1.000	1.500
	电动空气压缩机 6m^3/min		台班	0.500	0.500	1.000	1.000	1.500	1.500
	试压泵 60MPa		台班	1.500	1.750	2.000	2.250	2.500	2.750

十、小型空气分馏塔

计量单位:台

定额编号				1-13-59	1-13-60	1-13-61
项目				型号规格		
				FL-50/200	140/660-1	FL-300/300
名称			单位	消耗量		
人工	合计工日		工日	87.130	113.493	166.831
	其中	普工	工日	17.426	22.699	33.366
		一般技工	工日	62.734	81.715	120.119
		高级技工	工日	6.970	9.079	13.347
材料	平垫铁(综合)		kg	9.880	14.820	19.760
	斜垫铁 Q195~Q235 1#		kg	11.640	17.460	21.340
	钢板垫板		kg	15.000	21.000	35.000
	型钢(综合)		kg	52.000	103.000	170.000
	镀锌铁丝 ϕ4.0~2.8		kg	3.000	5.000	10.000
	低碳钢焊条 J422 ϕ4.0		kg	3.150	4.200	5.250
	紫铜电焊条 T107 ϕ3.2		kg	0.350	0.600	1.100
	焊锡		kg	1.100	1.600	2.700
	碳钢气焊条		kg	2.000	2.500	4.000
	锌 99.99%		kg	0.220	0.320	0.550
	木板		m^3	0.031	0.043	0.063
	道木		m^3	0.454	0.562	0.707
	煤油		kg	5.000	6.000	6.500
	黄油钙基脂		kg	0.300	0.400	0.800
	四氯化碳		kg	15.000	20.000	50.000
	氧气		m^3	12.485	15.606	31.212
	酒精 工业用99.5%		kg	10.000	14.000	30.000
	甘油		kg	0.500	0.700	1.000
	乙炔气		kg	4.162	5.202	10.404
	白漆		kg	0.080	0.100	0.100
	低温密封膏		kg	1.200	1.400	2.600
	铁砂布 0#~2#		张	8.000	10.000	15.000
	锯条(各种规格)		根	6.000	8.000	15.000
	肥皂		条	2.500	4.000	6.000
	塑料布		kg	1.680	2.790	4.410
	水		t	0.170	2.770	3.420
	其他材料费		%	5.00	5.00	5.00
机械	载重汽车 10t		台班	0.300	0.500	0.700
	汽车式起重机 8t		台班	0.500	1.000	1.500
	汽车式起重机 16t		台班	0.500	0.600	—
	汽车式起重机 25t		台班	—	—	0.800
	交流弧焊机 21kV·A		台班	1.500	2.000	2.500
	电动空气压缩机 6m^3/min		台班	0.750	1.000	1.250

十一、小型制氧机械附属设备

计量单位：台

定额编号			1-13-62	1-13-63	1-13-64	1-13-65	1-13-66
项目			名称及型号				
			洗涤塔，XT-90	干燥器(170×2)，碱水拌和器(1.6)	纯化器，HXK-300/59 HX-1800/15	加热炉(器)，1.55型JR-13 JR-100	储氧器或充氧台，50 1-1 GC-24
			台	组	套	台	
名称		单位	消耗量				
人工	合计工日	工日	26.530	18.938	37.351	5.245	8.809
	其中 普工	工日	5.306	3.788	7.470	1.049	1.762
	其中 一般技工	工日	19.102	13.635	26.893	3.776	6.343
	其中 高级技工	工日	2.122	1.515	2.988	0.420	0.705
材料	平垫铁(综合)	kg	10.300	10.300	17.460	5.800	—
	斜垫铁 Q195～Q235 1#	kg	6.573	6.573	12.350	5.200	—
	钢板垫板	kg	5.000	5.600	10.500	—	—
	镀锌铁丝 φ4.0～2.8	kg	4.000	3.000	5.000	3.000	8.000
	低碳钢焊条 J422 φ4.0	kg	0.300	0.300	0.700	0.300	—
	木板	m^3	0.016	0.018	0.040	0.013	0.013
	道木	m^3	0.105	0.080	0.166	—	—
	煤油	kg	2.500	4.500	3.500	2.000	1.500
	机油	kg	0.404	0.404	0.505	0.202	—
	黄油钙基脂	kg	0.202	0.202	0.303	0.202	—
	四氯化碳	kg	—	5.000	8.000	—	8.000
	氧气	m^3	—	—	—	—	2.040
	甘油	kg	—	—	—	—	0.300
	乙炔气	kg	—	—	—	—	0.683
	白漆	kg	0.080	0.080	0.100	0.080	0.080
	石棉橡胶板 高压 δ1～6	kg	4.590	4.080	5.610	3.060	—
	铁砂布 0#～2#	张	2.000	3.000	3.000	3.000	2.000
	塑料布	kg	0.600	1.680	2.790	0.600	0.600
	水	t	1.300	1.300	2.770	0.380	—
	其他材料费	%	5.00	5.00	5.00	5.00	5.00
机械	载重汽车 10t	台班	0.400	0.200	0.500	0.200	—
	汽车式起重机 8t	台班	0.800	0.200	—	—	0.300
	汽车式起重机 16t	台班	—	—	0.900	0.500	—
	交流弧焊机 21kV·A	台班	0.250	0.200	0.200	0.200	—

十二、地脚螺栓孔灌浆

计量单位：m^3

定额编号				1-13-67	1-13-68	1-13-69	1-13-70	1-13-71
项目				一台设备的灌浆体积(m^3 以内)				
				0.03	0.05	0.10	0.30	>0.30
名称			单位	消耗量				
人工	合计工日		工日	9.450	7.884	6.030	4.734	3.150
	其中	普工	工日	1.890	1.577	1.206	0.947	0.630
		一般技工	工日	6.804	5.676	4.342	3.408	2.268
		高级技工	工日	0.756	0.631	0.482	0.379	0.252
材料	水泥 P.O 32.5		kg	438.000	438.000	438.000	438.000	438.000
	砂子		m^3	0.690	0.690	0.690	0.690	0.690
	碎石(综合)		m^3	0.760	0.760	0.760	0.760	0.760
	其他材料费		%	5.00	5.00	5.00	5.00	5.00

十三、设备底座与基础间灌浆

计量单位：m^3

定额编号				1-13-72	1-13-73	1-13-74	1-13-75	1-13-76
项目				一台设备的灌浆体积(m^3 以内)				
				0.03	0.05	0.10	0.30	>0.30
名称			单位	消耗量				
人工	合计工日		工日	12.924	10.818	8.676	6.669	4.626
	其中	普工	工日	2.585	2.164	1.735	1.334	0.925
		一般技工	工日	9.305	7.789	6.247	4.802	3.331
		高级技工	工日	1.034	0.866	0.694	0.534	0.370
材料	木板		m^3	0.080	0.070	0.060	0.050	0.050
	水泥 P.O 32.5		kg	438.000	438.000	438.000	438.000	438.000
	砂子		m^3	0.690	0.690	0.690	0.690	0.690
	碎石(综合)		m^3	0.760	0.760	0.760	0.760	0.760
	其他材料费		%	5.00	5.00	5.00	5.00	5.00

十四、设备减震台座

计量单位:座

定额编号				1-13-77	1-13-78	1-13-79	1-13-80	1-13-81
项目				台座重量(t以内)				
				0.1	0.2	0.3	0.5	1
名称			单位	消耗量				
人工	合计工日		工日	0.740	1.470	1.970	2.620	4.830
	其中	普工	工日	0.148	0.294	0.394	0.524	0.966
		一般技工	工日	0.533	1.058	1.418	1.886	3.478
		高级技工	工日	0.059	0.118	0.158	0.210	0.386
材料	钢板(综合)		kg	0.600	0.600	0.700	1.000	1.600
	煤油		kg	0.160	0.192	0.240	0.320	0.400
	其他材料费		%	5.00	5.00	5.00	5.00	5.00
机械	叉式起重机 5t		台班	0.050	0.100	0.150	0.200	0.250

十五、座 浆 垫 板

计量单位:墩

定额编号				1-13-82	1-13-83	1-13-84	1-13-85	1-13-86
项目				座浆垫板安装面积(mm^2)				
				150×80	200×100	280×160	360×180	500×220
名称			单位	消耗量				
人工	合计工日		工日	0.150	0.210	0.290	0.420	0.480
	其中	普工	工日	0.030	0.042	0.058	0.084	0.096
		一般技工	工日	0.108	0.151	0.209	0.302	0.346
		高级技工	工日	0.012	0.017	0.023	0.034	0.038
材料	无收缩水泥		kg	(1.580)	(2.630)	(4.290)	(6.040)	(9.200)
	型钢(综合)		kg	0.460	0.500	0.570	0.670	0.770
	氧气		m^3	0.022	0.022	0.022	0.022	0.030
	乙炔气		m^3	0.008	0.008	0.008	0.008	0.010
	其他材料费		%	5.00	5.00	5.00	5.00	5.00
机械	载重汽车 10t		台班	0.010	0.010	0.010	0.010	0.010
	电动空气压缩机 $10m^3/min$		台班	0.046	0.046	0.046	0.061	0.069

主 编 单 位：住房和城乡建设部标准定额研究所

专业主编单位：中国建设工程造价管理协会

编 制 单 位：中国石油化工集团公司工程定额管理站
中国五冶集团有限公司
中国石油工程造价管理中心
中国石化齐鲁分公司
中石化南京工程有限公司
中石化第四建设有限公司
广东茂化建集团有限公司
安徽盈创石化检修安装有限公司
山东齐鲁建设有限公司

专 家 组：胡传海 谢洪学 王美林 张丽萍 刘 智 徐成高 蒋玉翠 汪亚峰 吴佐民
洪金平 杨树海 王中和 薛长立

综合协调组：王海宏 胡晓丽 汪亚峰 吴佐民 洪金平 陈友林 王中和 薛长立 王振尧
蒋玉翠 张勇胜 张德清 白洁如 李艳海 刘大同 赵 彬

编 制 人 员：陈春利 严洪军 韩 英 宋维乾 张 靖 张伟军 陈 勤 高连江 邱正华
王廷乾 潘昌栋 孙旭东 袁 源 朱晓磊 梅 曼 樊静维 王艳枫 杨桂芳
任丽明 秦 越 周文中

审 查 专 家：谢洪学 吴佐民 王中和 蒋玉翠 卢立明 司继彬 董士波 王美林 霍 晓
赵晋国 刘继合 兰有东 韩 英 王元光 刘 芳 丁为民 刘 健 陈霞娟
王钦华

软件操作人员：杜 彬 赖勇军 梁 俊 黄丽梅 焦 亮